高职高专"十三五"电类专业规划教材

模拟电子技术基础与实验应用教程

彭克发　唐中剑　李仕旭　张　岑　主编

U0201329

西安电子科技大学出版社

内 容 简 介

本书共 9 章，内容包括半导体二极管及其应用、半导体三极管及其放大电路的分析方法、负反馈放大器、直流放大器与集成运算放大器、功率放大器、调谐放大器与正弦波振荡器、直流稳压电源、放大器的频率响应、无线电广播基本知识等。

本书内容丰富，实用性强，注重基础知识的介绍。书中按各章顺序给出了难度不同、规格不同的实验项目，供学生巩固理论知识、训练专业技能，从而为后续学习电子类专业的各门专业课程打下良好的基础。

本书可作为高职高专院校电子类专业的基础理论课教材，也可作为相关工程技术人员的参考书。

图书在版编目(CIP)数据

模拟电子技术基础与实验应用教程/彭克发，唐中剑，李仕旭，张岑主编. —西安：西安电子科技大学出版社，2018.7

ISBN 978 - 7 - 5606 - 4896 - 5

Ⅰ. ① 模…　Ⅱ. ① 彭…　② 唐…　③ 李…　④ 张　Ⅲ. ① 模拟电路—电子技术—高等学校—教材　Ⅳ. ① TN710

中国版本图书馆 CIP 数据核字 (2018) 第 071691 号

策划编辑　邵汉平
责任编辑　邵汉平　杨　薇
出版发行　西安电子科技大学出版社(西安市太白南路 2 号)
电　　话　(029)88242885　88201467　　　邮　　编　710071
网　　址　www.xduph.com　　　　电子邮箱　xdupfxb001@163.com
经　　销　新华书店
印刷单位　陕西大江印务有限公司
版　　次　2018 年 7 月第 1 版　2018 年 7 月第 1 次印刷
开　　本　787 毫米×1092 毫米　1/16　印张 17
字　　数　402 千字
印　　数　1～3000 册
定　　价　38.00 元
ISBN 978 - 7 - 5606 - 4896 - 5/TN

XDUP 5198001 - 1

前　言

电子技术是高新技术，它已广泛应用于信息技术的各个领域，并已扩展到国民经济的各个部门，而且进入了家庭。本书是电子技术应用的基础，是根据国家教育部最新颁布的高职高专院校电子类专业规划教材的"电子技术基础教学基本要求"，在多年教学改革与实践的基础上，按照国家对电子类专业高、中级人才的要求和市场对电子类专业人才的需求编写而成的。

本书的特点如下：

一、重点突出了教材的实用性。

面向现代化，根据21世纪各行业对电子类专业人才的要求，体现以能力为本位的职教特色，在保证基础知识的传授和基本技能训练的基础上，力求选择实用内容，不过分强调学科知识的系统性和严密性。

二、内容丰富、全面、翔实，涵盖高职高专电子类学生必须掌握的各种基本知识和基本技能，从电路原理分析、电子产品设计、元器件的作用及选择、印制电路板制作到电路调试一应俱全。

三、兼顾了国家相关专业高、中级人才技能考核标准，适应"双证制"考核。

本书在知识、技能要求的深度和广度上，以国家技能鉴定中心颁发的相关专业高、中级技能鉴定要求为依据，突出这部分知识的传授和专业技能训练，力求使学生获取毕业证的同时，又能获取本专业的高、中级技术等级证。

四、增加了教材使用的弹性。

本书分为两部分：一部分是必修内容，为各地区、学校必须完成的教学任务；另一部分是选修内容，供条件较好的地区或学校选用，此部分内容在书中用"※"注明。

五、深入浅出，易学易懂。

根据当前及今后较长时间高职高专学生情况及国外教材编写经验，本书删去了较深的理论推导和繁难的数学运算，内容浅显，叙述深入浅出，学生易于接受，便于实施教学。

为了便于深入学习和理解书中内容，各章节后都附有实验项目和思考与练习题。

本课程教学参考学时数为96学时，各章课时安排建议如下：

教学课时分配建议表

章　序	课时数	章　序	课时数
1	14	6	12
2	18	7	8
3	10	8	8
4	12	9	6
5	6	机动	2
总课时		96	

本书由重庆电子工程职业学院彭克发教授、李仕旭副教授、重庆青年职业技术学院唐中剑副教授及重庆房地产职业学院张岑副教授共同编写。其中：第1章、第2章、第3章由彭克发教授编写，第4章、第5章由唐中剑副教授编写，第6章、第7章由李仕旭副教授编写，第8章、第9章由张岑副教授编写。全书由彭克发教授制定编写大纲，负责组织编写及统稿工作。

本书在编写过程中，参考了很多已成熟的文献资料，中国高等学校电子教育学会会长黄庆元教授对本书进行了认真细致的审阅，并提出了许多修改意见，在此表示衷心的感谢。

由于作者水平有限，本书中难免存在不足，恳请读者多提宝贵意见，以便进一步修改。

编　者

2018 年 3 月

目　　录

第 1 章 半导体二极管及其应用

☞ **导言**

半导体在现代科学技术中起着极为重要的作用，利用半导体制造的器件种类很多，本章学习的半导体二极管(简称二极管)是用半导体材料制造的最简单器件，其应用十分广泛。本章先重点讨论半导体二极管的结构、特性及特殊二极管，然后介绍二极管的应用，最后介绍二极管的使用知识及技能训练项目。

☞ **教学目标**

(1) 了解本征半导体、杂质半导体。

(2) 熟悉 PN 结的形成及其单向导电性。

(3) 掌握半导体二极管的结构及伏安特性。

(4) 掌握半导体二极管的应用。

1.1 半导体基础知识

半导体器件是 20 世纪中叶才发展起来的新型电子器件，包括半导体二极管、半导体三极管、场效应管、集成电路等。

自然界中的物质根据导电能力的不同分为导体、绝缘体和半导体。电阻率低于 $10^{-3}\,\Omega\cdot cm$ 的物质称为导体，如银、铜、铝等；电阻率高于 $10^{9}\,\Omega\cdot cm$ 的物质称为绝缘体，如橡胶、塑料、胶木等；导电能力介于导体和绝缘体之间的物质称为半导体。在自然界中属于半导体的物质很多，用来制造半导体器件的材料主要是硅(Si)、锗(Ge)和砷化镓(GaAs)等，由于硅的温度特性较好，因而应用最为广泛。

将上述的半导体材料进行特殊加工，使其性能可控，即可用来制造构成电子电路的基本元件——半导体器件。半导体是制作半导体器件的关键材料。

1.1.1 本征半导体

纯净、不含杂质的且具有单晶结构的半导体称为本征半导体。所谓单晶，就是在一块半导体内原子按晶格排列得非常整齐。用于制造半导体器件的纯净的四价元素硅和锗，其最外层原子轨道上有 4 个电子(称为价电子)。图 1-1(a)所示为其原子结构的简化模型，图中的"+4"代表四价元素原子核和内层电子所具有的净电荷，外圈上的 4 个黑点表示 4 个价电子。经过单晶化后，由于原子排列的有序性，价电子为相邻的原子所共有，形成图 1-1(b)所示的共价键结构，图中"+4"代表四价元素原子核和内层电子所具有的净电荷。当温度为绝对零度时，每个原子都以共价键的形式和它周围的原子结合并相互作用，而且共价键中的价电子将受共价键的束缚。当温度升高时，有些原子中的少数价电子获得足够的能量可以摆脱共价键的束缚，从而成为自由运动的自由电子(可简称电子)，同时在共价键中留下一个空位置，称为空穴。因此，只要产生一个自由电子，必然对应着一个空穴，即电子和空穴成对出现，称为电子-空穴对。

在室温或光照下，少数价电子能够获得足够的能量摆脱共价键的束缚成为自由电子，同时在共价键中留下一个空位，如图 1-1(b)所示，这种产生电子-空穴对的过程，称为本征激发。当温度高于绝对零度时，本征半导体中都存在着由本征激发而产生的自由电子和空穴。自由电子是带负电的粒子，可以在晶格中运动，它的运动可以产生电流。原子失去价电子后将带正电，可等效地看成是有了带正电的空穴。空穴很容易吸引邻近共价键中的价电子去填补，使空位发生转移，这种价电子填补空位的运动可以看成空穴在运动，但其运动方向与价电子运动方向相反，因此，空穴是带正电的运动粒子。空穴的运动也可以产生电流，且电流的方向和空穴的运动方向相同。因此可以把自由电子和空穴都称为载流子。

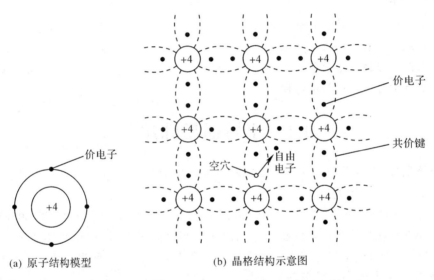

(a) 原子结构模型　　　　　(b) 晶格结构示意图

图 1-1　硅(或锗)的原子结构模型和晶格结构示意图

在本征半导体中，与本征激发同时存在的一种现象称为复合。自由电子和空穴在运动中相遇时会重新结合而成对消失，这种现象称为复合。温度一定时，自由电子和空穴的产生与复合将达到动态平衡，这时本征半导体内自由电子浓度和空穴浓度相等，而且是一个定值。当有电场作用时，自由电子和空穴将作定向运动形成电流，这种运动称为漂移，所形成的电流叫做漂移电流。在常温下，本征半导体的载流子浓度很低，因此导电能力很弱，随着温度的升高，半导体材料中的载流子浓度就会增加，导电能力增强。因此，本征半导体的导电能力与环境温度、光照强度密切相关，可以用来制作热敏和光敏器件，同时此特性又是半导体器件温度稳定性差的原因。

1.1.2　杂质半导体

本征半导体的导电能力不能人为地控制，温度一定，给定的本征半导体材料的载流子浓度就是一个定值，它的导电能力也就不能被改变了。为了提高半导体材料的导电能力，并且实现人为控制半导体材料的导电性，可以采用掺杂技术。所谓掺杂，就是在本征半导体中掺入微量杂质元素，这样形成的半导体称为杂质半导体。一般掺入杂质元素的浓度要远大于本征载流子的浓度，又要远小于材料的原子密度，使杂质原子零星地分布于半导体材料的晶格中。按掺入杂质的不同，杂质半导体可分为 P 型半导体和 N 型半导体。

1. N 型半导体

在本征半导体的硅（或锗）中掺入微量五价元素（如磷、砷、锑等）杂质后，杂质原子替代了晶格中某些四价元素原子的位置，就形成了 N 型半导体，N 型半导体主要是靠电子导电，所以又称为电子型半导体。这类半导体中，电子是多数载流子，空穴是少数载流子，如图 1-2(a)所示。

由于杂质原子最外层有五个电子，杂质原子与周围的四价元素原子相结合组成共价键时多余一个价电子，这个多余的价电子在室温下很容易挣脱原子核的束缚成为自由电子，掺入多少杂质原子就能电离产生多少个自由电子，因而自由电子的浓度大大增加。杂质原子在电离产生自由电子的同时，并不产生空穴，而是因释放出一个价电子而变成杂质正离子，这个正离子是束缚在晶格中的，不能像载流子那样运动，称之为施主离子，所掺入的杂质称为施主杂质。杂质离子带正电而自由电子带负电，所以整块半导体还是电中性的。

在这种杂质半导体中，既存在因杂质原子电离而成对产生的自由电子和杂质正离子，也存在由本征激发所产生的电子-空穴对，如图 1-2(b)所示。与本征半导体相比，这种半导体中的自由电子浓度大大增加，而空穴由于被复合的机会增多，其浓度反而减少，所以这种杂质半导体中自由电子为多数载流子（简称多子），空穴为少数载流子（简称少子）。这种以自由电子导电为主的半导体，称为 N 型（或电子型）半导体。

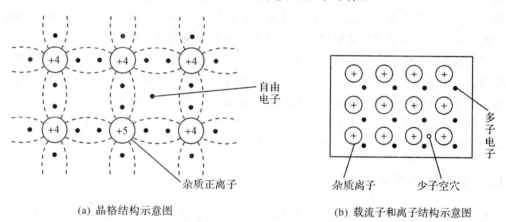

(a) 晶格结构示意图　　　　　　　　　(b) 载流子和离子结构示意图

图 1-2　N 型半导体结构示意图

2. P 型半导体

在本征半导体的硅（或锗）中掺入三价微量元素（如硼、铝等）杂质后就形成了 P 型半导体，如图 1-3(a)所示。P 型半导体是主要靠空穴导电的半导体，所以又称为空穴半导体。这类半导体中，空穴是多数载流子，电子是少数载流子。由图 1-3(a)可见，杂质原子与周围的四价元素原子形成共价键时因缺少一个价电子而产生一个空位，常温下这个空位极容易被邻近共价键中的价电子所填补，使杂质原子变成不能够移动的负离子，称这类杂质原子为受主原子，因此掺入多少个杂质原子就能产生多少个空穴。这种掺杂使空穴的浓度大大增加，而自由电子的浓度比本征半导体中的小。这种以空穴导电为主的半导体，称为 P 型（或空穴型）半导体，其中空穴为多子，自由电子为少子。杂质原子在接受价电子填补后将变成杂质负离子，称之为受主离子，相应的杂质称为受主杂质。P 型半导体中的载流子和离子结构示意图如图 1-3(b)所示。

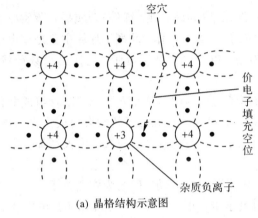
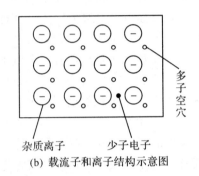

(a) 晶格结构示意图　　　　　　(b) 载流子和离子结构示意图

图 1-3　P 型半导体结构示意图

综上可见，杂质半导体中存在自由电子、空穴和杂质离子三种带电粒子，其中自由电子和空穴是载流子，杂质离子不能移动，因而不是载流子。由于多子浓度远大于少子浓度，故杂质半导体的导电性能主要取决于多子浓度。多子浓度主要由掺杂浓度决定，其值较大且稳定，故杂质半导体的导电性能得到显著改善。少子对杂质半导体的导电性能也有影响，由于少子是由本征激发产生的，其大小随温度的升高而增大，故半导体器件的性能对温度敏感，在应用中要注意温度对半导体器件及其电路性能的影响。

另外要注意，由于本征载流子浓度和温度有关，因此少子浓度随温度升高而增加，当温度高到一定程度时，少子浓度有可能比掺杂浓度还要高，这时，杂质半导体的特点就不存在了，两种载流子浓度近似相等，因此又可以将这种半导体看成本征半导体。

必须指出，杂质半导体中载流子（电子和空穴）虽有多少之分，但除此之外，还有不能移动的杂质离子，因而整个半导体仍呈电中性。

1.1.3　PN 结的形成

通过特殊的加工工艺，将 P 型半导体和 N 型半导体紧密地结合在一起，在两种半导体的交界处会出现一个特殊的接触面即空间电荷区或耗尽层，该耗尽层称为 PN 结，如图 1-4所示。当在同一块半导体基片的两边分别形成 N 型和 P 型半导体时，N 型和 P 型半导体交界面两侧的两种载流子浓度存在很大的差异：由于在 P 型半导体和 N 型半导体交界面两侧存在着空穴和自由电子两种载流子浓度差，即 P 区的空穴浓度远大于 N 区的空穴浓度，N 区的电子浓度远大于 P 区的电子浓度，因此会产生载流子从高浓度区向低浓度区的运动，这种运动称为扩散，如图 1-4(a)所示。P 区中的多子空穴扩散到 N 区，与 N 区中的自由电子复合而消失；N 区中的多子电子向 P 区扩散并与 P 区的空穴复合而消失。结果交界面附近的 P 区因失去空穴而留下不能移动的负离子，同样 N 区因失去电子而留下不能移动的正离子,这样在交界面两侧就出现了由数量相等的正、负离子组成的空间电荷区。在这个区域内载流子被扩散了,因而也称此区为耗尽层。

在空间电荷区内带正电的 N 区和带负电的 P 区产生了一个由 N 区指向 P 区的内电场,如图 1-4(b)所示。该电场将产生两个作用:一方面阻碍多子的扩散运动,使空间电荷区变宽,从这个角度上又可称 PN 结为阻挡层;另一方面促使两个区靠近交界面处的少子产生漂移运动,从而使空间电荷区变窄。起始时内电场较小,扩散运动较强,漂移运动较弱,随着扩散的进行,空间电荷区增宽,内电场增大,扩散运动逐渐困难,漂移运动逐渐加强。当外部条件一定时,扩散运动和漂移运动最终达到动态平衡,即扩散过去多少载流子必然漂移过来同样多的同类载流子,扩散电流等于漂移电流,如图 1-4(c)所示,这时空间电荷区的宽度一定,内电场一定,形成了所谓的 PN 结。

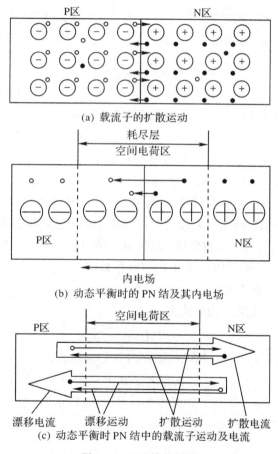

(a) 载流子的扩散运动

(b) 动态平衡时的 PN 结及其内电场

(c) 动态平衡时 PN 结中的载流子运动及电流

图 1-4　PN 结的形成

另外,从 PN 结内电场阻止多子扩散这个角度来说,空间电荷区也称为阻挡层或势垒区。PN 结两侧的电位差称为内建电位差,又称接触电位差,用 U_B 表示,其大小与半导体材料、掺杂浓度和温度有关。室温时,硅材料 PN 结的内建电位差为 0.5～0.7 V,锗材料 PN 结的内建电位差为 0.2～0.3 V。当温度升高时,U_B 将减小。PN 结的宽度与 N 区和 P 区的掺杂浓度有关,当 N 区和 P 区的掺杂浓度相同时,交界面两侧的空间电荷区宽度相等,这种 PN 结称为对称 PN 结。当 N 区和 P 区的掺杂浓度不相同时,由于 PN 结两侧的正负离子数相等，因此掺杂浓度高的一侧的空间电荷区宽度小于掺杂浓度低的一侧的空间电荷区宽度，这种 PN 结称为不对称 PN 结。

1.1.4 PN 结的特性

PN 结有什么特性呢？我们来看下面的一个实验，如图 1-5 所示。

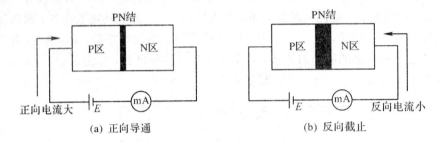

图 1-5 PN 结的单向导电性

在 PN 结两侧外加一个电源，正极接 P 区，负极接 N 区，此时电流表指针偏转较大，说明 PN 结内外电路形成正向电流，这种现象称为 PN 结的正向导通。如将电源正负极反过来，即电源正极接 N 区，负极接 P 区，此时电流表指针几乎无偏转，说明 PN 结内外电路只能形成极小的反向电流，这种现象称为 PN 结的反向截止。

由以上实验可以知道：PN 结具有单向导电特性。即 PN 结正偏时导通，呈现很小的电阻，可形成较大的正向电流；PN 结反偏时截止，呈现很大的电阻，反向电流近似为零。

需要指出的是，如果反向电压未超过允许值，当反向电压撤除后，PN 结仍能恢复单向导电性。如果反向电压超过一定数值后，反向电流将急剧增加，会使 PN 结烧坏或称为热击穿。当发生反向热击穿时，PN 结的单向导电性被破坏。

PN 结存在着电容，称为 PN 结的结电容。

PN 结的单向导电性的数学表达式为

$$i = I_S(e^{\frac{u}{U_T}} - 1) \tag{1-1-1}$$

式中：u 为加在 PN 结上的电压，其规定正方向是 P 区端为正，N 区端为负；i 为 PN 结在外电压 u 作用下流过的电流，其规定正方向是从 P 区流向 N 区；I_S 为 PN 结反向饱和电流；U_T 称为温度电压当量，是一个常用的参数（$U_T = kT/q$，其中 $k = 1.38 \times 10^{-23}$ J/K，为玻耳兹曼常数，T 为热力学温度，单位为 K，$q = 1.6 \times 10^{-19}$ C，为电子电量），在常温下，$U_T \approx 26$ mV。

1.2 半导体二极管

1.2.1 半导体二极管的结构和符号

利用 PN 结的单向导电性，可以制造一种半导体器件——半导体二极管（简称二极管）。半导体二极管是由 PN 结加相应的电极和外壳封装制成的，如图 1-6(a)所示，P 区的引出线称为二极管的正极，N 区的引出线称为二极管的负极。虽然二极管在材料和制造工艺上各不相同，但在电路图中均可用图 1-6(b)所示的电路符号来表示，其箭头表示二极管导通时的电流方向，二极管的电流只能从正极流向负极，不能从负极流向正极，这也是为了表达它的单向导电性。

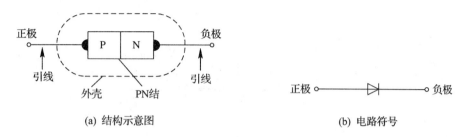

(a) 结构示意图　　　　　　　　　　(b) 电路符号

图 1-6　半导体二极管的结构与符号

　　根据结构的不同，二极管又分为点接触型、面接触型和平面型几种。其结构类型如图 1-7 所示。其中点接触型二极管 PN 结接触面小，适宜在小电流状态下使用，面接触型和平面型二极管 PN 结接触面大，载流量大，适合于大电流场合中使用。

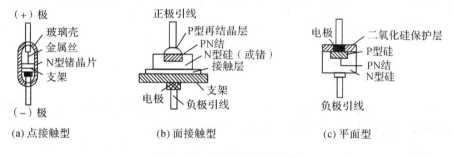

(a) 点接触型　　　　　　(b) 面接触型　　　　　　(c) 平面型

图 1-7　二极管的结构类型

1.2.2　二极管的特性

1. 二极管的伏安特性

　　二极管的核心部分是 PN 结，PN 结具有单向导电性，这也是二极管的主要特性。

　　二极管的导电性能由加在二极管两端的电压(U)和流过二极管的电流(I)来决定，这两者之间的关系称为二极管的伏安特性。用于定量描述这两者关系的曲线称为伏安特性曲线，如图 1-8 所示。由图可见，二极管的导电特性可分为正向特性和反向特性两部分。

　　二极管的伏安特性可近似地用 PN 结的伏安特性方程表示，即

$$i_D = I_S(e^{\frac{u_D}{U_T}} - 1) \tag{1-2-1}$$

式中：u_D 为加在 PN 结上的电压，其规定正方向是 P 区端为正，N 区端为负；i_D 为 PN 结在外电压 u_D 作用下流过的电流，其规定正方向是从 P 区流向 N 区；I_S 为 PN 结反向饱和电流；U_T 称为温度电压当量，是一个常用的参数，在常温下，$U_T \approx 26\ \text{mV}$。

　　1）正向特性

　　(1) 死区：当外加电压为零时，电流也为零，故曲线经过原点。当二极管加上正向电

压且较低时，电流非常小，如 OA、OA' 段，通常称这个区域为死区。硅二极管的死区电压约为 0.5 V，锗二极管的死区电压约为 0.2 V。在实际应用中，通常近似认为在死区电压范围内，二极管的正向电流为零，不导通。

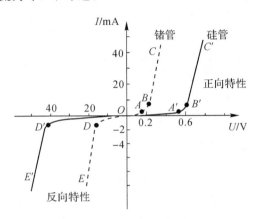

图 1-8 二极管的伏安特性曲线

（2）非线性区：当正向电压大于死区电压之后，正向电流逐渐增加，如图 1-8 中的 AB 和 $A'B'$ 段所示，此时二极管由截止转为正向导通。

（3）线性区：当二极管正向导通后，正向电流直线增加，如图 1-8 中的 BC 和 $B'C'$ 段所示，二极管两端的管压降（二极管两端的电压）变化不大，硅管为 0.6~0.8 V，锗管为 0.2~0.3 V。

综上可见，二极管正向导通是有条件的，并不是加上正向电压就导通，而是加上正向电压且正向电压值大于死区电压时二极管才导通。

2）反向特性

（1）反向截止区：在二极管两端加上反向电压时，有微弱的反向电流，如图 1-8 中的 OD 和 OD' 段所示。硅管的反向电流一般为几至几十微安，锗管的反向电流一般为几十至几百微安，此时二极管即为反向截止。在一定范围内，反向电流与所加反向电压无关，但它随温度上升而增加很快。反向电流也称反向饱和电流，它的大小是衡量二极管质量好坏的一个重要指标，其值越小，二极管质量越好。一般情况下可以忽略反向饱和电流，认为二极管反向不导通。

（2）反向击穿区：当反向电压继续增大到一定数值后，反向电流会突然增大，如图 1-8 中的 DE 和 $D'E'$ 段所示，这时二极管失去了单向导电性，这种现象称为二极管反向击穿，此时二极管两端所加的电压称为反向击穿电压。二极管反向击穿（也称电压击穿）后，只要采取限流措施使反向电流不超过允许值，降低或去掉反向电压后，二极管可恢复正常；如不采取限流措施，很大的反向电流流过二极管会迅速发热，将导致二极管热击穿而永久性损坏。

可见二极管的击穿有电压击穿和热击穿之分。电压击穿后二极管可恢复正常，而热击穿后二极管不能恢复正常。

由此可见，二极管的特性曲线不是直线，表明二极管是一个非线性元件，这是二极管的一个重要特性。

2. 温度对二极管的影响

温度对二极管特性有显著的影响，如图 1-9 所示。当温度升高时，正向特性曲线向左移，反向特性曲线向下移。具体变化规律为：在室温附近，温度每升高 1℃，正向压降减小 2~2.5 mV；温度每升高 10℃，反向电流约增大一倍。正向压降减小的主要原因是：当温度升高时，PN 结的内建电位差 U_B 将减小，因而克服 PN 结的内电场对多子扩散运动的阻碍作用所需的死区电压减小，正向压降也相应减小。反向电流增大的主要原因是：当温度升高时，由本征激发所产生的少子浓度增大，因而由少子漂移而形成的反向电流也增大。

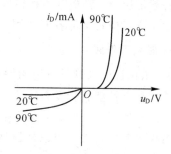

图 1-9　温度对二极管伏安特性曲线的影响

若温度过高，将导致本征激发所产生的少子浓度过大，使少子浓度与多子浓度相当，杂质半导体变得与本征半导体相似，PN 结消失，二极管失效。其他半导体器件也存在这种高温失效现象，为了避免半导体器件在高温下失效，一般规定硅管的最高允许结温为 150~200℃，锗管的为 75~100℃。

1.2.3　二极管主要参数与选用依据

器件的参数是器件特性的定量描述，是合理选择和正确使用器件的依据。二极管有以下一些主要参数。

1. 最大整流电流 I_{CM}

最大整流电流是指管子长期工作时，允许通过的最大正向平均电流，由 PN 结的面积和散热条件所决定。例如 2AP1 型二极管的最大整流电流为 16 mA。实际应用时，流过二极管的平均电流不能超过 I_{CM}，否则会因电流太大、发热量超过限度而烧坏管子。

2. 最高反向工作电压 U_{RM}

最高反向工作电压是指管子工作时所允许加的最高反向电压，超过此值二极管就有被反向击穿的危险。通常器件手册上给出的最高反向工作电压约为击穿电压的 1/2。例如规定 2AP1 型二极管的 U_{RM} 为 20 V，而击穿电压大于 40 V。

3. 反向电流 I_R

反向电流是指二极管未被击穿时的反向电流值。I_R 越小，说明二极管的单向导电性能越好。I_R 值会随温度的升高而急剧增加，使用时要特别注意温度的影响。

4. 二极管的结电容

二极管除具有单向导电性外，还具有一定的电容效应。二极管的结电容包括势垒电容 C_B 和扩散电容 C_D 两部分。

1）势垒电容

势垒电容是由耗尽层（空间电荷区）引起的，其大小与结上偏置电压的大小有关，所以它是一种非线性电容。一般情况下，势垒电容为几皮法至一二百皮法。

2）扩散电容

扩散电容是由多数载流子在扩散过程中的积累引起的，其大小随外加电压而变化，也是一种非线性电容。

一般情况下，势垒电容和扩散电容都很小，对低频特性影响不大，但工作频率很高时，就必须考虑二极管结电容的作用。

5. 最高工作频率 f_M

f_M 指保证二极管具有单向导电特性的最高工作频率。当工作频率超过 f_M 时，二极管的单向导电性能就会变差，甚至失去单向导电特性。最高工作频率主要由结电容的大小决定。结电容越小，最高工作频率越高。

器件的各主要参数可以从器件的手册上查到。但要说明的是，手册上所给的参数是在一定测试条件下测得的，应用时要注意这些条件。若条件改变，相应的参数值也会发生变化。

选用二极管的依据是：

$$\begin{cases} I \leqslant I_{CM} \\ U \leqslant U_{RM} \end{cases} \qquad (1-2-2)$$

式中：I 为二极管的实际工作电流；U 为实际工作反向电压。

二极管常用于整流、开关、检波、限幅、钳位、保护、隔离等许多场合，后续章节将逐步介绍。

1.2.4　特殊二极管

1. 稳压二极管

1）稳压二极管的特性及符号

稳压二极管简称稳压管，它是利用 PN 结的反向击穿特性，采用特殊工艺方法制造的、在规定反向电流范围内可以重复击穿的硅二极管，其符号和伏安特性曲线如图 1-10 所示。它的正向伏安特性与普通硅二极管的正向伏安特性相同，其正反向伏安特性非常陡

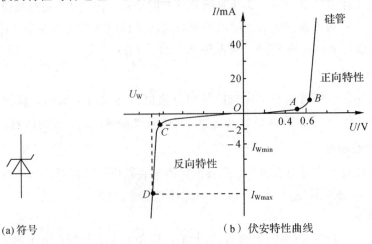

(a) 符号　　　　　　　　（b）伏安特性曲线

图 1-10　稳压二极管的符号和伏安特性

直。用限流电阻将流过稳压管的反向击穿电流 I_W 限制在 $I_{Wmin} \sim I_{Wmax}$ 之间时，稳压管两端的电压 U_W 几乎不变。利用稳压管的这种特性，就能达到稳压的目的。

2）硅稳压电路

图 1-11 就是一个简单的稳压管稳压电路。R 为限流电阻，稳压管 V_S 与负载 R_L 并联，属并联稳压电路。显然，负载两端的输出电压 U_O 等于稳压管的稳定电压 U_W。

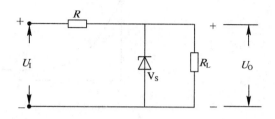

图 1-11　简单硅稳压电路

3）稳压原理

由于输入电压 U_I 的变化或者负载电阻 R_L 的变化，会导致 U_O 的变化，因此根据稳压二极管的稳压特性，U_W 较小的变化会导致 I_W 较大的变化，或使限流电阻压降发生较大的变化，从而实现 U_O 基本不变，达到稳压的目的。

$$U_I \uparrow \rightarrow U_O \uparrow \rightarrow U_W \uparrow \rightarrow I_W \Uparrow \text{——}$$
$$U_O \downarrow \leftarrow U_R \Uparrow \text{←——————}$$
$$R_L \uparrow \rightarrow U_O \uparrow \rightarrow U_W \uparrow \rightarrow I_W \Uparrow \text{——}$$
$$U_O \downarrow \leftarrow I_L \downarrow \text{←——————}$$

4）稳压管的参数

稳压管的主要参数如下：

（1）稳定电压 U_W：稳定电压是稳压管正常工作时，管子两端的反向电压。由于制造原因，即使是同一型号的稳压管，其稳定电压也不一定相同，而是某一范围值。

如 2CW1 的 $U_W = 7 \sim 8.5$ V，使用时需经测定。

（2）最大耗散功率 P_M：稳压管稳压时 $P = I_W \cdot U_W \leqslant P_M$，通常取 $I_W = \frac{1}{2} \sim \frac{1}{4} I_{Wmax}$。

5）稳压管的选择依据

选择稳压管的依据为

$$\begin{cases} U_W = U_O \\ I_O = \frac{1}{2} \sim \frac{1}{3} I_{Wmax} \\ U_I = (2 \sim 3)U_O \end{cases} \tag{1-2-3}$$

式中：U_I 为稳压电路的输入电压；U_O、I_O 分别为稳压电路输出给负载的电压、电流。

稳压管稳压只适用于要求不高的小容量稳压场合。

2. 变容二极管

二极管结电容的大小除了与本身结构和工艺有关外，还与外加电压有关。结电容随反向电压的增加而减小。变容二极管（Variable - Capacitance Diode）是利用 PN 结的电容效应，并采用特殊工艺使结电容随反向电压变化比较灵敏的一种特殊二极管，其电压特性曲线和符号如图 1-12 所示。

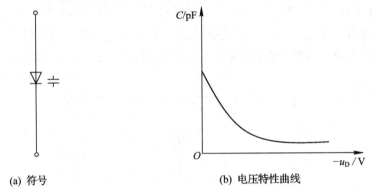

(a) 符号　　　　　　　　　　(b) 电压特性曲线

图 1-12　变容二极管的符号和电压特性曲线

不同型号的管子，其电容最大值不同，范围是 5~300 pF。变容二极管的最大电容与最小电容之比（称为电容比）约为 5∶1。变容二极管在高频技术中应用较多，因为其结电容能随外加的反偏电压而变化，常被用作调频、扫频及相位控制。目前，变容二极管的应用已相当广泛。例如，彩色电视机普遍采用具有记忆功能（预选台）的电子调谐器，其工作原理就是通过控制直流电压来改变变容二极管的结电容电容量，以选择某一频道的调振频率。

3. 发光二极管

发光二极管（Light-Emitting Diode）简称 LED，是一种利用正偏时 PN 结两侧的多子直接复合释放出光能的光发射器件。发光二极管通常用砷化镓、磷化镓等化合物制成，工作在正偏状态下，在正向电流达到一定值时就发光。其电路符号及基本应用电路如图 1-13 所示。

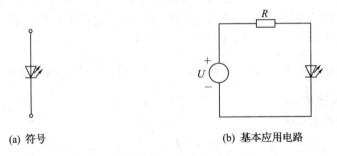

(a) 符号　　　　　　　　　　(b) 基本应用电路

图 1-13　发光二极管的符号和基本应用电路

发光二极管通常用来作为显示器件或光电显示电路中的光源，除单个使用外，也常用来构成七段数码显示器或矩阵显示器件，工作电流一般在几毫安至十几毫安之间，典型的工作电流为 10 mA。发光二极管所发光的颜色取决于所使用的半导体材料，采用不同的材料管子发光颜色不同，通常有红、黄、绿、橙等几种。发光二极管的反向击穿电压一般大于 5 V，为使器件稳定可靠地工作，一般使其工作在 5 V 以下。

发光二极管的基本应用电路如图 1-13(b) 所示，R 为限流电阻，以使发光二极管的正向工作电流限定在额定范围内，电源电压可以是直流也可以是交流或脉冲信号。只要流过发光二极管的正向电流在正常范围内，就可以正常发光。

发光二极管具有体积小、反应快、价廉并且工作可靠等特点，广泛应用于各种指示电路，同时也有增加美观的作用。

4. 光电二极管

光电二极管（Photo-Diode）是利用半导体的光敏特性制造的光接收器件。当光照度 E（单位为 lx）增加时，PN 结两侧的少子浓度增加，从而使二极管反向饱和电流值增大。光电二极管的电路符号如图 1-14 所示。

图 1-14　光电二极管的电路符号

光电二极管的结构与普通二极管类似，管壳上的一个玻璃窗口能接收外部的光。工作在反偏状态下，没有光照射时，反向电阻很大，反向电流很小，这时的反向电流称为暗电流，光电二极管处于截止状态。当光照射在 PN 结上，它的反向电流随光照度的增加而上升，这时的反向电流称为光电流，光电二极管处于导通状态。其主要特点是，它的反向电流与光照度成正比，灵敏度的典型值为 0.1 mA/lx 数量级。光电二极管常用于光电转换电路，如光电传感器用于光的测量。

1.3　二极管的基本应用

利用二极管的伏安特性，可以构成多种应用电路。例如：利用单向导电性，可以构成整流电路、门电路；利用正向恒压特性，可以构成低电压稳压电路、限幅电路。本节重点讨论常见的单相整流电路（半波、全波、桥式整流电路）。

实际使用中，往往希望二极管具有正偏时导通、电压降为零，反偏时截止、电流为零、反向击穿电压为无穷大的理想特性。具有这样特性的二极管称为理想二极管，也称为二极管的理想模型，其伏安特性和电路符号如图 1-15 所示。显然，理想二极管就是一个理想开关，正偏导通时开关合上，反偏截止时开关断开。

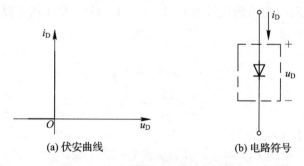

(a) 伏安曲线　　　　　(b) 电路符号

图 1-15　半导体二极管的理想模型

由实际二极管的伏安特性曲线可知：$u_D > U_{D(on)}$ 时，二极管导通，导通后电压降约为 $U_{D(on)}$；$u_D < U_{D(on)}$ 时，二极管截止，二极管电流值为 0，故可用图 1-16 所示的模型来等效二极管，这种模型称为恒压降模型。

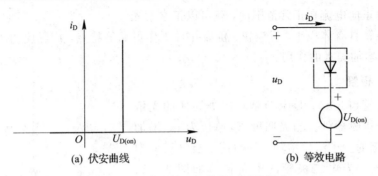

(a) 伏安曲线　　　　　　　　(b) 等效电路

图 1-16　半导体二极管的恒压降模型

将二极管用理想模型或恒压降模型代替后，就可把非线性电路转化为线性电路，使分析简化。下面举例说明。

例 1.3.1　二极管电路如图 1-17(a)所示，二极管为硅管，电阻 $R=1$ kΩ，试用二极管的理想模型和恒压降模型分别求出 $U_{DD}=4$ V 和 $U_{DD}=12$ V 时的回路电流 I_O 和输出电压 U_O 的值。

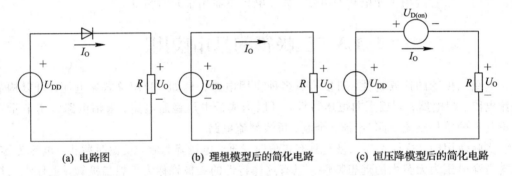

(a) 电路图　　　　　　(b) 理想模型后的简化电路　　　　(c) 恒压降模型后的简化电路

图 1-17　例 1.3.1 简单二极管电路

解　由图 1-17(a)电路可知，二极管能正偏导通。将导通二极管分别用理想模型和恒压降模型等效后，实际电路可简化为图 1-17(b)、1-17(c)所示的电路。

(1) 当 $U_{DD}=4$ V 时：

由图 1-17(b)得

$$U_O = U_{DD} = 4 \text{ V}$$

$$I_O = \frac{U_O}{R} = 4 \text{ mA}$$

由图 1-17(c)得

$$U_O = U_{DD} - U_{D(on)} = 4 - 0.7 = 3.3 \text{ V}$$

$$I_O = \frac{U_O}{R} = 3.3 \text{ mA}$$

(2) 当 $U_{DD}=12$ V 时：

由图 1-17(b)得

$$U_O = U_{DD} = 12 \text{ V}$$

$$I_O = \frac{U_O}{R} = 12 \text{ mA}$$

由图 1-17(c)得

$$U_O = U_{DD} - U_{D(on)} = 12 - 0.7 = 11.3 \text{ V}$$

$$I_O = \frac{U_O}{R} = 11.3 \text{ mA}$$

1.3.1　单相整流电路概念

整流是指将交变电流变换成单向脉动电流的过程。实现这种功能的电路称为整流电路或整流器。整流电路有单相整流电路和三相整流电路之分，在常用家用电器设备中，主要是单相整流电路。常见的单相整流电路有半波、全波、桥式整流电路。

我们已经知道，二极管具有单向导电的特性，当二极管加正向电压时，二极管导通，其正向电阻很小；当二极管加反向电压时，只要不引起反向击穿，二极管就处于截止状态，呈现很大的电阻。因此，二极管相当于一只开关，如图 1-18 所示。整流电路就是利用二极管的这种开关特性构成的。

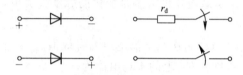

图 1-18　二极管相当于一只开关

为分析时更为直观，可忽略二极管的正向导通时的电阻 r_d，即将二极管看成理想开关。

1.3.2　单相半波整流电路

1. 电路结构

单相半波整流电路由变压器 T、二极管 VD 和负载 R_L 组成，如图 1-19(a)所示。变压器的作用是将交流电压变换到所需要的值。二极管的作用是将交流电变成单方向脉动直流电，即二极管为整流元件。负载电阻 R_L 表示耗能元件。

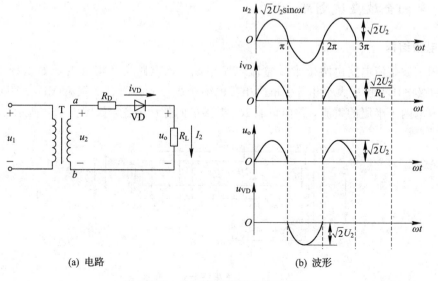

(a) 电路　　　　　　　　　　　(b) 波形

图 1-19　单相半波整流电路及波形

2. 工作原理

变压器次级电压为 $u_2=\sqrt{2}U_2\sin\omega t$，将其加在二极管上，由于二极管的单向导电性，只允许某半周的交流电通过二极管加在负载上，这样负载电流只有一个方向，从而实现整流。

当 u_2 为正半周时，次级绕组电压极性上正下负，二极管 VD 正偏，$u_D>0.5$ V 时导通，有电流流过负载 R_L，产生输出电压 U_O；当 u_2 为负半周时，次级绕组电压极性上负下正，二极管 VD 反偏而截止，负载 R_L 上没有电流流过，R_L 两端没有电压，此时 u_2 全加在二极管 VD 上。

可见，变压器次级电压为交流电，而负载 R_L 上流过的电流和获得的电压为脉动直流电。波形如图 1-19(b) 所示。如果二极管 VD 接反，负载 R_L 上将获得负电压。

3. 负载电压和电流计算

负载电压的大小是变化的脉动直流电，可以用平均值 U_O 表示其大小，即

$$U_O = 0.45 U_2 \tag{1-3-1}$$

式中，U_2 为次级交流电压的有效值。

负载 R_L 上的平均电流为

$$I_O = \frac{0.45U_2}{R_L} \tag{1-3-2}$$

4. 整流二极管承受的电流和最高反向电压

观察 $b\rightarrow VD\rightarrow a$，当负半周到来时，VD 反偏而截止，$ba$ 间的电压全部加在 VD 上，VD 承受的最高反向电压为 ba 间的交流电压的峰值 $\sqrt{2}U_2$，而通过 VD 的电流为负载电流。

5. 半波整流电路中二极管的选用原则

半波整流电路中二极管的选用原则是：最大整流电流 $I_{OM}\geqslant I_O$；最高反向工作电压 $U_{RM}\geqslant\sqrt{2}U_2$。

1.3.3 单相全波整流电路

1. 电路结构

单相全波整流电路由两个半波整流电路组成。该电路所用电源变压器次级有中心抽头，将初级电压变换成大小相等、相位相反的两个电压，由两只二极管 VD₁、VD₂ 分别完成对交流电两个半周的整流，并向负载 R_L 提供单向脉动电流，如图 1-20 所示。

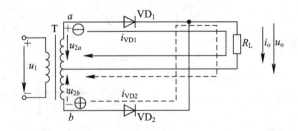

图 1-20 单相全波整流电路

2. 工作原理

在交流电压 u_2 的正半周，a 端为正，b 端为负，抽头处的电位介于 a 端电位与 b 端电位之间，二极管 VD$_1$ 正偏导通，VD$_2$ 反偏截止，电流流经路径如图 1-20 中实线箭头所示；在 u_2 的负半周，a 端为负，b 端为正，二极管 VD$_1$ 反偏截止，VD$_2$ 正偏导通，电流流经路径如图 1-20 中虚线箭头所示。

可见，在交流电压 u_2 的正、负两个半周内，VD$_1$、VD$_2$ 轮流导通，在负载 R_L 上总是得到自上而下的单向脉动电流。与半波整流相比，它有效地利用了交流电的负半周，所以整流效率提高了 1 倍。全波整流波形如图 1-21 所示。

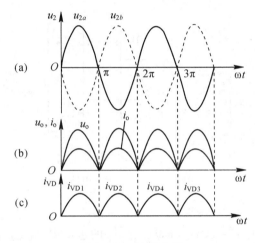

图 1-21　波形分析

3. 负载电压和电流计算

由于效率提高了 1 倍，所以负载所获得的直流电压平均值和负载平均电流分别为

$$U_O = 0.9U_2 \tag{1-3-3}$$

$$I_O = \frac{0.9U_2}{R_L} \tag{1-3-4}$$

4. 整流二极管承受的电流和最高反向电压

观察 $a \rightarrow VD_1 \rightarrow VD_2 \rightarrow b$，当 VD$_1$ 导通时，$U_{VD1} = 0.7$ V，ab 间的电压几乎全部加在 VD$_2$ 上，而 VD$_2$ 反偏，所承受的最高电压为 ab 间的交流电压的峰值 $2\sqrt{2}U_2$；反之，VD$_1$ 所承受的最高反偏电压也为 $2\sqrt{2}U_2$。而 VD$_1$、VD$_2$ 轮流导通，通过的电流为负载电流的一半。

5. 全波整流电路中二极管的选用原则

全波整流电路中二极管的选用原则是：最大整流电流 $I_{OM} \geqslant \frac{1}{2}I_O$；最高反向工作电压 $U_{RM} \geqslant 2\sqrt{2}U_2$。

半波整流虽然电路简单，但电能利用率低，输出电压脉动大，输出直流电压也低。全波整流虽然克服了半波整流的缺点，但变压器次级需要两个完全对称的绕组，工艺较复杂，且成本高。因此，目前广泛应用的还是桥式整流电路。

1.3.4 单相桥式整流电路

1. 电路结构

单相桥式整流电路由电源变压器 T、四只整流二极管 $VD_1 \sim VD_4$ 和负载 R_L 组成。其中四只整流二极管组成桥式电路的四条臂，变压器次级绕组的两个头和负载 R_L 的两个头分别接在桥式电路的两条对角线顶点，如图 1-22 所示，其中图(a)为常用画法，图(b)为变形画法，图(c)为简单画法。

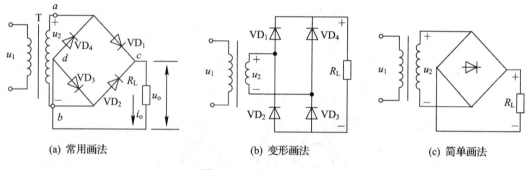

(a) 常用画法   (b) 变形画法   (c) 简单画法

图 1-22 桥式整流电路

2. 工作原理

设次级输出交流电压 $u_2 = \sqrt{2}U_2\sin\omega t$。在 u_2 的正半周，a 端为正、b 端为负，二极管 VD_1 和 VD_3 正偏导通，VD_2 和 VD_4 反偏截止。若将截止的 VD_2、VD_4 略去，在图 1-23(a)中可以看出单向脉动电流流向为：$a \rightarrow VD_1 \rightarrow c \rightarrow R_L \rightarrow d \rightarrow VD_3 \rightarrow b$；在 u_2 的负半周，a 端为负，b 端为正，二极管 VD_2 和 VD_4 正偏导通，VD_1 和 VD_3 反偏截止，若将截止的 VD_1、VD_3 略去，在图 1-23(b)中可以看出单向脉动电流流向为：$b \rightarrow VD_2 \rightarrow c \rightarrow R_L \rightarrow d \rightarrow VD_4 \rightarrow a$。

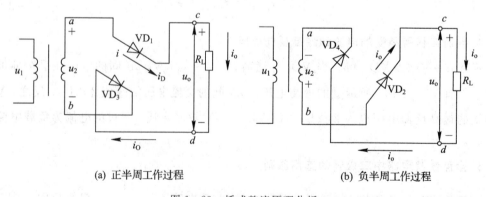

(a) 正半周工作过程   (b) 负半周工作过程

图 1-23 桥式整流原理分析

可见，在交流电压 u_2 的正、负两个半周内，负载 R_L 上都能获得自上而下的脉动电流和同极性的脉动电压。负载电流 I_O 和负载电压 U_O 均为两个半波的合成。电源的两个半波都能向负载供电，所以桥式整流仍属于全波整流，其电压波形如图 1-24 所示。

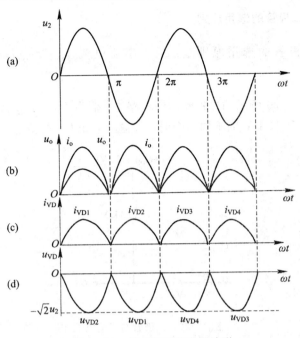

图 1 - 24　桥式整流的电压波形

3. 负载电压和电流计算

由于桥式整流属于全波整流，所以负载电压和电流与全波整流相同，即

$$U_{\mathrm{O}} = 0.9U_2 \tag{1-3-5}$$

$$I_{\mathrm{O}} = \frac{0.9U_2}{R_{\mathrm{L}}} \tag{1-3-6}$$

4. 整流二极管承受的电流和最高反向电压

由于每只二极管只在 1/2 个周期内导通，所以在 1 个周期内流过每只二极管的电流只有负载电流的 1/2，即

$$i_{\mathrm{VD}} = \frac{1}{2}I_{\mathrm{O}} \tag{1-3-7}$$

从图 1 - 25 可以看出，若 VD_1、VD_3 导通时，u_2 实际上加到了不导通的 VD_2 和 VD_4 两端，所以这两只二极管承受的最高反向电压为变压器次级电压的峰值，即

$$U_{\mathrm{RM}} = \sqrt{2}U_2$$

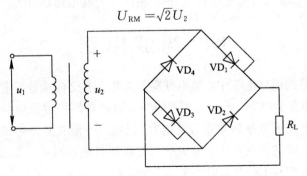

图 1 - 25　二极管的反向工作电路

5. 桥式整流中二极管的选用原则

桥式整流中二极管的选用原则是：最大整流电流 $I_{OM} \geqslant \frac{1}{2} I_O$；最高反向工作电压 $U_{RM} \geqslant \sqrt{2} U_2$。

例 1.3.2 如图 1-26 所示的二极管与门电路中，假设 V_A、V_B 均为理想二极管，当输入电压 U_A、U_B 为 0 V 和 4 V 的不同组合时，求输出电压 U_O 的值。

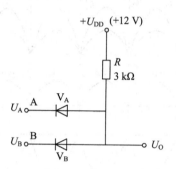

图 1-26　二极管与门电路

解 V_A 和 V_B 两个理想二极管正向导通后的压降都为 0 V。

(1) 当 $U_A = U_B = 0$ V 时，V_A 和 V_B 均加上了 12 V 的正偏电压，两个二极管都能正向导通，理想二极管导通后的压降都为 0 V，因此 $U_O = 0$ V。

(2) 当 $U_A = 0$ V，$U_B = 4$ V 时，V_A 的正偏电压为 12 V，V_B 的正偏电压为 8 V，V_A 会优先导通，V_A 导通后的压降为 0 V，使 $U_O = 0$ V。这时 V_B 阳极电位为 0 V，阴极电位为 4 V，因此 V_B 会反偏截止。

(3) 当 $U_A = 4$ V，$U_B = 0$ V 时，V_A 的正偏电压为 8 V，V_B 的正偏电压为 12 V，V_B 会优先导通，V_B 导通后的压降为 0 V，使 $U_O = 0$ V。这时 V_A 阳极电位为 0 V，阴极电位为 4 V，因此 V_A 会反偏截止。

(4) 当 $U_A = U_B = 4$ V 时，V_A 和 V_B 均加上了 8 V 的正偏电压，两个二极管都能正向导通，理想二极管导通后的压降都为 0 V，因此 $U_O = 4$ V。

由以上分析可知该电路的功能为：当输入电压中有低电压(0 V)时，输出为低电压(0 V)；只有当输入电压均为高电压(4 V)时，输出才为高电压(4 V)。

1.4　滤波电路

在所有整流电路的输出电压中，都不可避免地包含有交流成分。若用这种脉动直流电流给电视机供电，图像会扭曲，而且会出现噪声，因此必须在整流电路后面加上滤波电路(又叫滤波器)减少其交流分量后才能向负载 R_L 供电。一般在整流电路以后都要加接滤波电路以使负载得到平滑的直流电压。常见的滤波电路有电容滤波、电感滤波和复式滤波(π型滤波)，即 Γ 型、π 型和 RC 型，如图 1-27 所示。

本节介绍电容滤波、电感滤波和复式滤波(π 型滤波)电路。

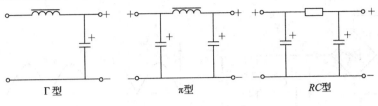

图 1 - 27 常见的滤波器

1.4.1 电容滤波电路

1. 电路结构

在整流电路的负载 R_L 两端并联一只大电容器(一般为大容量电解电容),就构成了电容滤波电路,如图 1 - 28(a)和图 1 - 29(a)所示,电容 C 称为滤波电容。

2. 滤波原理

由于电容并联在负载 R_L 两端,所以电容两端的电压等于输出电压,即 $u_C = u_O$。

图 1 - 28(b)与图 1 - 29(b)分别为半波整流电容滤波电路波形及全波整流电容滤波电路波形,滤波的原理其实质是电容器的充、放电原理。整流和滤波是同时进行的,不能把整流和滤波分开来理解。其滤波过程具体如下。

oa 段:克服二极管的死区电压,二极管截止。

ab 段:$u_2 > u_C$,二极管导通,整流电压对电容 C 充电,同时向负载 R_L 供电,但 u_C 不能突变,u_C 始终滞后于 u_2,不跟随 u_2 到达峰值。当 u_2 从峰值下降到 $u_2 = u_C$ 时,充电结束。

bc 段:$u_2 < u_C$,二极管反偏截止,C 通过负载 R_L 放电,由于 $R_L > r_i$,所以,$\tau_{放} \gg \tau_{充}$。因此电容电压按指数规律缓慢下降到 c 点。当 u_2 从 0 上升到 $u_2 = u_C$ 时,放电结束。(r_i 为二极管的导通电阻)

cd 段:$u_2 > u_C$,二极管导通,整流电压对电容 C 充电,同时向负载 R_L 供电,与 ab 段类似。

de 段:$u_2 < u_C$,二极管反偏截止,C 通过负载 R_L 放电,与 bc 段类似。

此过程反复进行,即得到如图 1 - 28(c)与 1 - 29(c)所示的比较平滑的直流波形。此波形就是负载电压 u_O 的波形。

全波整流电容滤波比半波整流电容滤波输出波形更加平滑。

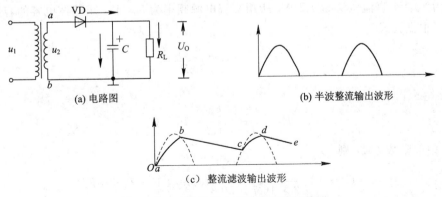

(a) 电路图　　　　　　　　(b) 半波整流输出波形

(c) 整流滤波输出波形

图 1 - 28 半波整流电容滤波电路及波形

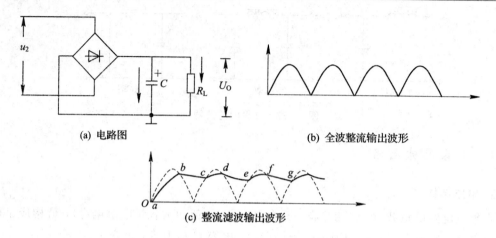

(a) 电路图　　　　　　　　　　(b) 全波整流输出波形

(c) 整流滤波输出波形

图 1-29　全波整流电容滤波电路及波形

3. 主要特点

电容滤波电路具有以下特点：

（1）输出电压波形连续且比较平滑。

（2）输出电压的平均值 U_O 提高，这是因为二极管导通期间电容器充电储存了电场能，二极管截止期间电容器向负载释放电场能的结果。输出电压的平均值如下：半波整流滤波电路 $U_O = U_2$；全波（桥式）整流滤波电路 $U_O = 1.2U_2$，空载时（输出端开路）$U_O = 1.4U_2$，即此时输出电压接近 u_2 的峰值。

（3）整流二极管的导通时间比未接滤波电容时缩短。

（4）如果电容容量较大，充电时的充电电流较大，则电容容量按下式计算选择：

$$C \geqslant (3 \sim 5)\frac{1}{2R_L f} \qquad\qquad (1-4-1)$$

（5）输出电压 u_O 受负载变化影响大。因为空载时（R_L 相当于 ∞），放电时间常数大，波形很平滑，$U_O = 1.4U_2$；重载时（R_L 很小），放电时间常数很小，电压波形起伏大，输出电压的平均值会下降，所以电容滤波只适用于负载较轻（R_L 较大）且变化不大的场合。

例 1.4.1　国产黑白电视机稳压电源多采用桥式整流电容滤波电路，设该电路输出直流电压为 20 V，直流电流为 1.2 A，所用交流电源频率为 50 Hz，求滤波电容的容量。

解　根据公式

$$C > (3 \sim 5)\frac{1}{2R_L f}$$

其中

$$R_L = \frac{U_O}{I_O} = \frac{20}{1.2} = 16.7 \ \Omega$$

在 3～5 中取常数为 4，则

$$C > 4 \times \frac{1}{2 \times 16.7 \times 50} = 0.0024 \ \text{F} = 2400 \ \mu\text{F}$$

实际选用 3300 μF 的滤波电容。

1.4.2 电感滤波电路

由电容滤波电路的主要特点可知，电容滤波电路带负载能力差，且开始充电时有较大的充电电流(浪涌电流)冲击整流二极管，容易造成整流二极管的损坏，若采用电感滤波则可避免这种情况。

1. 电路结构

在整流电路与负载 R_L 之间串联一个电感线圈，就组成了电感滤波电路，如图 1-30 (a)所示。

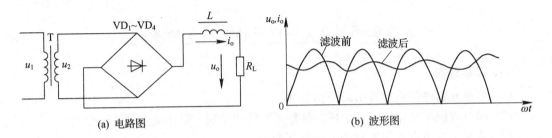

(a) 电路图   (b) 波形图

图 1-30 电感滤波电路及波形

2. 滤波原理

电感 L 也是一种储能元件，当电流发生变化时，L 中的感应电动势将阻止其变化，使流过 L 中的电流不能突变。当电流有变大的趋势时，感生电流的方向与原电流方向相反，阻碍电流增大，将部分能量储存起来；当电流有变小的趋势时，感生电流的方向与原电流方向相同，放出部分储存的能量，阻碍电流减小。于是使输出电流与电压的脉动减小，波形如图 1-30(b)所示。

3. 主要特点

电感滤波电路具有以下主要特点：

(1) 通过二极管的电流不会出现瞬时值过大的情况，对二极管的安全有利。

(2) L 越大，R_L 越小，滤波效果越好，但 L 大会使电路体积大、笨重、成本增高。

(3) 输出电压的平均值虽然比不滤波时提高，但比电容滤波输出的平均值低。电感滤波输出电压的平均值为 $U_o = 0.9U_2$。

可见，电感滤波电路适用于电流较大、负载较重的场合。

1.4.3 复式滤波电路

电容滤波器和电感滤波器都是基本滤波器，用它们可以组合成图 1-31 所示的复式滤波器。将它们之一接到整流电路输出端与负载 R_L 之间，滤波效果比单一的电容或电感滤波效果好得多，其中尤以 π 型滤波效果最佳。复式滤波器的工作原理是电容和电感滤波器的组合。

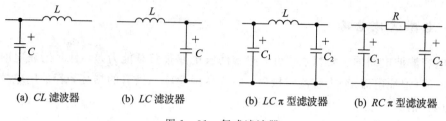

| (a) CL 滤波器 | (b) LC 滤波器 | (b) LCπ 型滤波器 | (b) RCπ 型滤波器 |

图 1-31　复式滤波器

1.5　二极管的使用知识及技能训练项目

实验项目 1　二极管的识别与检测

一、实验目的

(1) 熟悉元器件的外形及引脚识别方法。

(2) 练习查阅半导体元器件手册，熟悉元器件的类别、型号及主要性能参数。

(3) 掌握用万用表判别半导体器件好坏的方法。

二、实验器材

(1) 2AP9　　二极管　　　1 只；　(2) 2CZ2A　　二极管　　　1 只；
(3) 2EF　　　二极管　　　1 只；　(4) 1N4148　二极管　　　1 只；
(5) 2CP10　　二极管　　　1 只；　(6) 2CW14　　二极管　　　1 只；
(7) 2CN1　　二极管　　　1 只；　(8) 1N4001　二极管　　　1 只；
(9) 万用表　　　　　　　　1 块。

三、实验原理

1. 普通二极管测试

(1) 极性的检测。一般情况下，可利用万用表判断普通二极管的极性，并粗略地鉴别其质量好坏。方法为：将万用表置于 $R×1k$ 挡，调零后用表笔分别正接、反接于二极管的两端引脚，这样可分别测得大、小两个电阻值，其中较小的是二极管的正向阻值，如实验图 1-1(a)所示，较大的是二极管的反向阻值，如实验图 1-1(b)所示。由于万用表置电阻挡时，黑表笔连接表内电池正极，红表笔连接表内电池负极，因此测得正向阻值（小电阻）时，与黑表笔相连的就是二极管的正极。

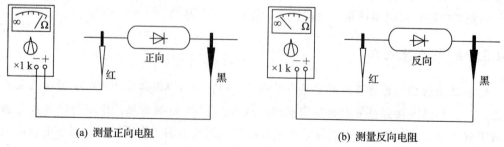

| (a) 测量正向电阻 | (b) 测量反向电阻 |

实验图 1-1　二极管极性和好坏的判断

（2）质量的检测。判断二极管的好坏，主要是看它的单向导电性能。正向电阻越小、反向电阻越大，则二极管的质量越好。如果一个二极管的正、反向电阻值相差不大，则为劣质管；如果正、反向电阻值都非常大（或都非常小），则二极管内部已断路（或已短路）。根据二极管的正向电阻值，还可判断它是硅管还是锗管，因为硅二极管的正向电阻一般为几千欧姆，而锗二极管的正向阻值为几百欧姆。另外，禁止使用万用表 Ω 挡的 $R\times1$ 或 $R\times10k$ 挡来检查二极管。

测量时，要根据二极管的功率大小、不同的种类，选择不同倍率的电阻挡。小功率二极管一般用 $R\times100$ 挡或 $R\times1k$ 挡，中、大功率二极管一般选用 $R\times10$ 挡。

2. 稳压二极管测试

判断稳压二极管是否断路或击穿损坏，可选用 $R\times100$ 挡，其测量方法与普通二极管一样。

如果测得的正向电阻为无穷大，即表针不动，则说明稳压二极管内部断路；如果反向阻值近似为 0，则说明管子内部击穿短路；如果稳压二极管的正、反向电阻相差太小，则说明其性能变坏或失效。以上三种情况的稳压二极管都不能使用。

3. 发光二极管测试

发光二极管可用万用表 $R\times10k$ 挡测量其正、反向电阻。当正向电阻小于 50 kΩ，反向电阻大于 200 kΩ 时，则说明发光二极管正常。如正、反向电阻均为无穷大，则说明此管已损坏。

4. 变容二极管测试

变容二极管是一种特殊的半导体器件，它相当于一个容量随加到变容二极管两端的反向电压的改变而可变的电容器。变容二极管可看成一个电压控制的微调电容器，它主要用于电调谐中。

质量检测时，将万用表置于 $R\times10k\Omega$ 挡，检测其正、反向电阻。正常时，正、反向电阻均为 ∞。

5. 光电二极管测试

光电二极管是一种利用半导体的光敏特性制造的光接收器件。随着光照度的增加其反向电流增加，反向电阻减小。

（1）极性的检测。将万用表置于 $R\times1$ kΩ 挡，用一张黑纸遮住光电二极管的透明窗口，将万用表红、黑表笔分别任意接触光电二极管的两个电极，此时如果万用表指针向右偏转较大，则黑表笔所接的电极是正极，红表笔所接的电极是负极。若测量时万用表的指针不动，则红表笔所接的电极是正极，黑表笔所接的电极是负极。

（2）质量的检测。首先，用黑纸遮住光电二极管的透明窗口，将万用表置于 $R\times1k\Omega$ 挡，检测光电二极管的正、反向电阻，应符合正向电阻小，反向电阻大的特性。其次，移去遮光黑纸，仍用万用表 $R\times1k\Omega$ 挡，将红表笔接光电二极管的正极，黑表笔接光电二极管的负极，使光电二极管的透明窗口朝向光源，这时万用表指针应从无穷大位置向右明显偏转，偏转角度越大，说明光电二极管的灵敏度越高。若将光电二极管对准光源后，万用表指针无任何反应，则表明被测光电二极管已经损坏。

四、实验步骤

（1）用 $R\times100\Omega$ 挡测量 2AP9 二极管的正、反向电阻，判别其极性。

（2）用 $R \times 1\text{k}\Omega$ 挡测量 2CP10、1N4148 二极管的正、反向电阻，判别其极性。

（3）用 $R \times 1\text{k}\Omega$ 挡测量 2CZ2A 二极管的正向电阻，用 $R \times 10\text{k}\Omega$ 挡测量该二极管的反向电阻。

（4）用 $R \times 1\text{k}\Omega$ 挡测量 2CW14 二极管的正向电阻，用 $R \times 10\text{k}\Omega$ 挡测量该二极管的反向电阻。

（5）用 $R \times 10\text{k}\Omega$ 挡测量 2EF 二极管的正向电阻，并仔细观察测量正向电阻时，二极管是否有微弱亮光。

（6）用 $R \times 1\text{k}\Omega$ 挡测量 2CN1、1N4001 二极管的正向电阻，用 $R \times 10\text{k}\Omega$ 挡测量 2CN1、1N4001 二极管的反向电阻。

将所测量二极管的正、反向电阻值记录于实验表 1-1 中。

实验表 1-1

二极管型号		2AP9	2CP10	2CZ2A	2CW14	2EF	2CN1	1N4148	1N4001
万用表挡位									
电阻值	正向电阻								
	反向电阻								

实验项目 2　二极管伏安特性曲线的测试

一、实验目的

学会用电流表和电压表（也可用万用表）测试二极管的伏安特性。

二、实验器材

（1）仪表设备：

① 直流稳压电源 1 台；　　　　② 直流毫安表 1 只；

③ 直流微安表 1 只；　　　　　④ 兆欧表 1 只；

⑤ 万用表 1 只。

（2）元器件：

① 大功率硅二极管和锗二极管（反压 100 V）各 1 只；

② 滑动变阻器；

③ 定值电阻。

三、实验内容和步骤

1. 测试二极管的正向特性

（1）按实验图 1-2 所示搭接电路，先用万用表直流电压挡检测二极管的输入、输出电压。

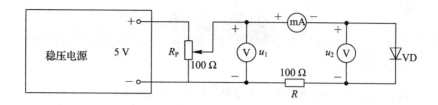

实验图 1-2

（2）将滑动变阻器 R_P 从稳压电源输出为 0 V 开始起调，分别取 U_1 为 0.2、0.4、0.6、0.8、1、3、5 V 等量值时，观测通过二极管的电流和管子两端的电压 U_2，并记入实验表 1-2 中。

实验表 1-2　二极管的正向特性检测数据　　　　　管型：_____

正向电压 U_1/V	0	0.2	0.4	0.6	0.8	1	3	5
正向电流 I/mA								
二极管管压降 U_2/V								

（3）按实验表 1-2 所记录的数据，在直角坐标系（或坐标纸）上逐点描出二极管的正向特性曲线。

2. 测试二极管的反向特性

（1）按实验图 1-3 所示搭接电路。

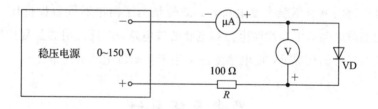

实验图 1-3

输出电压从 0 V 开始起调，按每 20 V 间隔依次提高加在二极管两端的反向电压，观测不同反向电压时的反向漏电流并将其数据记入实验表 1-3 中。在测反向电压时要特别注意选择万用表直流电压的量程。

实验表 1-3　二极管的反向特性检测数据

反向电压/V	0	-20	-40	-80	-100	-120	反向击穿电压/V
反向电流/A							

（2）按实验表 1-3 所列数据，在绘有正向特性曲线的同一张坐标纸上逐点描出二极管的反向特性曲线，并标出死区、正向导通区、反向截止区和反向击穿区，注明死区电压 _____ V、导通电压 _____ V、击穿电压 _____ V。

（1）半导体的基本常识。

① 本征半导体、杂质半导体（N 型半导体、P 型半导体）等概念。

② 半导体的三大特性：热敏性、光敏性和掺杂特性。

（2）PN 结的形成与特性。

① PN 结的形成：把一块本征半导体的一边掺杂成 P 型半导体，另一半掺杂成 N 型半导体，在交界处形成的阻挡层就是 PN 结。

② PN 结具有单向导电性，即正偏时导通，反偏时截止。

（3）二极管的结构、符号及伏安特性曲线。

① 半导体二极管由 PN 结外加封装外壳和引线而制成，它具有单向导电性，为非线性器件。

② 半导体二极管的伏安特性曲线形象地描述了二极管的单向导电性和反向击穿特性。普通二极管工作在单向导电区（正向导通区），稳压二极管工作在反向击穿区。二极管的主要参数有两个：最大整流电流 I_{OM} 和最高反向工作电压 U_{RM}。

（4）二极管整流的原理是利用二极管的单向导电性，整流电路有半波、全波、桥式整流电路，功能是将交流电转换成脉动的直流电。

（5）电容器滤波是应用电容器的充放电及电容器两端电压不能突变的特性；电感器滤波是应用流过电感的电流不能突变的特性；滤波是为了向电器设备提供比较平滑的直流电。最基本的滤波电路有电容滤波电路和电感滤波电路，广泛使用的是复式滤波器。电容滤波适用于负载较轻的情况下，而电感滤波适用于负载较重的情况下。

思考与练习一

一、填空题

（1）本征半导体中掺入＿＿＿＿＿＿＿价元素形成 P 型半导体，它主要靠＿＿＿＿＿＿＿导电。

（2）半导体中有两种载流子，它们是＿＿＿＿＿＿＿和＿＿＿＿＿＿＿。

（3）在 P 型半导体中，＿＿＿＿＿＿＿是多数载流子。

（4）在 N 型半导体中，＿＿＿＿＿＿＿是多数载流子。

（5）半导体二极管中的核心是一个＿＿＿＿＿＿＿。

（6）二极管的正向压降随温度的升高而＿＿＿＿＿＿＿。

（7）普通二极管的基本特性是＿＿＿＿＿＿＿性。

（8）PN 结的单向导电性表现为＿＿＿＿＿＿＿时导通，＿＿＿＿＿＿＿时截止。

（9）硅二极管的死区电压为＿＿＿＿＿＿＿V，锗二极管的死区电压为＿＿＿＿＿＿＿V。

（10）稳压二极管正常工作时是利用伏安特性曲线_____区。

（11）整流是将_____电压变换为_____电压的过程。

（12）桥式全波整流电路中，变压器二次电压为 10 V，则负载上的平均电压为____V。

（13）在习题图 1-1 电路中二极管为理想器件。当输入电压 $U_I = 0$ V 时，输出电压 $U_O =$_____V；当输入电压 $U_I = 12$ V 时，输出电压 $U_O =$_____V；当输入电压 $U_I =$ 36 V 时，输出电压 $U_O =$_____V。

（14）在习题图 1-2 所示电路中，稳压二极管 VS 的稳定电压 $U_W = 12$ V，最大稳定电流 $I_{WM} = 20$ mA。图中电压表中流过的电流忽略不计。当开关 S 闭合时，电压表 Ⓥ 和电流表 Ⓐ₁、Ⓐ₂ 的读数分别约为_____V、_____mA、_____mA；当开关 S 断开时，其读数分别为_____V、_____mA、_____mA。

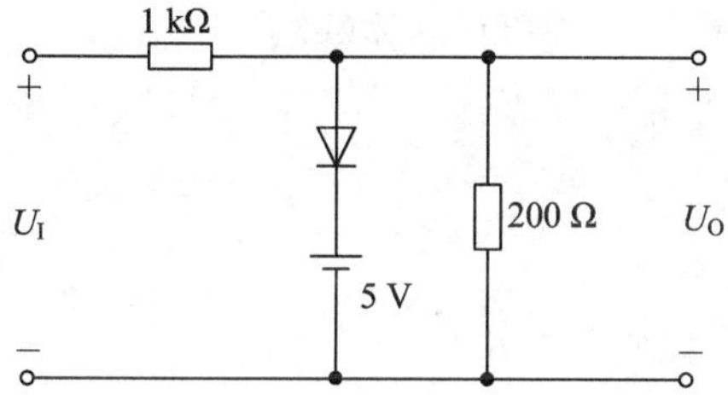

习题图 1-1 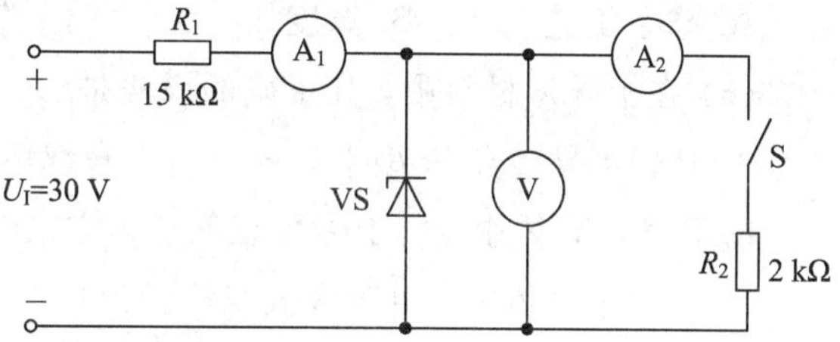　　　　　　　　　　　　　习题图 1-2

（15）常用的滤波电路主要有_____、_____和_____三种。

二、判断题

（1）P 型半导体是电子导电。　　　　　　　　　　　　　　　　　（　　）

（2）把一块 P 型半导体与一块 N 型半导体紧紧压在一起，结合处能形成 PN 结。（　　）

（3）PN 结正向偏置时，P 区接电源负极，N 区接电源正极。　　　　　（　　）

（4）二极管的主要参数是最大整流电源和最高反向工作电压。　　　　（　　）

（5）稳压管开始反向击穿时，PN 结会损坏。　　　　　　　　　　　（　　）

（6）半导体器件一经击穿便失效，因为击穿都是不可逆的。　　　　　（　　）

（7）稳压管的动态电阻越大，稳压性能越好。　　　　　　　　　　　（　　）

（8）二极管两端的反向电压一旦超过最高反向工作电压 U_{RM}，PN 结就会击穿。（　　）

三、选择题

（1）P 型半导体中，多数载流子是（　　）；少数载流子是（　　）。

A. 空穴　　　　　　B. 电子　　　　　　C. 正离子　　　　　　D. 负离子

（2）N 型半导体中，多数载流子浓度取决于（　　），少数载流子浓度取决于（　　）。

A. 本征半导体　　　B. 环境温度　　　　C. 掺杂浓度　　　　　D. 与 A、B、C 所述无关

（3）在习题图 1-3 所示电路中，A、B 两端的电压值是（　　）。

A. −9 V　　　　　　B. −12 V　　　　　　C. 12 V　　　　　　D. 9 V

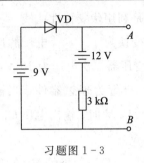

习题图 1-3

（4）用万用表测得某电路中的硅二极管 2CP 的正极电压为 2 V，负极电压为 1.3 V，则此二极管所处的状态是（   ）。

A. 正偏   B. 反偏   C. 开路   D. 击穿

（5）在杂质半导体中，少数载流子的浓度主要取决于（   ）。

A. 掺杂工艺   B. 温度   C. 杂质浓度   D. 晶体缺陷

（6）在半导体材料中，其正确的说法是（   ）。

A. P 型半导体和 N 型半导体材料本身都不带电

B. P 型半导体中，由于多数载流子为空穴，所以它带正电

C. N 型半导体中，由于多数载流子为自由电子，所以它带负电

D. N 型半导体中，由于多数载流子为空穴，所以它带负电

（7）由理想二极管组成的电路如习题图 1-4 所示，其 A、B 两端的电压为（   ）。

A. -12 V   B. $+6$ V   C. -6 V   D. $+12$ V

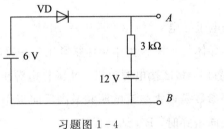

习题图 1-4

四、简答题

（1）若将单相桥式整流电路接成如习题图 1-5 所示形式，将出现什么后果？为什么？试改正之。

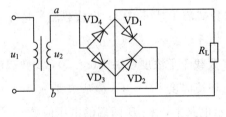

习题图 1-5

（2）习题图 1-5 所示桥式整流电路中，若有 1 只二极管短路将引起什么后果？若有 1 只二极管断路又将引起什么后果？

五、分析与计算

（1）整流电路如习题图 1-6 所示，其中 $U_2 = 20$ V，$R_L = 3$ Ω，求：

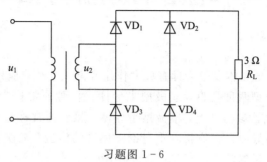

习题图 1-6

① 输出直流平均电压；

② R_L 中的平均电流。

（2）完成习题图 1-7 的整流滤波稳压电路。

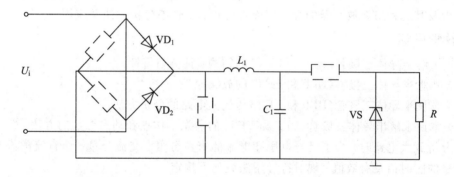

习题图 1-7

第2章 半导体三极管及其放大电路的分析方法

☞ 导言

在半导体器件中，半导体三极管具有放大作用和开关作用，应用非常广泛。半导体三极管分为双极型和单极型两种类型，双极型半导体三极管通常称为晶体管（BJT），它有空穴和自由电子两种载流子参与导电；单极型半导体三极管通常称为场效应管（FET），它由一种载流子（多子）参与导电。本章将着重讨论三极管的构造、工作原理（含放大原理）、工作特性以及有关电量关系的计算。

本章先讨论双极型半导体三极管（又称晶体管），再讨论单极型半导体三极管（又称为场效应管），介绍它们的结构、特性曲线、工作原理、主要参数及特点，并对以三极管为核心组成的常用放大电路（又称放大器）进行分析，最后通过技能训练项目介绍三极管的使用知识及技能训练方法。重点介绍三极管 BJT 和 FET 的放大原理、放大电路的组成原则、工作原理及其三种组态放大器的静态工作点的设置、性能分析方法及应用。

☞ 教学目标

（1）了解半导体三极管（BJT 和 FET）的结构、种类与特性。

（2）熟悉半导体三极管（BJT 和 FET）的放大原理。

（3）掌握半导体三极管（BJT 和 FET）的放大电路的分析方法。

（4）掌握求解半导体三极管（BJT 和 FET）的静态工作点和动态参数的方法。

在分析放大电路时，为了区分电压和电流的直流分量、交流分量、交直流的叠加量和交流分量的瞬时值及有效值，现对符号用法做如下规定：

用大写字母带大写下标表示直流分量，如 I_B、U_C 分别表示基极直流电流和集电极直流电压；用小写字母带小写下标表示交流分量的瞬时值，如 i_b、u_c、u_i、u_o 分别表示基极交流电流、集电极的交流电压以及输入和输出的交流信号电压的瞬时值；用小写字母带大写下标表示交直流叠加量，如 $i_B = I_B + i_b$ 表示基极电流（叠加）总量的瞬时值；用大写字母带小写下标表示交流分量的有效值，如 U_i、U_o 分别表示交流信号输入、输出电压的有效值；用大写字母带 m 下标表示交流分量的振幅值，如 I_m、U_m 分别表示交流电流、电压的峰值。

2.1 半导体三极管

2.1.1 半导体三极管的基本结构与分类

1. 半导体三极管的基本结构

半导体三极管的核心是两个联系着的 PN 结。两个 PN 结将整个半导体基片分成三个区域：发射区、基区和集电区，如图 2-1 所示。其中基区相对较薄。由这三个区各引出一个电极，分别称为发射极、基极和集电极，用字母 E、B、C 表示。通常将发射极与基极之间的 PN 结称为发射结；集电极与基极之间的 PN 结称为集电结。半导体三极管的结构可概括为：三区、两结、三电极。

需要指出的是，三极管不是简单地把两个 PN 结连在一起制成的，它在结构上必须具有以下 3 个特点：

（1）3 块半导体的厚薄不同，基区很薄，集电区与发射区较厚，有利于发射区注入基区的载流子顺利越过基区到达集电结一侧。

（2）3 块半导体的掺杂不同，发射区的掺杂浓度远大于集电区，集电区掺杂浓度远大于基区，目的是为了增强发射区载流子的发射能力和实现基极对集电极电流的控制。

（3）集电区的面积较大，有利于增强收集载流子的能力。

正是由于三极管在内部结构上有上述特点，因此，任意两个 PN 结（或二极管）不能构成一个三极管，虽然三极管的集电区和发射区为同种类型的掺杂半导体，C 极和 E 极也不能对调使用。

由于半导体基片材料不同，三极管可分为 PNP 型和 NPN 型两大类。图 2-1(a) 为 PNP 型三极管结构及符号；图 2-1(b) 为 NPN 型三极管结构及符号。由图可见，两种符号的区别在于发射极的箭头方向不同。实际上发射极箭头方向就是发射极正向电流的方向。

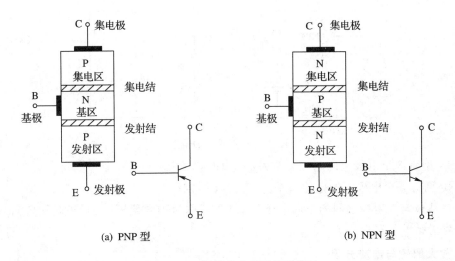

(a) PNP 型　　　　　　　　　　　　　　　(b) NPN 型

图 2-1　三极管的内部结构及符号

由于三极管的功率大小不同，它们的体积和封装形式也不一样。三极管常采用金属、玻璃或塑料封装。常用三极管的外形及封装形式如图 2-2 所示。

2. 三极管的分类

三极管种类很多，按功率分有小功率管、中功率管和大功率管；按工作频率分有低频管、高频管和超高频管；按管芯所用半导体材料分有硅管与锗管；按结构工艺分主要有合金管和平面管；按用途分有放大管和开关管等。

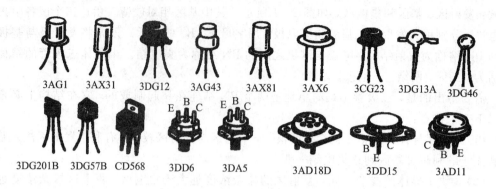

图 2-2　三极管外形及封装形式

2.1.2　放大原理与电流分配

三极管的主要功能是放大电信号，下面介绍三极管是如何放大电信号的。

1.放大条件

三极管要具有放大作用，除了要满足内部结构特点外，还必须满足外部电路条件。其外部条件是：发射结加正向偏置电压，集电结加反向偏置电压，简言之，发射结正偏，集电结反偏，如图 2-3 所示。

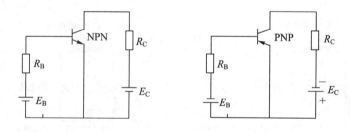

图 2-3　三极管的偏置

NPN 型管 3 个电极上的电位关系为：$U_C > U_B > U_E$。

PNP 型管 3 个电极上的电位关系为：$U_C < U_B < U_E$。

加在基极与发射极之间的正向电压 U_{BE} 或 U_{EB} 称为正向偏压（又叫正向偏置），其数值应大于发射结的死区电压。

2.放大原理与电流分配

1）实验研究

实验电路如图 2-4 所示，该电路中有三条支路的电流通过三极管，即集电极电流 I_C、基极电流 I_B 和发射极电流 I_E。对于 NPN 管组成的电路，这三路电流方向如图中箭头所示。

基极电源 E_B 通过基极电阻 R_B 和电位器 R_P 将正向电压加到发射结上，提供发射结正偏电压 U_{BE}，产生基极电流 I_B。

集电极电源 E_C 通过集电极电阻 R_C 将电压加在集电极与发射极之间以提供电压 U_{CE}，给集电结提供反向偏压，获得集电极电流 I_C。

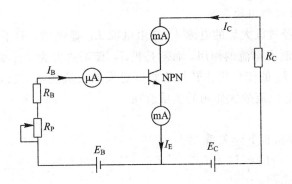

图 2-4 三极管放大原理实验

调节电位器 R_P 的阻值，可以改变基极上的偏置电压，从而控制基极电流 I_B 的大小。而 I_B 的变化又将引起 I_C 和 I_E 的变化。每取得一个 I_B 的确定值，必然可获得一组 I_C 和 I_E 的确定值与之对应，该实验所取数据如表 2-1 所示。

表 2-1 测试三极管三个电极上的电流数据表

I_B/mA	0	0.01	0.02	0.03	0.04	0.05
I_C/mA	0.01	0.56	1.14	1.74	2.23	2.91
I_E/mA	0.01	0.57	1.16	1.77	2.37	2.96

2）电流放大原理

分析表 2-1 中的数据可见，基极电流为零时，集电极电流几乎也为零。当基极电流 I_B 从 0.01 mA 增大到 0.02 mA 时，集电极电流 I_C 从 0.56 mA 增大到 1.14 mA，将这两个电流的变化量相比得

$$\frac{\Delta I_C}{\Delta I_B} = \frac{1.14 - 0.56}{0.02 - 0.01} = \frac{0.58}{0.01} = 58$$

这表明，当基极电流有一个微小的变化时，将引起集电极电流有一个较大的变化。这两个电流变化量的比值叫做三极管的交流放大倍数 β。即

$$\beta = \frac{\Delta I_C}{\Delta I_B} \qquad (2-1-1)$$

分析表 2-1 中的数据还可看出，基极电流 I_B 和集电极电流 I_C 有着基本固定的倍数关系，即 I_C/I_B 约为 58。通常集电极电流为基极电流的几十倍到几百倍，把 I_C 与 I_B 的比值叫做三极管的直流放大倍数 $\bar{\beta}$。即

$$\bar{\beta} = \frac{I_C}{I_B} \qquad (2-1-2)$$

β 和 $\bar{\beta}$ 均表示三极管的放大能力，但它们的含义是不同的。β 是 I_C 的变化量与 I_B 的变化量之比，表示三极管对交流电流的放大能力；$\bar{\beta}$ 是 I_C 与 I_B 的对应值之比，表示三极管对直流电流的放大能力。在一般情况下，β 和 $\bar{\beta}$ 的值基本相同，今后就不再区分 β 和 $\bar{\beta}$ 了，均以 β 来表示。

综上所述，由于基极电流 I_B 的变化，会使集电极电流 I_C 发生更大的变化。即可用基极电流 I_B 的微小变化去控制集电极电流 I_C 较大的变化，这就是三极管的电流放大原理。

3）三极管电流放大作用的实质

实际上，三极管经过放大后的电流 I_C 是由电源 E_C 提供的，并不是 I_B 提供的。可见这是一种以小电流控制大电流的作用，而不是把 I_B 真正放大为 I_C，只是将直流能量经过三极管的特殊关系按 I_B 的变化规律转换为幅度更大的交流能量而已，三极管并没有创造能量，这才是三极管起电流放大作用的实质所在。

4）电流分配关系

分析表 2-1 的数据有下列关系

$$\begin{cases} I_E = I_B + I_C \\ I_C = \beta I_B \\ I_E = I_B + I_C = I_B + \beta I_B = (1+\beta) I_B \approx I_C \end{cases} \tag{2-1-3}$$

这就表明了三极管的电流分配规律，即发射极电流等于基极电流和集电极电流之和，无论是 NPN 型管，还是 PNP 型管，均满足这一规律。它也符合基尔霍夫定律，相当于把晶体管看成一个节点，流入管子的电流之和等于流出管子的电流之和。在 NPN 管中，I_B、I_C 流入三极管，I_E 流出三极管；在 PNP 管中，则是 I_E 流入三极管，I_B、I_C 流出三极管。

3. 三极管的三种接法

三极管在电路中的连接方式有以下三种：

（1）共发射极接法，如图 2-5(a)所示，信号由基极和发射极输入，由集电极和发射极输出；

（2）共基极接法，如图 2-5(b)所示，信号由发射极和基极输入，由集电极和基极输出；

（3）共集电极接法，如图 2-5(c)所示，信号由基极和集电极输入，由发射极和集电极输出。

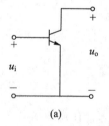 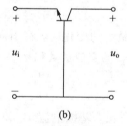 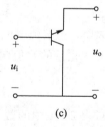

（a）　　　　　　　　　（b）　　　　　　　　　（c）

图 2-5　三极管的三种接法

"共××极"是指电路的输入端及输出端以这个极作为公共端，如图 2-5 所示。无论哪种接法（或称组态），都有以下三点共同之处：

（1）加电原则相同，为了使三极管正常放大，所加直流电压必须满足发射结正偏，集电结反偏。

（2）各极电流的分配规律相同，三极管的接法不同，并没有改变三极管的内部结构，仍有下列关系：

$$\begin{cases} I_E = I_B + I_C \\ I_C = \beta I_B \\ I_E = I_B + I_C = I_B + \beta I_B = (1+\beta) I_B \approx I_C \end{cases}$$

（3）电流的实际方向不因接法不同而改变。

2.1.3　三极管的特性曲线

三极管外部各极电压和电流的关系曲线，称为三极管的特性曲线，又称伏安特性曲线。它不仅能反映三极管的质量与特性，还用来定量地估算三极管的某些参数，是分析和设计三极管电路的重要依据。

对于三极管的不同连接方式，有着不同的特性曲线。应用最广泛的是共发射极电路，所以，这里只讨论共发射极特性曲线。

三极管的共发射极特性曲线可由图 2-6 所示电路测试数据用描点法绘出，也可由晶体管特性图示仪直接显示出来。

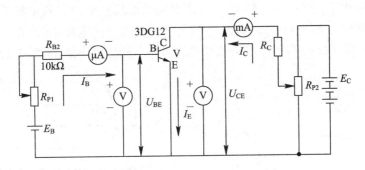

图 2-6　放大器特性曲线实验电路

1. 输入特性曲线

当三极管的 u_{CE} 不变时，输入回路中的电流 i_B 与电压 u_{BE} 之间的关系曲线称为三极管的输入特性曲线，可用下式表示：

$$i_B = f(u_{BE})_{u_{CE} = 常数}$$

在图 2-6 所示的测试电路中，调节 R_{P1} 的阻值，每取 R_{P1} 的一个确定值，必然有一组 I_B 和 U_{BE} 的值与之对应。然后在直角坐标系中描点，即可得到该三极管的输入特性曲线。如果改变一个 U_{CE} 的值，还可得出另一条输入特性曲线，如图 2-7 所示。增大 U_{CE} 的值，输入特性曲线向右移，但 U_{CE} 的值增大到一定值以后，各条曲线几乎重合。

U_{BE} 是加在三极管的发射结上，该 PN 结相当于一个二极管，所以三极管的输入特性曲线与二极管的正向特性曲线很相似，也存在死区

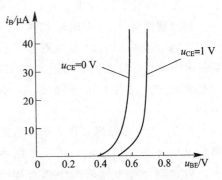

图 2-7　放大器的输入特性曲线

电压，只有发射结的正偏电压大于死区电压时，三极管才会出现基极电流 I_B。硅管的死区电压约为 0.5 V，锗管的死区电压约为 0.2 V。但三极管的输入特性曲线与二极管的特性曲线也有不同之处，因为发射极电流只有小部分变为基极电流，而大部分变为集电极电流。

因此，不能简单地把输入特性说成是发射结的伏安特性。

三极管开始导通时，电流增加缓慢，但 U_BE 略微上升一点，电流增加很快，很小的 U_BE 变化会引起 I_B 的很大变化。三极管正常放大工作时 U_BE 变化不大，只能工作在零点几伏。硅管 $0.7\ \text{V}$、锗管 $0.3\ \text{V}$ 左右，这是检查放大器中三极管是否正常的重要依据。用万用表直流电压挡去测量三极管 B-E 间的电压，若偏离上述值较大，说明管子有故障存在。

2. 输出特性曲线

当 i_B 不变时，三极管输出回路中的电流 i_C 与电压 u_CE 之间的关系曲线称为三极管的输出特性曲线，其表达式为

$$i_\text{C} = f(u_\text{CE})_{i_\text{B}=\text{常数}}$$

在图 2-6 所示的测试电路中，先固定 R_P1 的阻值，使基极电流 I_B 为定值，调节 R_P1，每取一个定值时就有一组 U_CE 和 I_C 的值与之对应。然后在平面直角坐标系中描点，就可得出一条三极管的输出特性曲线，如图 2-8 所示。每取一个 R_P1 值，就有一条输出特性曲线与之对应，如用一组不同的 I_B 值，就可得到图 2-9 所示的输出特性曲线族。

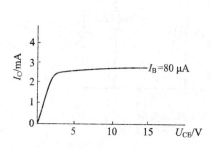

图 2-8 放大器的输出特性曲线

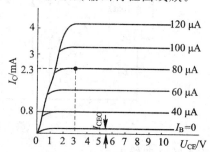

图 2-9 放大器的输出特性曲线

从图可以看出，三极管的输出特性有以下特点：

(1) 当 $U_\text{CE}=0$ 时，$I_\text{C}=0$，随着 U_CE 的增大，I_C 跟着增大，当 U_CE 大于 $1\ \text{V}$ 左右以后，无论 U_CE 怎么变化，I_C 几乎不变，所以曲线与横轴接近平行。

(2) 当基极电流 I_B 等值增加时，I_C 比 I_B 增大的多，各曲线可以近似看成平行等距，各曲线平行部分之间的间距大小，反映了三极管的电流放大能力，间距越大，放大倍数越大。

从图 2-9 中还可以看出，三极管的特性曲线族可分为 4 个区域。这 4 个区域对应着三极管的三种不同的工作状态和一种不正常的工作状态，其三极管的输出特性曲线的四个区域如图 2-10 所示。

(1) 截止区：$I_\text{B}=0$ 的那条特性曲线以下的区域。在这个区域里，三极管的发射

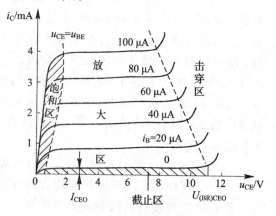

图 2-10 三极管的输出特性

结和集电结都处于反向偏置，三极管失去了放大作用。因 $I_\text{B}=0$，说明 U_BE 低于死区电压，不论 U_CE 的大小如何，集电极电流 I_C 都几乎为零。在此区域里，只有内部载流子的漂移运

动形成的微小的穿透电流 I_{CEO}。在选用三极管时，I_{CEO} 越小越好。

(2) 放大区：输出特性曲线平坦且相互近似平行等距的区域。该区域发射结正偏，集电结反偏，满足 $I_C = \beta I_B$ 关系。这体现了三极管的电流放大作用，也体现了 I_B 对 I_C 的控制作用。可在垂直于横轴方向作一条直线，从该直线上找出 I_C 的变化量 ΔI_C 和与之对应的 I_B 的变化量 ΔI_B，即可根据 $\beta = \Delta I_C / \Delta I_B$，求出管子的放大倍数。如图 2-9 中，$I_B$ 从 40 μA 变到 80 μA，I_C 从 0.8 mA 变到 2.3 mA，则 $\beta = (2.3-0.8)/(0.08-0.04) = 37.5$。

(3) 饱和区：输出特性曲线上左边比较陡直的部分与纵轴之间的区域。在这个区域内，发射结和集电结均处于正偏，U_{CE} 很小，I_C 不受 I_B 控制，三极管失去放大作用，称为三极管工作在饱和状态。由于管压降 U_{CE} 很低，所以集电极与发射极之间接近短路。这一点可作为判断三极管是否进入饱和区的依据。

(4) 击穿区：输出特性曲线的上边和右边，$I_C \cdot U_{CE}$ 较大的区域。在这个区域内，三极管管耗过大，管子严重发热，极易损坏。当电路出现故障或负载过重时，三极管才会进入击穿区，因此检查三极管是否发烫是判断电路有无故障的重要依据。

2.1.4　主要参数与选管依据

三极管的主要参数有电流放大系数、极间反向电流、极限参数等，其中前两者表示了管子性能的优劣，后者表示了管子的安全工作范围，它们是选用三极管的依据。

1. 电流放大系数

三极管的电流放大系数是表征管子放大作用的主要参数。三极管的电流放大系数有以下几个。

1) 共射电流放大系数 β

共射电流放大系数体现共射接法时三极管的电流放大作用。所谓共射接法指输入回路和输出回路的公共端是发射极。β 的定义为集电极电流与基极电流的变化量之比，通常取值范围约在 20～200 之间，其定义公式为

$$\beta = \frac{\Delta i_C}{\Delta i_B} \tag{2-1-4}$$

2) 共射直流电流放大系数 $\overline{\beta}$

当忽略穿透电流 I_{CEO} 时，$\overline{\beta}$ 近似等于集电极电流与基极电流的直流量之比，即

$$\overline{\beta} \approx \frac{I_C}{I_B} \tag{2-1-5}$$

3) 共基电流放大系数 α

共基电流放大系数体现共基接法时三极管的电流放大作用。共基接法指输入回路和输出回路的公共端为基极。α 的定义是集电极电流与发射极电流的变化量之比，即

$$\alpha = \frac{\Delta i_C}{\Delta i_E} \tag{2-1-6}$$

4) 共基直流电流放大系数 $\overline{\alpha}$

当忽略反向饱和电流 I_{CBO} 时，$\overline{\alpha}$ 近似等于集电极电流与发射极电流的直流量之比，即

$$\overline{\alpha} \approx \frac{I_C}{I_E} \tag{2-1-7}$$

根据 β 和 α 的定义可知，这两个参数不是独立的，二者之间存在以下关系：

$$\alpha = \frac{\Delta i_C}{\Delta i_E} = \frac{\Delta i_C}{\Delta i_B + \Delta i_C} = \frac{\Delta i_C / \Delta i_B}{(\Delta i_B + \Delta i_C)/\Delta i_B} = \frac{\beta}{1+\beta}$$

即
$$\alpha = \frac{\beta}{1+\beta} \quad \text{或} \quad \beta = \frac{\alpha}{1-\alpha} \tag{2-1-8}$$

根据前面的介绍还可以知道，直流参数 $\bar{\alpha}$、$\bar{\beta}$ 与交流参数 α、β 的含义是不同的，但是对于大多数三极管来说，它们实际上是相同性质的参数，都表明了三极管的电流放大能力，另外，同一管子的 β 与 $\bar{\beta}$、α 与 $\bar{\alpha}$ 的数值差别不大，所以在今后的计算中，常常不再将它们严格地区分。

2. 反向饱和电流

三极管的极间反向电流有 I_{CBO} 和 I_{CEO}，它们是反映三极管温度稳定性的重要参数。

1）集电极和基极之间的反向饱和电流 I_{CBO}

它表示当发射极 E 开路时，集电极 C 和基极 B 的反向电流，称为发射极开路时的集电极-基极反向饱和电流。它的值与单个 PN 结的反向饱和电流是一样的，一般小功率锗三极管的 I_{CBO} 值约为几微安至几十微安，硅三极管的 I_{CBO} 小得多，有的可以达到纳安数量级，比锗管小 2~3 个数量级。温度升高，I_{CBO} 增加。因此，硅管热稳定性比锗管好。其测量电路如图 2-11(a)所示。

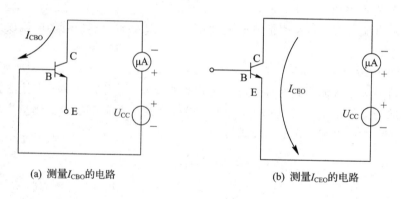

(a) 测量 I_{CBO} 的电路   (b) 测量 I_{CEO} 的电路

图 2-11　极间反向电路的测量电路

2）集电极和发射极之间的穿透电流 I_{CEO}

它表示当基极 B 开路时，集电极 C 和发射极 E 之间的电流。因为 I_{CEO} 由集电区穿过基区而到发射区，所以又称为穿透电流。温度越高，I_{CEO} 越大。其测量电路如图 2-11(b)所示。另外，由式(2-1-3)可知，上述两个反向电流之间存在以下关系：

$$I_{CEO} = (1+\bar{\beta})I_{CBO} \tag{2-1-9}$$

因此，三极管的 $\bar{\beta}$ 值愈大，则该管的 I_{CEO} 也愈大。

因为 I_{CBO} 和 I_{CEO} 都是由少数载流子的运动形成的，所以对温度非常敏感。当温度升高时，I_{CBO} 和 I_{CEO} 都将急剧地增大，其大小反映了三极管的温度稳定性，其值越小，受温度的影响越小，三极管的工作越稳定。实际工作中选用三极管时，要求三极管的反向饱和电流和穿透电流尽可能小一些，这两个反向电流的值愈小，表明三极管的质量愈好。硅管的

I_{CBO} 和 I_{CEO} 远小于锗管的，因此实用中多用硅管。由于 $\overline{\beta}$ 和 I_{CEO} 之间的关系，因此实用中 $\overline{\beta}$ 值不宜过大，一般选用 $\overline{\beta}$ 值在 $40\sim120$ 之间的管子。

3. 极限参数

三极管的极限参数是指使用时不得超过的限度，以保证三极管的安全或保证三极管参数的变化不超过规定的允许值。主要有以下几项。

1）集电极最大允许电流 I_{CM}

它是指三极管的参数变化不超过规定值时允许的最大集电极电流。当集电极电流过大时，三极管的 β 值就要减小。当 $i_C = I_{CM}$ 时，管子的 β 值下降到额定值的三分之二，但不一定会损坏管子，若电流过大，则会烧坏管子。

2）集电极最大允许耗散功率 P_{CM}

当三极管工作时，管子两端的压降为 u_{CE}，集电极流过的电流为 i_C，因此损耗的功率为 $P_C = i_C u_{CE}$。集电极消耗的电能将转化为热能使管子的温度升高。如果温度过高，将使三极管的性能恶化甚至被损坏，所以集电极损耗有一定的限制。在三极管的输出特性上，将 i_C 与 u_{CE} 的乘积等于规定的 P_{CM} 值的各点连接起来，可以得到一条双曲线，如图 2-12 中的虚线所示。双曲线左下方的区域中，满足 $i_C u_{CE} < P_{CM}$ 的关系，是安全的。而在双曲线的右上方，$i_C u_{CE} > P_{CM}$，即三极管的功率损耗超过了允许的最大值，属于击穿区。

3）极间反向击穿电压

极间反向击穿电压表示外加在三极管各电极之间的最大允许反向电压，如果超过这个限度，则管子的反向电流急剧增大，甚至可能被击穿而损坏。极间反向击穿电压主要有 $U_{(BR)CEO}$ 和 $U_{(BR)CBO}$ 两项：$U_{(BR)CEO}$ 是基极开路时，集电极和发射极之间的反向击穿电压；$U_{(BR)CBO}$ 是发射极开路时，集电极和基极之间的反向击穿电压。

一般 $U_{(BR)CEO} < U_{(BR)CBO}$。三极管允许的 u_{CE} 最大值主要受到 $U_{(BR)CEO}$ 的限制。根据给定的极限参数，可以在三极管的输出特性曲线上画出管子的安全工作区，即在 $i_C < I_{CM}$、$u_{CE} < U_{(BR)CEO}$、$P_C < P_{CM}$ 的区域，管子就能安全工作，如图 2-12 所示。

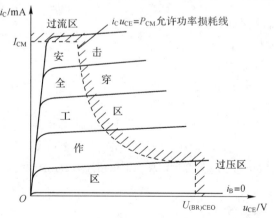

图 2-12　三极管的安全工作区

4. 双极型晶体管的选管原则

双极型晶体管在选管时一般遵循以下原则：

（1）首先根据极限参数来进行选择，应使双极型晶体管工作时的 $i_C < I_{CM}$，$P_C < P_{CM}$，$u_{CE} < U_{(BR)CEO}$，即必须保证双极型晶体管工作在安全工作区（见图 2-12）。

（2）当输入信号频率较高时，为了保持管子良好的放大性能，应选高频管或超高频管；若用于开关电路，为了使管子有足够高的开关速度，则应选开关管。

（3）当要求反向电流小、允许结温高且能工作在温度变化大的环境中时，应选硅管；而要求导通电压低时，可选锗管。

（4）对于同型号的管子，优先选用 I_{CEO} 电流小的管子，而 β 值不宜太大，一般以几十至一百左右为宜。

选用晶体管的依据是：选择 I_{CEO} 小，β 合适的晶体管。使用时必须满足

$$\begin{cases} I_C < I_{CM} \\ U_{CE} < U_{CEO} \\ P_C < P_{CM} \end{cases} \quad (2-1-10)$$

以上参数应当留有充分的余量。

例 2.1.1 某三极管的输出特性曲线如图 2-13 和图 2-14 所示，图中虚线表示 P_{CM} 曲线。试求：

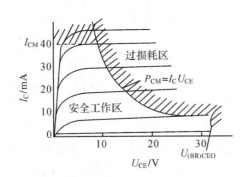

图 2-13 放大器的等耗

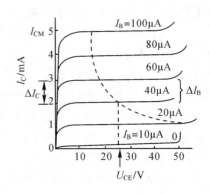

图 2-14 放大器的输出特性

（1）三极管的电流放大倍数 β；

（2）反向击穿电压 U_{CEO}；

（3）集电极最大耗散功率 P_{CM}；

（4）集电极最大允许电流 I_{CM}。

解 （1）求 β：

从图中可以看出

$$\Delta I_B = 60 \ \mu A - 40 \ \mu A = 0.02 \ mA$$
$$\Delta I_C = 2.9 \ mA - 1.9 \ mA = 1 \ mA$$

由 $\beta = \dfrac{\Delta I_C}{\Delta I_B}$ 得

$$\beta = \frac{\Delta I_C}{\Delta I_B} = \frac{1}{0.02} = 50$$

（2）求 U_{CEO}：

分析 $I_B = 0$ 时的输出特性曲线可见，在 $U_{CE} > 50$ V 时，I_C 突然迅速增长，说明该点为

反向击穿点。即

$$U_{CEO} = 50 \text{ V}$$

（3）求 P_{CM}：

取 P_{CM} 曲线与任一条输出特性曲线（如 $I_C = 2 \text{ mA}$ 的曲线）的交点作横轴 U_{CE} 的垂线，与横轴相交于 25 V 处，即此时 $U_{CE} = 25 \text{ V}$，故

$$P_{CM} = U_{CE} I_C = 25 \times 2 \times 10^{-3} = 50 \times 10^{-3} \text{ mA} = 50 \text{ mA}$$

（4）求 I_{CM}：

从图中纵轴上可直接查到

$$I_{CM} = 5 \text{ mA}$$

例 2.1.2　用直流电压表测得某放大电路中某个三极管各极对地的电位分别是：$U_1 = 2 \text{ V}$，$U_2 = 6 \text{ V}$，$U_3 = 2.7 \text{ V}$，试判断三极管各对应电极与三极管管型。

解　已知条件为三极管的三个电极的对地电位，三极管能正常实现电流放大的点位关系是：NPN 型管 $U_C > U_B > U_E$，且硅管放大时 U_{BE} 约为 0.7 V，锗管 U_{BE} 约为 0.2 V；而 PNP 型管 $U_C < U_B < U_E$，且硅管放大时 U_{BE} 约为 -0.7 V，锗管 U_{BE} 为 -0.2 V。所以先找电位差绝对值为 0.7 V 或为 0.2 V 的两个电极，若 $U_B > U_E$，则为 NPN 型三极管；$U_B < U_E$，则为 PNP 型三极管。本例中，U_3 比 U_1 高 0.7 V，所以此管为 NPN 型硅管，③管脚为基极，①管脚为发射极，②管脚为集电极。

2.2　三极管基本放大电路及其分析方法

三极管或场效应管是组成放大电路的主要器件，而它们的特性曲线都是非线性的，因此，对放大电路进行定量分析时，主要问题在于如何处理放大器件的非线性问题。对此问题，常用的解决办法有两个：第一是图解法，这是在承认放大器件特性曲线为非线性的前提下，在放大管的特性曲线上用作图的方法求解；第二是微变等效电路法，其实质是在一个比较小的变化范围内，近似认为双极型三极管和场效应管的特性曲线是线性的，由此导出放大器件的等效电路以及相应的微变等效参数，从而将非线性的问题转化为线性问题，于是就可以利用电路原理中介绍的适用于线性电路的各种定律、定理等来对放大电路进行求解。

对一个放大电路进行定量分析时，首先要进行静态分析，即分析未加输入信号时的工作状态，估算电路中各处的直流电压和直流电流。然后进行动态分析，即分析加上交流输入信号时的工作状态，估算放大电路的各项动态技术指标，如电压放大倍数、输入电阻、输出电阻、通频带、最大输出功率等。分析的过程一般是先静态后动态。

静态分析讨论的对象是直流成分，动态分析讨论的对象则是交流成分。由于放大电路中存在着电抗性元件，所以直流成分的通路和交流成分的通路是不一样的。为了分别进行静态分析和动态分析，首先来分析放大电路的直流通路和交流通路有何不同。

利用三极管可实现很多功能电路，常见的有放大电路、电流源电路、开关电路等。由于三极管也是非线性器件，所以其应用电路的分析方法与二极管的类似，通常根据三极管在电路中所起的作用，选用适当的三极管模型进行分析，有时也采用图解法进行分析。

2.2.1　直流通路和交流通路

放大电路中的电抗性元件对直流信号和交流信号呈现的阻抗是不同的。例如，电容对直流信号的阻抗是无穷大，故相当于开路；但对交流信号而言，电容容抗的大小为 $1/\omega C$，当电容值足够大，交流信号在电容上的压降可以忽略时，可视为短路。电感对直流信号的阻抗为零，相当于短路；而对交流信号而言，感抗的大小为 ωL。此外，对于理想直流电压源，由于其电压恒定不变，即电压的变化量等于零，故在交流通路中相当于短路；而理想电流源，由于其电流恒定不变，即电流的变化量等于零，故在交流通路中相当于开路，等等。

现在以图 2 - 15(a)中的单管共射放大电路为例，分析其直流通路和交流通路，并且该图为单管共射放大电路的习惯画法。在电路中 NPN 型三极管 V 担负着放大作用，是放大电路的核心。U_{CC} 是集电极直流电源，为输出信号提供能量。R_C 是集电极负载电阻，集电极电流 i_C 通过 R_C，从而将电流的变化转换为集电极电压的变化，然后传送到放大电路的输出端。基极偏置电阻 R_B 的作用是，一方面为三极管的发射结提供正向偏置电压；同时给三极管提供一个静态基极电流。以后将会看到，这个静态基极电流的大小对放大作用的优劣，以及与放大电路的其他性能有着密切的关系。C_1、C_2 是耦合隔直流电容，一般容量较大，对交流信号而言，容抗可以忽略，起耦合作用，对直流信号而言有隔直流作用。

画直流通路时，应将隔直电容 C_1 和 C_2 开路；画交流通路时，应将 C_1 和 C_2 短路，此外，集电极直流电源 U_{CC} 也应短路。因此，单管共射放大电路的直流通路和交流通路分别如图 2 - 15(b)和 2 - 15(c)所示。

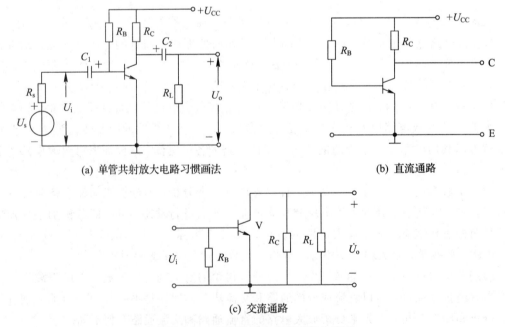

(a) 单管共射放大电路习惯画法　　　　　　　　(b) 直流通路

(c) 交流通路

图 2 - 15　直流通路和交流通路电路图

根据放大电路的直流通路和交流通路，即可分别进行静态分析和动态分析。进行静态分析时，有时也采用一些简单实用的近似估算法。

2.2.2　静态工作点的近似估算

本节主要介绍小信号放大电路的工作状态，常采用近似的估算法。

估算法是指用方程式通过近似计算分析放大电路主要指标的方法。估算法比较简便且准确性较好，在工程上较为适用。

当外加输入信号为零时，在直流电源 U_{CC} 的作用下，三极管的基极回路和集电极回路均存在着直流电流和直流电压，这些直流电流和电压在三极管的输入、输出特性上各自对应一个点，称为静态工作点。静态工作点处的基极电流、基极与发射极之间的电压分别用符号 I_{BQ}、U_{BEQ} 表示，集电极电流、集电极与发射极之间的电压则用 I_{CQ}、U_{CEQ} 表示。

静态工作点的估算包括 I_{BQ}、I_{CQ}、U_{CEQ} 这 3 个直流参数，其分析思路为：$I_{BQ} \rightarrow I_{CQ} \rightarrow U_{CEQ}$。将图 2-15(b)的直流通路变换成如图 2-16 所示的等效电路。

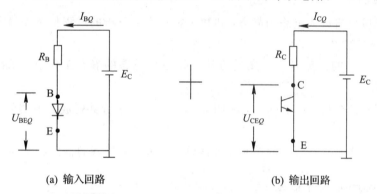

(a) 输入回路　　　　　　　　　(b) 输出回路

图 2-16　直流通路等效电路

由图 2-16(a)中输入回路可得

$$E_C = I_{BQ}R_B + U_{BEQ}$$

经整理可得

$$I_{BQ} = \frac{E_C - U_{BEQ}}{R_B} \approx \frac{E_C}{R_B} \qquad (2-2-1)$$

$$I_{CQ} = \beta I_{BQ} \qquad (2-2-2)$$

又由图 2-16(b)输出回路可得

$$U_{CEQ} = E_C - I_{CQ}R_C \qquad (2-2-3)$$

上述三式即为估算基本放大电路静态工作点的关系式，今后可直接应用。

例 2.2.1　在图 2-17 所示的单管共射放大电路中，已知三极管的 $\beta = 50$，试估算放大电路的静态工作点。

解　由图 2-17 所示可画出该图的直流等效电路。

设三极管的 $U_{BEQ} = 0.7$ V，根据公式(2-2-1)、(2-2-2)和(2-2-3)可得

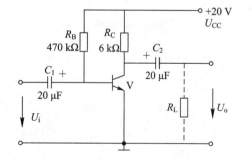

图 2-17　单管共射放大电路

$$I_{BQ} = \frac{U_{CC} - U_{BEQ}}{R_B} = \left(\frac{20 - 0.7}{470}\right) \text{mA} = 40\mu\text{A}$$

$$I_{CQ} \approx \beta I_{BQ} = 2 \text{ mA}$$

$$U_{CEQ} = U_{CC} - I_{CQ}R_C = 8 \text{ V}$$

2.2.3 图解分析法

已经知道，三极管输入回路的电流与电压之间的关系可以用输入特性曲线来描述；输出回路的电流与电压之间的关系可以用输出特性曲线来描述。图解法就是在三极管的输入、输出特性曲线上，直接用作图的方法求解放大电路的工作情况。本小节首先讨论图解的基本方法，然后介绍图解法的应用。

1. 图解的基本方法

图解法既可分析放大电路的静态，也可分析动态。分析的过程仍是先静态后动态。

1）图解分析静态

图解分析静态的任务是用作图的方法确定放大电路的静态工作点，求出 I_{BQ}、U_{BEQ}、I_{CQ}、U_{CEQ} 的值。

为了用图解法分析 I_{CQ} 和 U_{CEQ}，将图 2-15(b)所示单管共射放大电路的直流通路的输出电路画在图 2-18(a)中。图中有一条虚线 MN 将输出回路分为两部分，左边是三极管的集电极回路，其中 i_C 与 u_{CE} 的关系是非线性的，可用三极管的输出特性曲线表示，如图

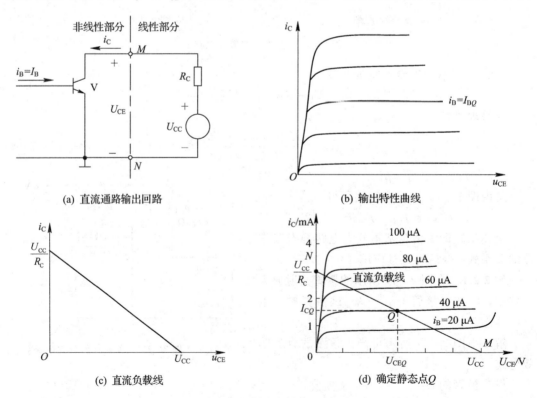

(a) 直流通路输出回路　　　　(b) 输出特性曲线

(c) 直流负载线　　　　(d) 确定静态点Q

图 2-18　直流负载线和静态工作点的求法

2-18(b)所示。右边是放大电路的外电路部分，由负载电阻 R_C 和集电极直流电源 U_{CC} 串联而成，因二者都是线性元件，故此处 i_C 与 u_{CE} 之间存在线性关系，可用以下直线方程表示：

$$u_{CE} = U_{CC} - i_C R_C$$

这条直线画在图 2-18(c)中。直线上有两个特殊点：直线与横坐标的交点，$i_C = 0$，$u_{CE} = U_{CC}$；直线与纵坐标的交点，$u_{CE} = 0$，$i_C = U_{CC}/R_C$。这条直线是根据放大电路通路得到的，表示外电路的伏安特性，所以称为直流负载线。直流负载线的斜率为 $-1/R_C$。集电极负载电阻 R_C 越大，则直流负载线越平坦，反之，R_C 越小，直流负载线越陡峭。

由于输出回路的左右两部分实际上是连在一起的，因此 i_C 与 u_{CE} 之间既要符合左边三极管输出特性曲线表示的关系，又要符合右边直流负载线所表示的关系。因此，两者的交点确定了放大电路的静态工作点，如图 2-18(d)所示。根据估算得到的 I_{BQ} 值可以找到 $i_B = I_{BQ}$ 的一条输出特性曲线，该条特性曲线与直流负载线的交点就是静态工作点 Q，在 Q 点处即可求出静态集电极电流 I_{CQ} 和静态集电极电压 U_{CEQ}，见图 2-18(d)。

2）图解分析动态

分析放大电路的动态工作情况应该根据它的交流通路，现将图 2-15(c)中单管共射放大电路的交流通路画在图 2-19 中。因为讨论动态工作情况，所以图中的集电极电流和集电极电压分别用变化量 Δi_C 和 Δu_{CE} 表示。

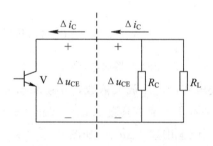

图 2-19　交流通路的输出回路

交流通路外电路的伏安特性称为交流负载线。由图 2-19 可见，交流通路的外电路包括两个电阻 R_C 和 R_L 的并联。现用 R'_L 表示 R_C 和 R_L 并联后得到的阻值，即 $R'_L = R_L // R_C$。因此，交流负载线的斜率将与直流负载线不同，而是变成了 $-1/R'_L$。由于 R'_L 小于 R_C，因此，通常交流负载线比直流负载线更陡峭。

通过分析可以知道，交流负载线一定通过静态工作点 Q。因为当外加输入电压的瞬时值等于零时，如果不考虑电容 C_1 和 C_2 的作用，可认为放大电路相当于静态时的情况，则此时放大电路的工作点即在交流负载线，又在静态工作点 Q 上，即交流负载线必定经过 Q 点。因此，只要通过点作一条斜率为 $-1/R'_L$ 的直线，即可得到交流负载线。

当外加一个正弦输入电压 u_i 时，放大电路的工作点将沿着交流负载线运动。所以，只有交流负载线才能描述动态时 i_C 与 u_{CE} 的关系，而直流负载线的作用只能用以确定静态工作点，不能表示放大电路的动态工作情况。

如果在放大电路的输入端加上一个正弦电压 u_i，则在线性范围内，三极管的 u_{BE} 和 i_B 将在输入特性曲线上，围绕静态工作点 Q 基本上按正弦规律变化，如图 2-20(a)所示。此

模拟电子技术基础与实验应用教程

时，三极管的 i_C 与 u_{CE} 将在输出特性曲线上，沿着交流负载线，围绕着 Q 点也基本上按正弦规律变化，如图 2-20(b)所示。

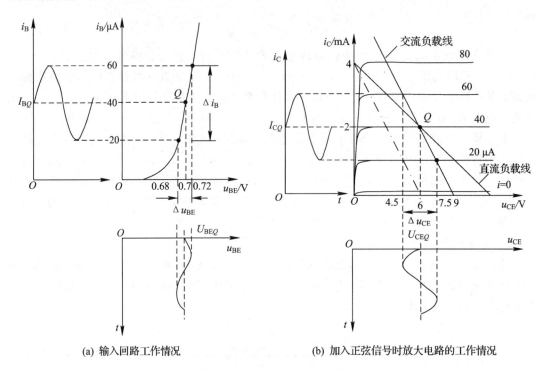

(a) 输入回路工作情况　　　　　　　(b) 加入正弦信号时放大电路的工作情况

图 2-20　图解动态分析方法

如需利用图解法求放大电路的电压放大倍数，可假设基极电流在静态值 I_{BQ} 附近有一个变化量 Δi_B，在输入特性曲线上找到相应的 Δu_{BE}，如图 2-20(a)所示。然后再根据 Δi_B，在输出特性的交流负载线上找到相应的 Δu_{CE}，如图 2-20(b)所示，则电压放大倍数为

$$A_u = \frac{\Delta u_o}{\Delta u_i} = \frac{\Delta u_{CE}}{\Delta u_{BE}} \qquad (2-2-4)$$

根据前面的介绍，可以将利用图解法分析放大电路的基本方法归纳如下：

(1) 由放大电路的直流通路画出输出回路的直流负载线。

(2) 根据式(2-2-1)估算静态基极电流 I_{BQ}。直流负载线与 $i_B = I_{BQ}$ 的一条输出特性的交点即是静态工作点 Q，由图可得到 I_{CQ} 和 U_{CEQ} 的值。

(3) 由放大电路的交流通路计算等效的交流负载电阻 $R_L' = R_L // R_C$。在三极管的输出特性曲线上，通过 Q 点画出斜率为 $-1/R_L'$ 的直线，即是交流负载线。

(4) 如果要求电压放大倍数，可在 Q 点附近取一个 Δi_B 值，在输入特性曲线上找到相应的 Δu_{BE} 值，再在输出特性的交流负载线上找到相应的 Δu_{CE} 值，Δu_{CE} 与 Δu_{BE} 的比值即是放大电路的电压放大倍数。

2. 图解法的应用

例 2.2.2　图 2-21 所示为某硅三极管的直流电路和输出特性曲线，试求该直流电路中 I_{BQ}、I_{CQ}、U_{BEQ}、U_{CEQ} 的值。

解 (1) 用近似估算法求解。

由图 2-21(b) 所示的输出特性曲线可知，在放大区内，i_B 每增大 10 μA 时，i_C 约增大 1 mA，故可得 $\beta = 1$ mA/10 μA$= 100$。

观察图 2-21(a) 电路可知，发射结能正偏导通，而硅三极管导通时，$U_{BEQ} \approx 0.7$ V，故由三极管输入回路可得

$$I_{BQ} = \frac{U_{BB} - U_{BEQ}}{R_B} = \frac{6 - 0.7}{178} \text{mA} = 30 \text{ μA}$$

设三极管处于放大状态，则

$$I_{CQ} = \beta I_{BQ} = 100 \times 30 \text{ μA} = 3 \text{ mA}$$
$$U_{CEQ} = U_{CC} - I_{CQ}R_C = (6 - 3 \times 1)\text{V} = 3 \text{ V} > 0.3 \text{ V}$$

可见，三极管确实工作于放大状态，其基极电流、集电极电流、发射结电压和集-射极电压分别为 $I_{BQ} = 30$ μA、$I_{CQ} = 3$ mA、$U_{BEQ} \approx 0.7$ V、$U_{CEQ} = 3$ V。

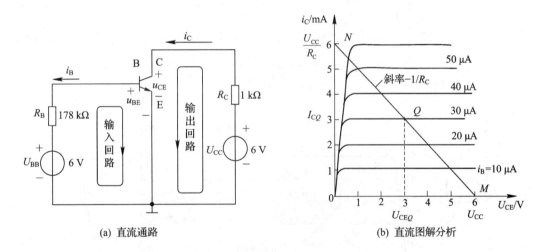

(a) 直流通路　　　　　　　　　　(b) 直流图解分析

图 2-21 三极管直流电路及其分析

(2) 用图解分析法求解。

首先利用 $U_{BEQ} \approx 0.7$ V，根据三极管的输入电路估算 I_{BQ}。前面已估算出 $I_{BQ} = 30$ μA。然后对三极管的输出回路进行图解分析：与二极管的图解法类似，可根据三极管的输出特性和三极管输出端外电路的直流伏安特性，求得三极管输出回路的直流负载方程。在三极管输出曲线所在的坐标系中，作直流负载方程所对应的直线(称为直流负载线)，则直流负载线与 $I_{BQ} = 30$ μA 对应的那根输出曲线有一个交点，交点处对应的坐标值即为该方程组的解。

由于 $U_{CC} = 6$ V，$R_C = 1$ kΩ，令 $i_C = 0$，则 $u_{CE} = U_{CC} = 6$ V，可得横轴截点 $M(6\text{V}, 0)$；令 $u_{CE} = 0$，得 $i_C = U_{CC}/R_C = 6$ mA，可得纵轴截点 $N(0, 6\text{ mA})$。连接点 M、N，便得直流负载线 MN，它与 $I_{BQ} = 30$ μA 对应的输出曲线相交于 Q 点，如图 2-21(b) 所示。由 Q 点坐标可读得 $I_{CQ} = 3$ mA、$U_{CEQ} = 3$ V。可见，分析结果与近似估算法中所得的一致。

例 2.2.3 三极管放大电路如图 2-22(a) 所示，其中，$u_i = 10\sin\omega t$ mV。电容 C_1、C_2 的容量取得足够大，对于交流信号所呈现的容抗近似为零，因此能使交流信号顺利通过，但它们对直流信号起到隔离作用，因此称为隔直耦合电容。三极管采用硅管，其输入、输

出特性曲线如图 2-22(b)所示，试用图解法求三极管的输入电流 i_B、输入电压 u_{BE}、输出电流 i_C、输出电压 u_{CE} 和放大电路的电压放大倍数 $A_u = u_o/u_i$。

解 (1) 分析输入信号为零时的三极管电流、电压，并在三极管特性曲线上确定 Q 点。

当输入信号为零时（即静态时），电路中只有直流量（即静态量），由于电容不能通直流电流，故求得图 2-22(a)中直流电流通路。由估算值 $I_{BQ} = 30\ \mu A$，可确定输入特性曲线上的 Q 点(0.7 V，30 μA)，如图 2-22(b)所示；在输出特性曲线坐标系中作直流负载线，与 $I_{BQ} = 30\ \mu A$ 对应的输出曲线相交，得 Q 点(3 V，3 mA)，如图 2-22(b)所示。

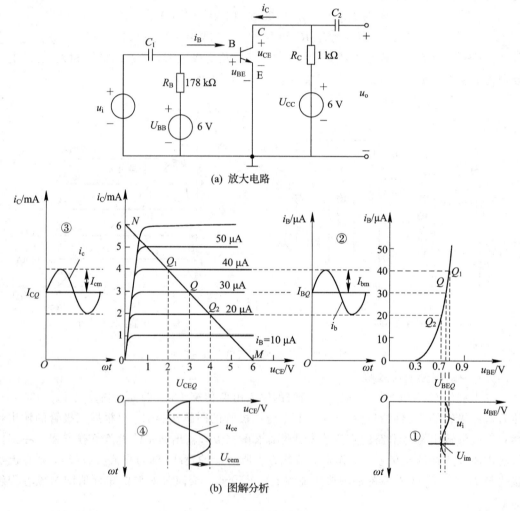

(a) 放大电路

(b) 图解分析

图 2-22 三极管放大电路及其分析

(2) 分析输入交流信号时三极管的电流、电压。

当输入交流信号 u_i 时（即动态时），由于电容 C_1 对交流信号近似短路，u_i 就直接加到了发射结上，而发射结原来已加有直流电压 $U_{BEQ} = 0.7$ V，故发射结电压的实际量由 U_{BEQ} 和 u_i 叠加而成，如图 2-22(b)中①所示，可表示为

$$u_{BE} = U_{BEQ} + u_i = U_{BEQ} + U_{im}\sin\omega t = (0.7 + 0.01\sin\omega t)\ V$$

由于输入电压幅值很小，输入特性曲线的动态工作范围限于很短的线段 Q_1、Q_2 之间，

可将线段 Q_1Q_2 近似看作直线，因此 i_B 与 u_{BE} 成正比，当 u_{BE} 按正弦规律变化时，i_B 也将按正弦规律变化。根据 u_{BE} 的变化规律，可在输入特性曲线上画出对应的 i_B 波形，如图 2-22(b)中②所示。i_B 是在静态量 I_{BQ} 的基础上叠加了交流量 i_b 合成的，由图可读出 i_B 值在20～40 μA之间变动，其交流幅值 $I_{bm}=10$ μA。故 i_B 可表示为

$$i_B = I_{BQ} + i_b = I_{BQ} + I_{bm}\sin\omega t = (30 + 10\sin\omega t)\mu A$$

随着 i_B 变化，负载线 MN 与输出特性曲线族的交点也随之变化。当 i_B 从 I_{BQ} 开始增大到峰值时，交点从 Q 沿着负载线向上移动到 Q_1 点，电流 i_C 从 I_{CQ} 开始增大到峰值，而电压 u_{CE} 则从 U_{CEQ} 开始减小到谷值；当 i_B 从峰值减小到谷值时，交点从 Q_1 沿着负载线向下移动到 Q_2，i_C 从峰值减小为谷值，而 u_{CE} 则从谷值增大为峰值；当 i_B 从谷值回升为 I_{BQ} 时，交点从 Q_2 沿着负载线回升到 Q，i_C 从谷值回升为 I_{CQ}，u_{CE} 则从峰值回降到 U_{CEQ}，因此，可画出 i_C 和 u_{CE} 的波形，如图 2-21(b)中③、④所示。由于输出特性曲线间距近似相等，故 i_C 随着 i_B 按正弦规律变化，且与 i_B 同方向变化；由于 $u_{CE}=U_{CC}-i_CR_C$，所以 u_{CE} 也随着 i_C 按正规律变化，但与 i_C 反方向变化。i_C 和 u_{CE} 也都是在静态量的基础上叠加了交流量合成的，由图可读出 i_C 的值在 2～4 mA 之间变动，其交流幅值为 $I_{cm}=1$ mA，因此可将 i_C 表示为

$$i_C = I_{CQ} + i_c = I_{CQ} + I_{cm}\sin\omega t = (3 + \sin\omega t)mA$$

u_{CE} 的值在 2～4 V 之间变动，其交流幅值为 $U_{cem}=1$ V，故可将 u_{CE} 表示为

$$u_{CE} = U_{CEQ} + u_{ce} = U_{CEQ} - U_{cem}\sin\omega t = (3 - \sin\omega t)V$$

(3) 求电压放大倍数 $A_u = u_o/u_i$。

加到电容 C_2 左端的信号是 u_{CE}，其中只有交流量 u_{ce} 能耦合到输出端，故

$$u_o = u_{ce} = -\sin\omega t\, V$$

$$A_u = \frac{u_o}{u_i} = \frac{-\sin\omega t \cdot V}{10\sin\omega t \cdot mV} = -100$$

A_u 表明该电路实现了交流电压放大作用，负号表明输出电压与输入电压的相位相反。

由上分析可知：

(1) 放大电路中的电流、电压在静态时都为直流量；加入输入信号后，它们由静态量和交流量叠加而成，这些交流量是由输入信号引起的，它们都与输入信号同频率变化，在 NPN 管放大电路中，u_{be}、i_b、i_c 三者相位相同，而 u_{ce} 则与 u_{be}、i_b、i_c 反相。三极管电流、电压的大小随信号的变化而变化，但其极性始终不变，其极性由静态量决定。

(2) 放大电路中，直流通路为三极管确定了合适的静态工作点，使管子工作于放大区，因而电路具备了放大信号的能力。加入输入信号后，使发射结电压发生变化，从而引起 i_B、i_C 发生相应变化，其中 i_C 的变化量为 i_B 变化量的 β 倍，因此能实现电流放大。i_C 的变化又通过集电极电阻 R_C 使 u_{CE} 发生变化，这样就可以得到放大了的输出电压 u_o。由于信号很小，在信号的变化过程中管子是近似线性工作的，外电路的伏安特性也是线性的，故电路中的各交流量均与输入信号呈线性关系，输入为正弦波时，各交流量也为正弦波，因此电路能实现信号的不失真放大。

(3) 若静态工作点过高(表现为 I_{CQ} 过大)，工作点容易进入饱和区，产生失真(称为饱和失真)；若静态工作点过低(I_{CQ} 过小)，工作点易进入截止区，产生失真(称为截止失真)；当输入信号过大时，即使工作点合适，也会产生饱和、截止失真。因此，为了实现信号的

不失真放大，应给放大电路设置合适的静态工作点，并且限制输入信号的大小。

必须指出，当放大电路接负载时，不能利用直流负载线进行交流图解，而需采用交流负载线进行图解。

2.2.4 微变等效电路法

图解法的优点是直观，便于观察 Q 点的位置是否合适、管子的动态工作情况是否良好，但它操作不便，而且输入信号很小时，作图的精度较低，故用得很少。在工程分析中，通常先用估算法进行静态分析，然后用小信号模型分析法进行动态分析。

如果研究的对象仅仅是变化量，而且信号的变化范围很小，就可以用微变等效电路来处理三极管的非线性问题。

由于在一个微小的工作范围内，三极管电压、电流变化量之间的关系基本上是线性的，因此可以用一个等效线性电路来代替这个三极管。所谓等效就是从线性电路三个引出端看进去，其电压、电流的变化关系和原来的三极管一样。这样的线性电路称为三极管的微变等效电路。

小信号模型分析法的思路是：当输入信号很小时，三极管仅仅工作在 Q 点附近的很小范围内，只要 Q 点选在放大区的合适位置，三极管工作范围内的伏安特性可近似为线性，因此，对小信号电路作交流分析时，可将三极管用一个具有相同伏安特性的线性电路来等效，从而将非线性电路的分析简化为线性电路的分析。这里只介绍简化的 H 参数微变等效电路。

1. 三极管的小信号模型

1）求三极管输入电路的等效电路

首先来研究一下共射接法时三极管的输入、输出特性。图 2-23(a) 所示为共发射极接法的三极管，当输入回路中仅有微小的输入信号，使 i_b 仅在 Q 点附近产生微小的变化，输入特性曲线可近似地看成直线，即 Δi_B 与 Δu_{BE} 呈线性关系。

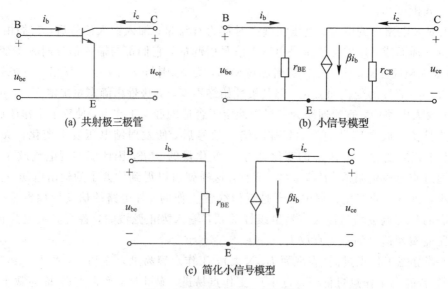

(a) 共射极三极管　　　(b) 小信号模型

(c) 简化小信号模型

图 2-23　三极管的小信号模型

因此，u_{BE} 的变化量 Δu_{BE} 与 i_B 的变化量 Δi_B 之比为常数，用 r_{BE} 表示，则

$$r_{BE} = \frac{\Delta u_{BE}}{\Delta i_B}\bigg|_{u_{CE}=U_{CEQ}} = \frac{u_{BE}}{i_b}\bigg|_{u_{CE}=U_{CEQ}} \qquad (2-2-5)$$

r_{BE} 具有电阻的量纲，称为三极管的共发射极输入电阻。式(2-2-5)说明：在工作点上，对小信号而言，三极管的输入伏安特性为 $i_b = u_{BE}/r_{BE}$，故三极管的输入电路可用电阻 r_{BE} 来等效，如图 2-23(c)所示。r_{BE} 通常可通过下式估算

$$r_{BE} = r_{BB'} + (1+\beta)r_E \qquad (2-2-6)$$

式中，$r_{BB'}$ 称为三极管基区体电阻，对于低频小功率管，$r_{BB'}$ 约为 220 Ω；r_E 为发射结电阻，$(1+\beta)r_E$ 是 r_E 折算到基极回路的等效电阻，根据 PN 结伏安特性可导出

$$r_E = \frac{U_T}{I_{EQ}}$$

U_T 为温度电压当量，在室温(300 K)时，其值为 26 mV。因此，式(2-2-6)可写成

$$r_{BE} \approx r_{BB'} + (1+\beta)\frac{U_T}{I_{EQ}} \approx 200\ \Omega + (1+\beta)\frac{26(\text{mV})}{I_{EQ}(\text{mA})} \qquad (2-2-7)$$

该估算式适用于发射极静态电流 I_{EQ} 为 0.1～5 mA 的情况，否则误差较大。

2) 求三极管输出电路的等效电路

由三极管的输出特性曲线可知，当 u_{CE} 不变(即 $u_{CE}=U_{CEQ}$)，i_B 变化 Δi_B 时，i_C 将相应地变化 Δi_C，由于输出曲线间隔均匀，故 Δi_C 与 Δi_B 之比为常数，即为共发射极电流放大系数 β

$$\beta = \frac{\Delta i_C}{\Delta i_B}\bigg|_{u_{CE}=U_{CEQ}} = \frac{i_c}{i_b}\bigg|_{u_{CE}=U_{CEQ}} \qquad (2-2-8)$$

该式说明：基极电流信号 i_B 所引起的集电极电流信号为 $i_c = \beta i_b$。

当 i_B 不变($i_B = I_{BQ}$)时，输出特性曲线为 Q 点所处那根略向上倾斜的直线，因此，u_{CE} 变化将会引起 i_C 变化。u_{CE} 的变化量 Δu_{CE} 与它所引起的 i_C 的变化量 Δi_C 之比为常数，令

$$r_{CE} = \frac{\Delta u_{CE}}{\Delta i_C}\bigg|_{i_B=I_{BQ}} = \frac{u_{ce}}{i_c}\bigg|_{i_B=I_{BQ}} \qquad (2-2-9)$$

r_{CE} 称为三极管的共发射极输出电阻。该式说明：u_{CE} 所引起的集电极电流信号为 $i_c = u_{ce}/r_{CE}$。由于 i_C 既受 i_B 控制，又受 u_{CE} 控制，故总的集电极电流信号为

$$i_c = \beta i_b + \frac{u_{ce}}{r_{CE}} \qquad (2-2-10)$$

该式说明：三极管输出电路可等效为两条并联支路，其中一条为受控电流源 $i_c = \beta i_b$，另一条为电阻 r_{CE}，如图 2-23(b)所示。r_{CE} 的计算公式为

$$r_{CE} = \frac{|U_A|}{I_{CQ}} \qquad (2-2-11)$$

式中，I_{CQ} 为静态集电极电流；U_A 称为厄尔利电压，它是各条输出曲线的延伸交点，其值越大，说明输出曲线越平坦。目前生产的小功率三极管，其放大区输出曲线通常很平坦，故 r_{CE} 值很大，通常远大于三极管输出端外接的负载电阻值，因此，分析中常可忽略 r_{CE} 的影响，而采用图 2-23(c)所示的简化小信号模型，该电路也称为 H 参数简化小信号模型、小信号等效电路或微变等效电路。

严格地说，从三极管的输出特性看，i_C 不仅与 i_B 有关，而且当 u_{CE} 增大时，i_C 也随之稍有增大；从输入特性看，当 u_{CE} 增大时，i_B 与 u_{BE} 之间的关系曲线将逐渐右移，互相之间略有不同。但实际上在放大区，三极管的输出特性近似为水平的直线，当 u_{CE} 变化时可以认为 i_C 基本不变；在输入特性上，当 u_{CE} 大于某一值时，各条输入特性曲线实际上靠得很近，基本上重合在一起，因此，忽略 u_{CE} 对输入特性和输出特性的影响，带来的误差很小。在中频段下，简化的微变等效电路对于工程计算来说已经足够了。

小信号模型是在三极管始终工作于放大区，信号为低频小信号的条件下得到的，不满足这些条件，就不能应用。因此，不能用它分析 Q 点，也不能用于分析高频电路和大信号电路。但它能用于分析 PNP 管电路，因为 PNP 管和 NPN 管对小信号的放大作用是一样的，只不过为了保证这种放大作用，两者需加的直流电压极性相反而已。

必须指出，小信号模型中的电流源是一个受控源，其流向不能假定，而是由控制信号 i_b 的流向确定，在画小信号模型时，必须标出 i_b 和受控电流源的流向。这与我们以前对电压、电流的处理情况有所不同，以前在电路中所标的电压极性或电流方向通常是假定的参考方向，当实际情况与之相同时，电压或电流就是正数；当实际情况与之相反时，电压或电流就是负数，这样就可以很方便地分辨实际的电压极性和电流流向。这里由于是受控源，故其流向是由控制信号确定了的，不能随意假定。

下面利用简化的微变等效电路来计算单管共射放大电路的电压放大倍数和输入、输出电阻。首先，画出放大电路的交流通路，然后用 2-23(c) 中的小信号模型代替单管放大电路中的三极管，最后根据微变等效电路去计算放大电路的各个性能指标。

2. 微变等效电路法的应用

例 2.2.4 图 2-24(a) 所示的硅三极管放大电路中，R_S 为信号源内阻，R_L 为外接负载电阻，C_1、C_2 为隔直耦合电容，它们的容量足够大，对交流信号的容抗近似为零，已知 $\beta=100$，$u_s=10\sin\omega t\,(\text{mV})$，试求 i_b、u_{BE}、i_C、u_{CE}。

解 （1）估算 Q 点。

由于 C_1、C_2 对直流可视为开路，故可画出图 2-24(a) 的直流通路，如图 2-24(b) 所示。由图可得

$$I_{BQ}=\frac{U_{BB}-U_{BEQ}}{R_B}=\frac{12-0.7}{470}\,\text{mA}=0.024\ \text{mA}$$

$$I_{CQ}=\beta I_{BQ}=100\times 0.024\ \text{mA}=2.4\ \text{mA}$$

$$U_{CEQ}=U_{CC}-I_{CQ}R_C=(12-2.4\times 2.7)\text{V}=5.5\ \text{V}$$

可见，三极管工作在放大区。

（2）应用小信号模型分析法进行交流分析。

由于交流分析的对象是交流量，所以先根据实际电路画出交流通路，再将交流通路中的管子代以小信号模型，就可方便地进行交流分析。

交流电流流通的路径如图 2-24(c) 所示。电容 C_1、C_2 对交流的容抗近似为零，故在交流通路中 C_1、C_2 视为短路；直流电压源 U_{CC}、U_{BB} 两端的电压是不变的，说明它们两端的交流电压为零，故在交流通路中直流电压源也视为短路。在图中标出三极管电极 B、C、E，然后将三极管用其小信号模型取代，则可得放大电路的小信号交流等效电路，如图 2-24(d) 所示。

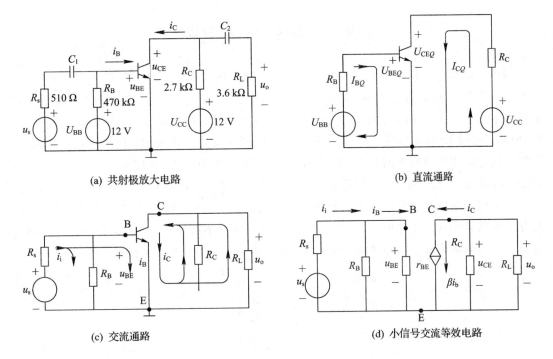

(a) 共射极放大电路　　　　　　　　　　　(b) 直流通路

(c) 交流通路　　　　　　　　　　　(d) 小信号交流等效电路

图 2 - 24　放大电路的小信号模型分析法

由于

$$I_{EQ} = I_{BQ} + I_{CQ} = \frac{I_{CQ}}{\beta} + I_{CQ} \approx I_{CQ} = 2.4 \text{ mA}$$

根据式(2 - 2 - 7)所示的 r_{BE} 估算公式可得

$$r_{BE} \approx r_{BB'} + (1+\beta)\frac{U_T}{I_{EQ}} = 200\Omega + (1+100)\frac{26}{2.4}\Omega \approx 1.3 \text{ k}\Omega$$

由此可根据图 2 - 24(d)分别求得下列各交流电流、电压(公式中的"//"表示电阻并联)

$$u_{be} = \frac{u_s(R_B \,//\, r_{BE})}{R_s + R_B \,//\, r_{BE}} = 7.2\sin\omega t \,(\text{mV})$$

$$i_b = \frac{u_{be}}{r_{BE}} = \frac{7.2\sin\omega t}{1.3}\mu A = 5.5\sin\omega t \,(\mu A)$$

$$i_c = \beta i_b = 0.55\sin\omega t \,(\text{mA})$$

$$u_{ce} = -i_c(R_C \,//\, R_L) = -0.85\sin\omega t \,(\text{V})$$

（3）综合分析。

将静态量和交流量叠加可得总量，故 i_B、u_{BE}、i_C、u_{CE} 分别为

$$u_{BE} = U_{BEQ} + u_{be} = (0.7 + 7.2 \times 10^{-3}\sin\omega t)\,V$$

$$i_B = I_{BQ} + i_b = (24 + 5.5\sin\omega t)\,\mu A$$

$$i_C = I_{CQ} + i_c = (2.4 + 0.55\sin\omega t)\,\text{mA}$$

$$u_{CE} = U_{CEQ} + u_{ce} = (5.5 - 0.85\sin\omega t)\,V$$

由上分析可知，画直流通路和交流通路是分析放大电路的重要环节，画直流通路的关键是将电容断路。画交流通路的关键有两点：① 大电容视为短路；② 直流电压源视为短路。

2.3 三极管开关电路

利用三极管的饱和和截止特性可构成开关电路。图 2-25(a)中，当输入电压 U_I 为较大的正电压 U_{IH}（称为高电平）时，所产生的基极电流较大，使三极管工作于饱和状态，集电极 C 和发射极 E 之间的电压 $U_{CE}=U_{CES}\approx0.3\ V\approx0$，C、E 之间可视为短路，如图 2-25(b)所示，这时 LED 能导通发光。当输入电压 U_I 为低电压或负电压（称为低电平）时，三极管因发射结零偏或反偏而截止，$I_C\approx0$，C、E 之间可视为断路，如图 2-25(c)所示，这时 LED 不能导通发光。可见，三极管具有开关作用，它是一个可控的开关（称为电子开关）。

为了保证三极管可靠地工作于饱和状态或截止状态，要求输入信号的幅度足够大，因此开关电路是大信号工作电路，这与放大电路要求输入小信号、三极管工作于放大状态而避免工作到饱和或截止状态的情况正好相反，因此，它们的分析方法也不一样。

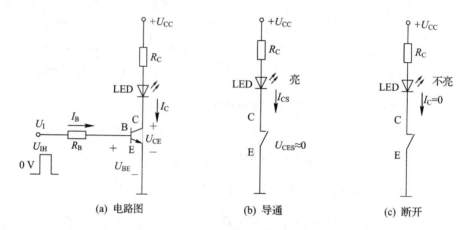

图 2-25　三极管的开关作用

例 2.3.1　图 2-26(a)所示硅三极管电路中，$\beta=50$，输入电压为一方波，如图 2-26(b)所示，试画出输出电压波形。

解　当 $u_I=0$，$i_B\approx0$，$i_C\approx0$，三极管开关关断，$I_C\approx0$，故 $u_O\approx5\ V$。

当 $u_I=3.6\ V$ 时，三极管饱和，$u_O=U_{CES}\approx0.3\ V$。三极管饱和时的集电极电流称为集电极饱和电流，记作 I_{CS}，由图可求得

$$I_{CS}=\frac{U_{CC}-U_{CES}}{R_C}=4.7\ mA$$

可见，集电极饱和电流 I_{CS} 是由外电路决定的常数，不再等于 βI_B。而维持饱和电流 I_{CS} 所需的最小基极电流就是临界饱和时的基极电流，记作 I_{BS}。由于临界饱和时仍有放大作用，因此可得

$$I_{BS}=\frac{I_{CS}}{\beta}=0.094\ mA$$

由输入回路可求得实际基极电流为

$$i_B=\frac{3.6-0.7}{20}mA=0.145\ mA$$

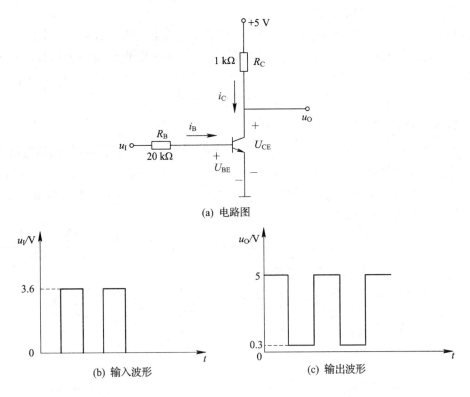

(a) 电路图

(b) 输入波形　　　　　　　　　(c) 输出波形

图 2 - 26 三极管反相器

可见，实际基极电流大于 I_{BS}，三极管确实能可靠地工作于饱和状态，$u_O \approx 0.3$ V。

根据上述分析结果，可画出输出电压波形，如图 2 - 26(c)所示。由图可见，输出电压与输入电压呈反相关系，所以该电路称为反相器，又称非门电路，它是数字电路中的基本单元电路之一。

2.4 三极管放大电路基础

2.4.1 放大电路的基本组成

放大电路是模拟电子电路中最常用、最基本的一种典型电路。无论日常使用的收音机、电视机，或者精密的测量仪表和复杂的自动控制系统等，其中一般都有各种各样不同类型的放大电路。可见，放大电路是应用十分广泛的模拟电路。

所谓"放大"，从表面上看，似乎就是将信号的幅度由小变大。但是，在电子技术中，"放大"的本质首先是实现能量的控制，即用能量比较小的输入信号来控制另一个能源，使输出端的负载上得到能量比较大的信号。负载上信号的变化规律是由输入信号控制的，而负载上得到的较大能量是由另一个能源提供的。例如，从收音机天线上接收到的信号能量非常微弱，需要经过放大和处理，才能驱动扬声器发出声音。我们从扬声器听到什么样的声音，决定于从天线上接收到的信号，而功率很大的音量，其能量来源于另外一个直流电源。这种小能量对大能量的控制就是放大的实质。

另外，放大作用是针对变化量而言的。所谓放大，是指当输入信号有一个比较小的变化量时，在输出端的负载上得到一个比较大的变化量。而放大电路的放大倍数，也是指输出信号与输入信号的变化量之比。由此可见，所谓放大作用，其放大的对象是变化量。

因此，放大电路实际上是一个受输入信号控制的能量转换器。

1. 放大电路的组成

放大电路组成框图如图 2-27 所示。图 2-27(a)中信号源提供所需放大的电信号，它可由将非电信号物理量变换为电信号的换能器提供，也可是前一级电子电路的输出信号，但它们都可等效为图 2-27(b)所示的电压源或电流源电路，R_s 为它们的源内阻，u_s、i_s 分别为理想电压源和电流源，且 $u_s = i_s R_s$。

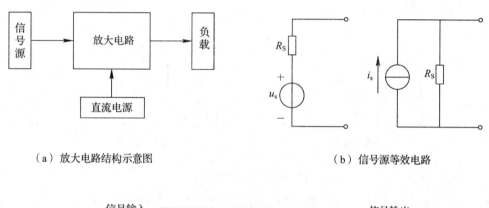

（a）放大电路结构示意图　　　　　　　　　　　　（b）信号源等效电路

（c）多级放大电路

图 2-27　放大电路组成框图

负载是接受放大电路输出信号的元件（或电路），它可由将电信号变成非电信号的输出换能器构成，也可是下一级电子电路的输入电阻，为了分析问题方便，一般它们都可等效为一纯电阻 R_L。

信号源和负载不是放大电路的本体，但由于实际电路中信号源内阻 R_s 及负载电阻 R_L 不是定值，都会对放大电路的工作产生一定的影响，特别是它们与放大电路之间的连接方式（称耦合方式），将直接影响到放大电路的正常工作。

直流电源用以供给放大电路工作时所需要的能量，其一部分能量转变为输出信号输出，还有一部分能量消耗在放大电路中的电阻、器件等耗能元器件中。

基本单元放大电路由半导体三极管构成，但由于单元放大电路性能往往达不到实际要求，所以实际使用的放大电路是由基本单元放大电路组成的多级放大电路，如图 2-27(c) 所示，或是由多级放大电路组成的集成放大器件构成，这样才有可能将微弱的输入信号不失真地放大到所需大小。

由此可见，放大电路中除含有源器件、直流电源外，还应具有提供放大电路正常工作所需直流工作点的偏置电路，以及信号源与放大电路、放大电路与负载、级与级之间的耦合电路。要求偏置电路不仅要给放大电路提供合适的静态工作点电流和电压，同时还要保证在环境温度、电源电压等外界因素变化以及器件的更换时，维持工作点不变。耦合电路应保证有效地传输信号，使之损失最小，同时使放大电路直流工作状态不受影响。

2. 放大电路的主要性能指标

一个放大电路的性能好坏，放大电路是否符合使用要求，它和信号源及负载配合是否能达到最佳状态以及与给定的信号源和负载配合是否完美等，都需要有一定的指标来衡量，因此有必要先了解放大电路的主要性能指标。为了说明这些指标的含义，将放大电路用图 2-28 所示的有源四端网络表示，图中，$1-1'$ 端为放大电路的输入端，R_s 为信号源内阻，u_s 为信号源电压，此时放大电路的输入电压和电流分别为 u_i 和 i_i。$2-2'$ 端为放大电路的输出端，接实际电阻负载 R_L，u_o、i_o 分别为放大电路的输出电压和输出电流。

其中，图 2-28 中放大电路的输入电流和输出电流的方向均定义为由放大电路的外部指向放大电路的内部，放大电路的输入电压和输出电压的方向均定义为上正下负。如果实际方向和定义方向相反，则其值为负。

一般来说，上述有源线性四端网络中均含有电抗元件，不过，在放大电路的实际工作频段（通常将这个频段称为中频段），这些电抗元件的影响均可忽略，有源线性四端网

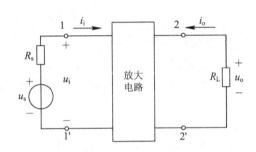

图 2-28　放大电路的四端网络表示

络实际上是电阻性的。在电阻网络中，其输出信号具有与输入信号相同的波形，仅幅度或极性有所变化。因此，为了具有普遍意义，不论输入是正弦信号还是非正弦信号激励，各电量统一用瞬时值表示。

放大电路的主要性能指标有放大倍数、输入电阻、输出电阻等，根据图 2-28 说明如下。

1）放大倍数

放大倍数又称增益，它是衡量放大电路放大能力的指标。根据需要处理的输入和输出量的不同，放大倍数有电压、电流、互阻、互导和功率放大倍数等，其中电压放大倍数应用最多。

输出电压 u_o 与输入电压 u_i 之比，称为电压放大倍数 A_u，即

$$A_u = \frac{u_o}{u_i} \tag{2-4-1}$$

输出电流 i_o 与输入电流 i_i 之比，称为电流放大倍数 A_i，即

$$A_i = \frac{i_o}{i_i} \tag{2-4-2}$$

输出电压 u_o 与输入电流 i_i 之比，称为互阻放大倍数 A_r，即

$$A_r = \frac{u_o}{i_i} \tag{2-4-3}$$

输出电流 i_o 与输入电压 u_i 之比，称为互导放大倍数 A_g，即

$$A_g = \frac{i_o}{u_i} \qquad (2-4-4)$$

放大电路的输出功率 P_o 与输入功率 P_i 之比，称为功率放大倍数 A_P，即

$$A_P = \frac{P_o}{P_i} \qquad (2-4-5)$$

其中，A_u、A_i、A_P 为无量纲的数值，而 A_r 的单位为欧姆(Ω)，A_g 的单位为西门子(S)。

工程上常用分贝(dB)来表示电压、电流、功率增益，它们的定义分别为

$$\text{电压增益} \quad A_u(\text{dB}) = 20\lg\left|\frac{u_o}{u_i}\right|$$

$$\text{电流增益} \quad A_i(\text{dB}) = 20\lg\left|\frac{i_o}{i_i}\right| \qquad (2-4-6)$$

$$\text{功率增益} \quad A_P(\text{dB}) = 20\lg\left|\frac{P_o}{P_i}\right|$$

2）输入电阻 R_i

放大电路的输入电阻是从输入端 $1-1'$ 向放大电路内看进去的等效电阻，它等于放大电路输出端接实际负载电阻 R_L 后，输入电压 u_i 与输入电流 i_i 之比，即

$$R_i = \frac{u_i}{i_i} \qquad (2-4-7)$$

对于信号源来说，R_i 就是它的等效负载，如图 $2-29$ 所示。由图可得

$$u_i = u_s \frac{R_i}{R_s + R_i} \qquad (2-4-8)$$

可见，R_i 的大小反映了放大电路对信号源的影响程度。R_i 越大，放大电路从信号源汲取的电流(即输入电流 i_i)就越小，信号源内阻 R_s 上的压降就越小，其实际输入电压 u_i 就越接近于信号源电压 u_s，常称为恒压输入。反之，当要求恒流输入时，则必须使 $R_i \ll R_s$；若要求获得最大功率输入，则要求 $R_i = R_s$，常称为阻抗匹配。

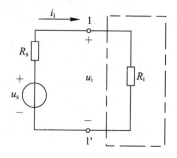

图 $2-29$　放大电路输入等效电路

3）输出电阻 R_o

对负载 R_L 而言，放大电路的输出端可等效为一个信号源，如图 $2-30$(a)。图中 u_{ot} 为等效信号源电压，它等于负载 R_L 开路时，放大电路 $2-2'$ 端的输出电压。R_o 为等效信号源的内阻，它是在输入信号源电压短路(即 $u_s = 0$)、保留 R_s，R_L 开路时，由输出端 $2-2'$ 两端向放大电路看进去的等效电阻，如图 $2-30$(b)所示，该电阻也称为输出电阻。因此，将放大电路输出端断开 R_L，接入一信号源电压 u，如图 $2-30$(c)所示，求出由 u 产生的电源 i，则可得到放大器的输出电阻为

$$R_o = \frac{u}{i} \qquad (2-4-9)$$

由于 R_o 的存在，放大电路实际输出电压为

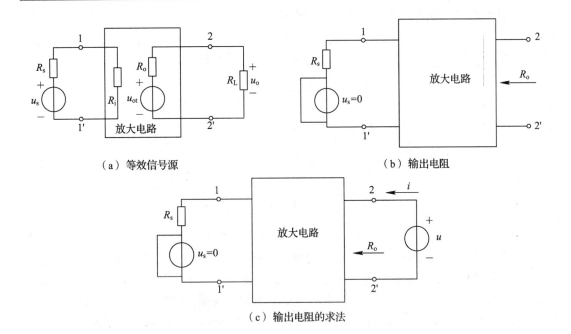

（a）等效信号源　　　　　　　　　　　（b）输出电阻

（c）输出电阻的求法

图 2-30　放大电路的输出电阻

$$u_o = u_{ot} \frac{R_L}{R_L + R_o} \qquad\qquad (2-4-10)$$

上式表示，R_o 越小，输出电压 u_o 受负载 R_L 的影响就越小，若 $R_o = 0$，则 $u_o = u_{ot}$，它的大小将不受 R_L 的大小影响，称为恒压输出。当 $R_L \ll R_o$ 时即可得到恒流输出。因此，R_o 的大小反映了放大电路带负载能力的大小。

由式（2-4-10）可得放大电路输出电阻的关系式为

$$R_o = \left(\frac{u_{ot}}{u_o} - 1 \right) R_L \qquad\qquad (2-4-11)$$

必须指出，以上所讨论的放大电路输入电阻和输出电阻不是直流电阻，而是在线性运用情况下的交流电阻，用符号 R 带有小写字母下标 i 和 o 表示。同时，在一般情况下，放大电路的 R_i 和 R_o 不仅与电路参数有关，R_i 还与 R_L 有关，R_o 还与 R_s 有关。

4）通频带与频率失真

放大电路中通常含有电抗元件（外接的或有源放大器件内部寄生的），它们的电抗值与信号频率有关，这就使放大电路对于不同频率的输入信号有着不同的放大能力。所以，放大电路的电压放大倍数可表示为信号频率的函数，即

$$A_u(jf) = A_u(f) \angle \varphi(f) \qquad\qquad (2-4-12)$$

式（2-4-12）中，$A_u(f)$ 表示电压放大倍数的模与信号频率的关系，称为幅频特性；而 $\varphi(f)$ 则表示输出电压与输入电压之间的相位差与信号频率的关系，称为相频特性。幅频特性与相频特性总称为放大电路的频率特性或频率响应。

图 2-31 所示为放大电路的典型幅频特性曲线。一般情况下，在中频段的放大倍数不变，用 A_{um} 表示，在低频段和高频段放大倍数都将下降，当降到 $A_{um}/\sqrt{2} \approx 0.7 A_{um}$ 时的低端频率和高端频率，称为放大电路的下限频率和上限频率，分别用 f_L 和 f_H 表示。f_L 和 f_H

之间的频率范围称为放大电路的通频带，用 BW 表示，即

$$BW = f_H - f_L \qquad\qquad (2-4-13)$$

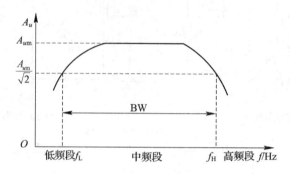

图 2-31　放大电路的幅频特性曲线

放大电路所需的通频带由输入信号的频带来确定，为了不失真地放大信号，要求放大电路的通频带应大于信号的频带。如果放大电路的通频带小于信号的频带，由于信号低频段或高频段的放大倍数下降过多，放大后的信号不能重现原来的形状，也就是输出信号产生了失真。这种失真称为放大电路的频率失真，由于它是线性的电抗元件引起的，在输出信号中并不产生新的频率成分，仅是原有各频率分量的相对大小和相位发生了变化，故这种失真是一种线性失真。

5）最大输出功率和效率

放大电路的最大输出功率是指在输出信号基本不失真的情况下，能够向负载提供的最大功率，用 P_{om} 表示。若直流电源提供的功率为 P_D，放大电路的输出功率为 P_o，则放大电路的效率 η 为

$$\eta = \frac{P_o}{P_D} \qquad\qquad (2-4-14)$$

η 越大，放大电路的效率越高，电源的利用率就越高。

2.4.2　静态工作点的稳定问题

放大电路的多项重要技术指标均与静态工作点的位置密切相关。如果静态工作点不稳定，则放大电路的某些性能也将发生波动。因此，如何使静态工作点保持稳定，是一个十分重要的问题。

1. 温度对静态工作点的影响

通常，一些电子设备在常温下能够正常工作，但当温度升高时，性能就可能不稳定，甚至不能正常工作。产生这种现象的主要原因，是电子器件的参数受温度影响而发生变化。三极管是一种对温度十分敏感的元件。温度变化对三极管参数的影响主要表现在以下三方面：

（1）从输入特性看，当温度升高时，输入特性曲线会发生左移，U_{BE} 会减小。在单管共射放大电路中，U_{BE} 的减小会引起 I_B 的增大，虽然这一现象不是很明显。

（2）温度升高时三极管的 β 值也将增大，使输出特性之间的间距增大。温度每升高 1℃，β 值约增大 0.5%～1%，且不同的三极管，β 的温度系数差异性比较大。

（3）当温度升高时，三极管的反向饱和电流 I_{CBO} 将急剧增加。这是因为反向饱和电流是由于少数载流子形成的，因此受温度影响比较大。温度每升高 10℃，I_{CBO} 大致将增加一倍。说明 I_{CBO} 将随温度按指数规律上升。

总之，温度升高会对三极管的各种参数产生影响，I_{CBO} 增大、U_{BE} 减小、β 值增大，最终导致集电极电流 I_C 增大。当温度升高时，三极管输出特性曲线上的静态工作点 Q 点将会上移，当 Q 点上移接近饱和区时，输出波形会发生严重的饱和失真。这种 Q 的移动现象我们常称为 Q 点漂移。

任何因素引起的 Q 点漂移都有可能导致放大器产生非线性失真，从减小放大器非线性失真这个角度出发，必须保持 Q 点稳定。为了抑制放大电路 Q 点的漂移，保持放大电路技术性能的稳定，需要从电路结构上采取适当的措施，使其在温度环境变化时，尽量减小静态工作点的漂移。

2. 分压式静态工作点稳定电路

由于基本放大电路是通过基极电阻 R_B 提供静态基极电流 I_{BQ}，只要 R_B 固定了，I_{BQ} 也就固定了，所以，基本放大电路叫又固定式偏置电路。它虽然电路简单，但电路稳定性差。温度升高或电源电压变化等因素都会使静态工作点发生变化，影响放大器的性能。为了稳定静态工作点，在要求较高的场合，常采用改进后的共射放大电路——分压式偏置电路。

1）电路组成及工作原理

（1）电路结构。

分压式偏置电路结构如图 2-32 所示，它与固定偏置电路相比多接了 3 个元件，即 R_{B2}、R_E、C_E。下面简要介绍它们各自的作用。

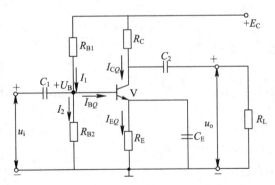

图 2-32　分压式稳定工作点电路

从图 2-32 中可以看出，R_{b1} 相当于基本放大电路（固定式偏置电路）中的基极电阻 R_{B1}，现接入 R_{B2} 后，流经 R_{B1} 的电流 I_1 与流经 R_{B2} 的电流 I_2 及基极电流 I_{BQ} 之间的关系为 $I_1 \approx I_2 \gg I_{BQ}$，因此，基极电位 U_B 由 R_{B1} 和 R_{B2} 分压决定，分压式偏置电路由此而得名。根据分压公式有

$$U_B = \frac{R_{B2}}{R_{B1} + R_{B2}} E_C \qquad\qquad (2-4-15)$$

由式（2-4-15）看出，改变 R_{B1} 或 R_{B2} 的阻值就可改变基极电位 U_B，也就改变了放大器的静态工作点。

接入 R_E 后，发射极电流 I_{EQ} 流经 R_E 时要在 R_E 上产生电压降，因此接入 R_E 的目的是为了提高发射极电位。

假设不接 C_E，那么不仅 I_{EQ} 流过 R_E 时产生压降 $I_{EQ} \cdot R_E$，信号电流 i_E 流过 R_E 时也要产生压降 $i_E \cdot R_E$，这样会使放大器的放大倍数下降。为了避免降低放大倍数，在 R_E 两端并联 C_E，让 i_E 从 C_E 旁路入地（因电容有隔直通交的作用）。故 C_E 常称为旁路电容。

（2）稳定工作点的原理。

放大电路工作时，电流流经三极管会使温度上升，将引起 I_{CEO} 和 β 增大，造成 I_{CQ}、I_{EQ} 增大，I_{EQ} 增大后会使发射极电位 U_{EQ} 升高，而基极电位 U_B 基本不变，由于 $U_{BE} = U_B - U_E$ 从而使 U_{BE} 下降，I_{BQ} 下降，I_{CQ} 下降，阻止了温度升高时 I_{CQ} 上升的趋势，使工作点恢复到原有状态。

上述稳定工作点的过程可表示为：

$$\begin{array}{l} 温度\ T \uparrow（或\ \beta \uparrow）\rightarrow I_{CQ} \uparrow \rightarrow I_{EQ} \uparrow \rightarrow U_{EQ} = I_{EQ}R_e \uparrow \\ I_{CQ} \downarrow \leftarrow I_{BQ} \downarrow \leftarrow U_{BEQ} \downarrow \end{array}$$

2）静态工作点的估算

估算分压式偏置电路的工作点时要明确以下两点：

① $I_{CQ} + I_{BQ} = I_{EQ}$，由于 I_{BQ} 很小，所以 $I_{CQ} \approx I_{EQ}$；

② $U_B = U_E + U_{BE}$，所以 $U_E = U_B - U_{BE}$。

估算静态工作点的思路及关系：

（1）思路为：$U_B \rightarrow I_{EQ} \rightarrow I_{CQ} \rightarrow I_{BQ} \rightarrow U_{CEQ}$。

（2）静态估算关系式：图 2-32 所示电路的直流通路如图 2-33 所示，静态估算关系式如下：

$$\begin{cases} U_B = \dfrac{R_{B2}}{R_{B1} + R_{B2}} E_C \\[2mm] I_{CQ} \approx I_{EQ} = \dfrac{U_{EQ}}{R_E} = \dfrac{U_B - U_{BEQ}}{R_E} \\[2mm] I_{BQ} = \dfrac{I_{CQ}}{\beta} \\[2mm] U_{CEQ} = E_C - I_{CQ}(R_C + R_E) \end{cases} \qquad (2-4-16)$$

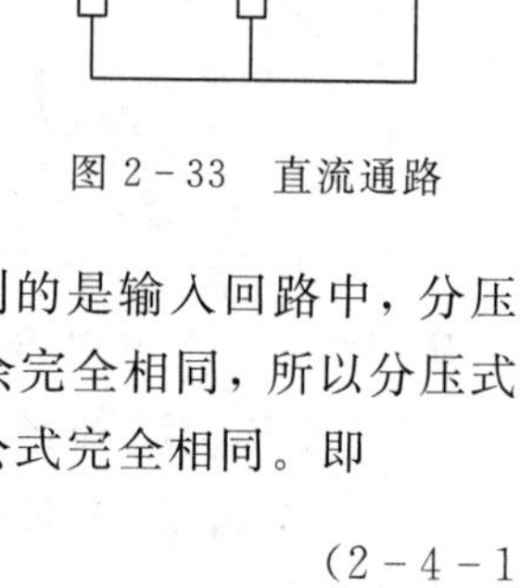

3）电压放大倍数的估算

按照交流通路的画法画出分压式偏置电路的交流通路如

图 2-33　直流通路

图 2-34 所示。与固定式偏置电路的交流通路相比，唯一有差别的是输入回路中，分压式偏置电路用 R_{B1} 与 R_{B2} 并联代替了固定式偏置电路中的 R_B，其余完全相同，所以分压式偏置电路电压放大倍数的公式与固定式偏置电路的电压放大倍数公式完全相同。即

$$A_u = -\beta \frac{R'_L}{r_{BE}} \qquad (2-4-17)$$

如果将 C_E 去掉，交流通路如图 2-35 所示，则电压放大倍数公式变为

$$A_u = -\beta \frac{R'_L}{r_{BE} + (1+\beta)R_E} \qquad (2-4-18)$$

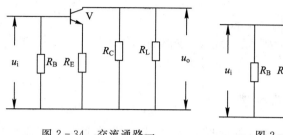

图 2-34　交流通路一

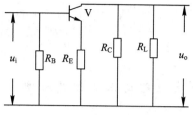

图 2-35　交流通路二

例 2.4.1　在图 2-36 中，已知三极管的 $\beta=50$，$U_{BEQ}=0.7$ V，其余参数见图。试计算：

（1）静态工作点；

（2）电压放大倍数。

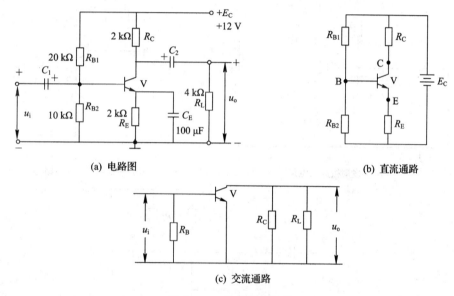

图 2-36　共射极放大器

解　（1）计算静态工作点：

根据分压公式得

$$U_B = \frac{R_{B2}}{R_{B1}+R_{B2}}E_C = \frac{10\times10^3}{20\times10^3+10\times10^3}\times12 = 4 \text{ V}$$

$$I_{CQ} \approx I_{EQ} = \frac{U_{EQ}}{R_E} = \frac{U_B - U_{BEQ}}{R_E} = \frac{4-0.7}{2\times10^3} = 1.65 \text{ mA}$$

$$I_{BQ} = \frac{I_{CQ}}{\beta} = \frac{1.65\times10^{-3}}{50} = 33 \ \mu\text{A}$$

$$U_{CEQ} = E_C - I_{CQ}(R_C + R_E) = 12 - 1.65\times10^{-3}\times(2\times10^3 + 2\times10^3) = 5.4 \text{ V}$$

（2）计算电压放大倍数：

$$r_{BE} = 300 + (1+\beta)\frac{26 \text{ mV}}{I_E \text{mA}} = 300 + (1+50)\frac{26}{1.65} = 1100 \ \Omega$$

$$R'_{\text{L}} = \frac{R_{\text{C}} R_{\text{L}}}{R_{\text{C}} + R_{\text{L}}} = \frac{2 \times 10^3 \times 4 \times 10^3}{2 \times 10^3 + 4 \times 10^3} = 1.33 \times 10^3 \ \Omega$$

$$A_u = -\beta \frac{R'_{\text{L}}}{r_{\text{BE}}} = -\frac{50 \times 1.33 \times 10^3}{1.1 \times 10^3} \approx -60.5$$

2.4.3 放大电路的三种组态分析

晶体管三极管在保证有合适 Q 点的前提下，就可以不失真地放大交流信号。晶体管有三个电极，将其中一个作为输入端，另一个作为输出端，剩下的第三个端子作为交流输入、输出的公共端。按照公共端的不同，如图 2-37 所示，可以把放大电路分为共发射极、共集电极、共基极三种组态。

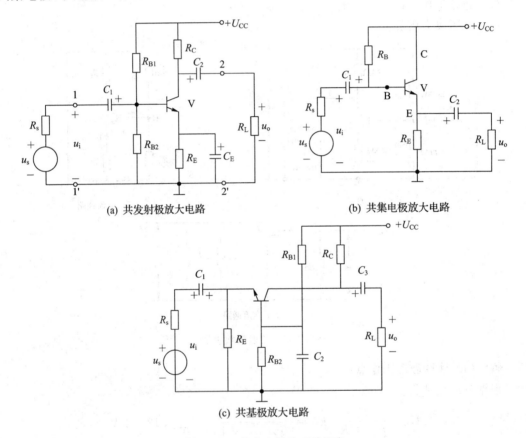

(a) 共发射极放大电路 (b) 共集电极放大电路

(c) 共基极放大电路

图 2-37　放大电路的三种组态

（1）共发射极放大电路如图 2-37(a)所示，其直流偏置方式分别采用固定偏置和分压偏置方式，交流输入信号经电容 C_1 从基极输入，交流输出信号从集电极经电容 C_2 隔直后传送给负载 R_{L}。发射极是交流信号的公共端，故称为共发射极放大器。图中的 C_1、C_2 为耦合电容，其作用为隔断直流，通过交流。图 2-37(a)中的 C_{E} 为射极旁路电容，其作用是减小交流信号在 R_{E} 上的损失。

（2）共集电极放大电路如图 2-37(b)所示，其直流偏置采用带有发射极电阻 R_{E} 的方式，交流信号从基极输入，发射极输出，故该电路又称为射极输出器，集电极是交流输入、输出的公共端，故称为共集电极放大电路。

（3）共基极放大电路如图 2-37(c)所示，其直流偏置采用分压偏置方式，交流信号从集电极输出，从发射极输入，基极作为交流输入、输出的公共端，因此该电路称为共基极放大电路。

共发射极、共基极和共集电极放大器是单管放大器中三种最基本的单元电路，所有其他的放大电路都可以看成是它们的变形或组合。

1. 共发射极放大电路

1）电路的组成

由 NPN 型三极管构成的共发射极放大电路如图 2-37(a)所示。待放大的输入信号源接到放大电路的输入端 1-1′，通过电容 C_1 与放大电路相耦合，放大后的输出信号通过电容 C_2 的耦合，输送到负载 R_L，C_1、C_2 起到耦合交流的作用，通常称为耦合电容。为了使交流信号顺利通过，要求它们在输入信号频率下的容抗很小，因此，它们的容量均取得较大。在低频放大电路中，常采用有极性的电解电容器，这样，对于交流信号，C_1、C_2 可视为短路。为了不使信号源及负载对放大电路直流工作点产生影响，则要求 C_1、C_2 的漏电流应很小，即 C_1、C_2 还具有隔断直流的作用，所以，C_1、C_2 也可称为隔直流电容器。

直流电源 U_{CC} 通过 R_{B1}、R_{B2}、R_C、R_E 使三极管获得合适的偏置，为三极管的放大作用提供必要的条件。R_{B1}、R_{B2} 称为基极偏置电阻，R_E 称为发射极电阻，R_C 称为集电极负载电阻。利用 R_C 的降压作用，将三极管集电极电流的变化转换成集电极电压的变化，从而实现信号的电压放大。与 R_E 并联的电容 C_E，称为发射极旁路电容，用以短路交流，使 R_E 对放大电路电压放大倍数不产生影响，故要求它对信号频率的容抗越小越好。因此，在低频放大电路中通常采用与耦合电容 C_1、C_2 一样的电解电容器。

2）直流分析

将图 2-37(a)电路中所有电容均断开即可得到该放大电路的直流通路，如图 2-38(a)所示。可将它改画成图 2-38(b)所示，由图可见，三极管的基极偏置电压是由直流电源 U_{CC} 经过 R_{B1}、R_{B2} 的分压而获得，所以图 2-37(a)电路又叫做"分压偏置式工作点稳定直流通路"。

当流过 R_{B1}、R_{B2} 的直流电流 I_1 远大于基极电流 I_{BQ} 时，可得到三极管基极直流电位 U_{BQ} 为

$$U_{BQ} \approx \frac{R_{B2}}{R_{B1}+R_{B2}}U_{CC} \tag{2-4-19}$$

由于 $U_{EQ}=U_{BQ}-U_{BEQ}$，所以三极管发射极直流电流为

$$I_{EQ}=\frac{U_{BQ}-U_{BEQ}}{R_E} \tag{2-4-20}$$

三极管集电极、基极的直流电流分别为

$$I_{CQ} \approx I_{EQ}, \ I_{BQ} \approx \frac{I_{EQ}}{\beta} \tag{2-4-21}$$

晶体管 C、E 之间的直流压降为

$$U_{CEQ}=U_{CC}-I_{CQ}R_C-I_{EQ}R_E \approx U_{CC}-I_{CQ}(R_C+R_E) \tag{2-4-22}$$

式（2-4-19）～式（2-4-22）为放大电路静态工作点电流、电压的近似计算公式。由

于三极管的 β、I_{CBO} 和 U_{BE} 等参数都与工作温度有关，当温度升高时，β 和 I_{CBO} 增大，而管压降 U_{BE} 下降。这些变化都将引起放大电路静态工作电流 I_{CQ} 的增大；反之，若温度下降，I_{CQ} 将减小。由此可见，放大电路的静态工作点会随工作温度的变化而漂移，这不但会影响放大倍数等性能，严重时还会造成输出波形的失真，甚至使放大电路无法正常工作。分压式偏置电路可以较好地解决这一问题。

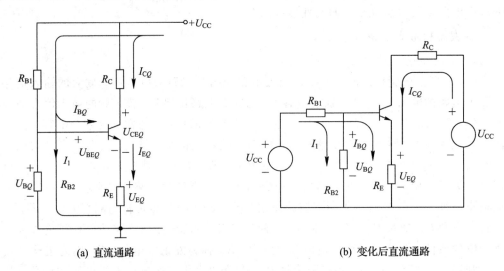

(a) 直流通路　　　　　　　　(b) 变化后直流通路

图 2 - 38　共发射极放大电路的直流通路

当图 2 - 37(a)所示电路同时满足 $I_1 \geqslant (5 \sim 10) I_{\mathrm{BQ}}$ 与 $U_{\mathrm{BQ}} \geqslant (5 \sim 10) U_{\mathrm{BEQ}}$ 这两条件，则由式(2 - 4 - 19)可知，U_{BQ} 由 R_{B1}、R_{B2} 的分压而固定，与温度无关。这样当温度上升时，由于 I_{CQ} 的增加，在 R_{E} 上产生的压降 $I_{\mathrm{EQ}} R_{\mathrm{E}}$ 也要增加，$I_{\mathrm{EQ}} R_{\mathrm{E}}$ 的增加部分回送到基极/发射极回路，因 $U_{\mathrm{BEQ}} = U_{\mathrm{BQ}} - I_{\mathrm{EQ}} R_{\mathrm{E}}$，由于 U_{BQ} 固定，U_{BEQ} 随之减小，迫使 I_{BQ} 减小，从而牵制了 I_{CQ} 的增加，使 I_{CQ} 基本维持恒定。这就是负反馈作用，它是利用直流电流 I_{CQ} 的变化而实现负反馈作用的，所以称为直流电流负反馈。

由以上分析不难理解分压式电流负反馈偏置电路中，当更换不同参数的三极管时，其静态工作点电流 I_{CQ} 也可基本维持恒定。

需要说明，不管电路参数是否满足 $I_1 \gg (5 \sim 10) I_{\mathrm{BQ}}$，分压式电流负反馈偏置电路静态工作点可利用戴维宁定理进行计算。将图 2 - 38 所示直流通路变换成图 2 - 39 所示，其中图中

$$U_{\mathrm{BB}} = \frac{R_{\mathrm{B2}}}{R_{\mathrm{B1}} + R_{\mathrm{B2}}} U_{\mathrm{CC}} \qquad (2 - 4 - 23)$$

$$R_{\mathrm{B}} = R_{\mathrm{B1}} // R_{\mathrm{B2}} \qquad (2 - 4 - 24)$$

列基极回路方程 $U_{\mathrm{BB}} = I_{\mathrm{BQ}} R_{\mathrm{B}} + U_{\mathrm{BEQ}} + I_{\mathrm{EQ}} R_{\mathrm{E}}$，解方程可得

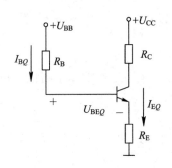

图 2 - 39　基极直流偏置等效电路

$$I_{\mathrm{EQ}} = \frac{U_{\mathrm{BB}} - U_{\mathrm{BEQ}}}{\dfrac{R_{\mathrm{B}}}{(1 + \beta)} + R_{\mathrm{E}}} \qquad (2 - 4 - 25)$$

当 $R_E \gg R_B/(1+\beta)$ 时，I_{EQ} 表达式与式(2-4-20)相同，这说明电路参数已满足 $I_1 \gg I_{BQ}$，否则利用式(2-4-25)计算电路的静态工作点。

3）主要性能指标分析

图 2-37(a)所示电路中，由于 C_1、C_2、C_E 的容量均较大，对交流信号可视为短路，直流电源 U_{CC} 的内阻很小，对交流信号视为短路，这样便可得到图 2-40(a)所示的交流通路。然后再将晶体管 V 用 H 参数小信号电路模型代入，便得到放大电路的小信号等效电路，如图 2-40(b)所示。由图可求得放大电路的下列性能指标关系式。

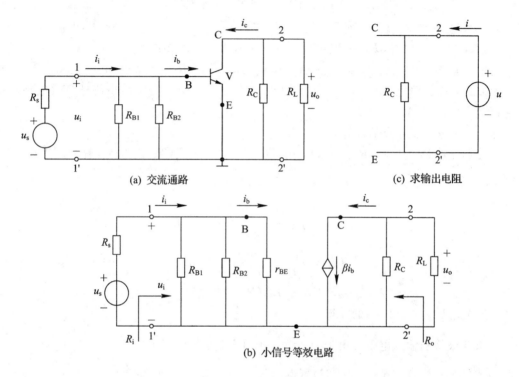

(a) 交流通路　　(c) 求输出电阻

(b) 小信号等效电路

图 2-40　共发射极放大电路的交流小信号等效电路

（1）电压放大倍数。

由图 2-40(b)可知

$$u_o = -\beta i_b(R_C /\!/ R_L) = -\beta i_b R'_L$$

所以，放大电路的电压放大倍数为

$$A_u = \frac{u_o}{u_i} = \frac{-\beta i_b R'_L}{i_b r_{BE}} = -\frac{\beta R'_L}{r_{BE}} \tag{2-4-26}$$

式中负号说明输出电压与输入电压反相。

（2）输入电阻。

由图 2-40(b)可知

$$i_i = \frac{u_i}{R_{B1}} + \frac{u_i}{R_{B2}} + \frac{u_i}{r_{BE}} = \left(\frac{1}{R_{B1}} + \frac{1}{R_{B2}} + \frac{1}{r_{BE}}\right)u_i$$

所以，放大电路的输入电阻等于

$$R_i = \frac{u_i}{i_i} = \frac{1}{\dfrac{1}{R_{B1}} + \dfrac{1}{R_{B2}} + \dfrac{1}{r_{BE}}} = R_{B1} \mathbin{/\mkern-5mu/} R_{B2} \mathbin{/\mkern-5mu/} r_{BE} \qquad (2-4-27)$$

（3）输出电阻。

由图 2-40(b) 可见，当 $u_s = 0$ 时，$i_b = 0$，则 βi_b 开路，所以，放大电路输出端断开 R_L、接入信号源电压 u，如图 2-40(c)所示，可得 $i = u/R_C$，因此放大电路输出电阻 R_o 等于

$$R_o = \frac{u}{i} = R_C \qquad (2-4-28)$$

例 2.4.2 在图 2-37(a)所示电路中，已知三极管 $\beta = 100$，$r_{BB'} = 200\ \Omega$，$U_{BEQ} = 0.7\ V$，$R_s = 1\ k\Omega$，$R_{B1} = 62\ k\Omega$，$R_{B2} = 20\ k\Omega$，$R_C = 3\ k\Omega$，$R_E = 1.5\ k\Omega$，$R_L = 5.6\ k\Omega$，$U_{CC} = 15\ V$，各电容的容量足够大。试求：（1）静态工作点；（2）A_u、R_i、R_o 和源电压放大倍数 A_{us}；（3）如果发射极旁路电容 C_E 开路，画出此时放大电路的交流通路和小信号等效电路，并求此时放大电路的 A_u、R_i、R_o。

解 （1）静态工作点的计算。

由于 $(1+\beta)R_E \gg R_{B1} \mathbin{/\mkern-5mu/} R_{B2}$，所以，用式(2-4-19)～式(2-4-22)计算静态工作点得

$$U_{BQ} = \frac{R_{B2}}{R_{B1} + R_{B2}} U_{CC} \approx 3.7\ V$$

$$I_{CQ} \approx I_{EQ} = \frac{U_{BQ} - U_{BEQ}}{R_E} \approx 2\ mA$$

$$I_{BQ} \approx \frac{I_{CQ}}{\beta} = \frac{2\ mA}{100} \approx 20\ \mu A$$

$$U_{CEQ} = U_{CC} - I_{CQ}(R_C + R_E) = 6\ V$$

（2）A_u、R_i、R_o 和 A_{us} 的计算。

先求三极管的输入电阻。由于 $r_{BE} = r_{BB'} + (1+\beta)\dfrac{U_T}{I_{EQ}} \approx 1.5\ k\Omega$

由式(2-4-26)～式(2-4-28)可得

$$A_u = -\frac{\beta(R_L \mathbin{/\mkern-5mu/} R_C)}{r_{BE}} \approx -130$$

$$R_i = R_{B1} \mathbin{/\mkern-5mu/} R_{B2} \mathbin{/\mkern-5mu/} r_{BE} \approx 1.36\ k\Omega$$

$$R_o = R_C = 3\ k\Omega$$

由于信号源内阻的存在，使得 u_s 不可能全部加到放大电路的输入端，使信号源电压的利用率下降。R_s 越大，放大电路的输入电阻越小时，u_s 的利用率就越低。为了考虑 R_s 对放大电路放大特性的影响，常引用源电压放大倍数 A_{us} 这一指标，它定义为输出电压 u_o 与信号源电压 u_s 之比，即

$$A_{us} = \frac{u_o}{u_s} \qquad (2-4-29)$$

该式可改写为

$$A_{us} = \frac{u_i}{u_s}\frac{u_o}{u_i} = \frac{u_i}{u_s}A_u$$

式中，u_i/u_s 为考虑 R_s 影响后放大电路输入端的分压比，由图 2-40(b)可知，$u_i/u_s =$

$R_i/(R_S+R_i)$。因此，式($2-4-29$)可改写为

$$A_{us}=\frac{R_i}{R_S+R_i}A_u \qquad\qquad (2-4-30)$$

将已知数据代入，可得 $A_{us}=-75$。

（3）断开 C_E 后，求 A_u、R_i、R_o。

C_E 开路后，晶体管发射极 E 将通过 R_E 接地，因此，可得放大电路的交流通路和小信号等效电路如图 $2-41$ 所示。

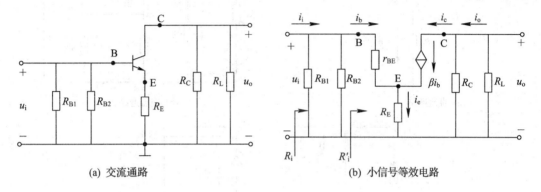

(a) 交流通路　　　　　　　　　　　　(b) 小信号等效电路

图 $2-41$　发射极旁路电容 C_E 开路的交流小信号等效电路

由图 $2-41$(b)可得

$$u_i=i_b r_{BE}+i_e R_E=i_b[r_{BE}+(1+\beta)R_E]$$
$$u_o=-\beta i_b(R_C \mathbin{/\mkern-5mu/} R_L)$$

由此可得电压放大倍数

$$A_u=\frac{u_o}{u_i}=-\beta\frac{R_C/\!/R_L}{r_{BE}+(1+\beta)R_E}=-1.3$$

显然，去掉 C_E 后 A_u 下降很多，这是由于 R_E 对交流信号产生了很强的负反馈所致。

由图 $2-41$(b)可得

$$R_i'=\frac{u_i}{i_b}=\frac{i_b r_{BE}+(1+\beta)i_b R_E}{i_b}=r_{BE}+(1+\beta)R_E$$

因此，放大电路的输入电阻为

$$R_i=R_{B1} \mathbin{/\mkern-5mu/} R_{B2} \mathbin{/\mkern-5mu/} R_i'\approx 13.8\text{ k}\Omega$$

由图 $2-41$(b)可见，$u_s=0$，即 $u_i=0$，$i_b=0$，则 $\beta i_b=0$ 视为开路，断开 R_L，接入 u，可得 $i=u/R_C$，故得放大电路的输出电阻为

$$R_o=R_C=3\text{ k}\Omega$$

由以上讨论可见，共发射极放大电路输出电压 u_o 与输入电压 u_i 反相，输入电阻和输出电阻大小适中。由于共发射极放大电路的电压、电流、功率增益都比较大，因而应用广泛，适用于一般放大或多级放大电路的中间级。

2. 共集电极放大电路

1) 电路组成和静态工作点

共集电极放大电路如图 $2-37$(b)所示，图 $2-42$(a)、$2-42$(b)分别是它的直流通路和

交流通路。由交流通路看，三极管的集电极是交流地电位，输入信号 u_i 和输出信号 u_o 以它为公共端，故称为共集电极放大电路，同时由于输出信号 u_o 取自发射极，因此又叫做射极输出器。

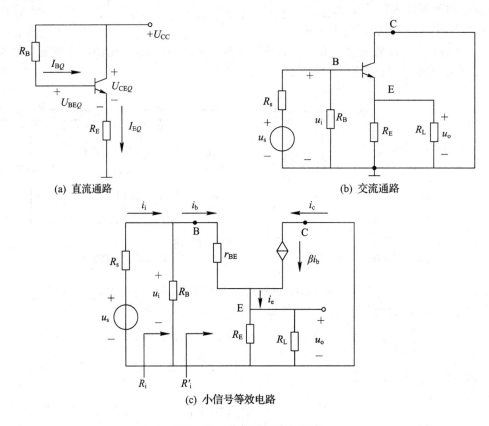

图 2 - 42　共集电极放大电路

直流电源 U_{CC} 经偏置电阻 R_B 为三极管发射结提供正偏，由图 2 - 42(a)可列出输入回路的直流方程为

$$U_{CC} = I_{BQ}R_B + U_{BEQ} + I_{EQ}R_E = I_{BQ}R_B + U_{BEQ} + (1+\beta)I_{BQ}R_E$$

由此可求得共集电极放大电路的静态工作点电流为

$$I_{BQ} = \frac{U_{CC} - U_{BEQ}}{R_B + (1+\beta)R_E} \tag{2-4-31}$$

$$I_{CQ} = \beta I_{BQ} \approx I_{EQ} \tag{2-4-32}$$

由图 2 - 42(a)所示集电极回路可得

$$U_{CEQ} = U_{CC} - I_{EQ}R_E \tag{2-4-33}$$

2）主要性能指标分析

根据图 2 - 42(b)所示交流通路可画出放大电路小信号等效电路，如图 2 - 42(c)所示，由图可求得其集电极放大电路的主要性能指标如下：

$$u_i = i_b r_{BE} + i_e(R_E \mathbin{/\mkern-5mu/} R_L) = i_b r_{BE} + (1+\beta)i_b R'_L$$

$$u_o = i_e(R_E \mathbin{/\mkern-5mu/} R_L) = (1+\beta)i_b R'_L$$

因此电压放大倍数为

$$A_u = \frac{u_o}{u_i} = \frac{(1+\beta)R'_L}{r_{BE} + (1+\beta)R'_L} \tag{2-4-34}$$

一般有 $r_{be} \ll (1+\beta)R'_L$，因此，$A_u \approx 1$，这说明共集电极放大电路的输出电压与输入电压不但大小近似相等（u_o 略小于 u_i），而且相位相同，即输出电压有跟随输入电压的特点，故共集电极放大电路又称"射极跟随器"。

由图 2-42(c)可得从晶体管基极看进去的输入电阻为

$$R'_i = \frac{u_i}{i_b} = \frac{i_b r_{BE} + (1+\beta)i_b R'_L}{i_b} = r_{BE} + (1+\beta)R'_L \tag{2-4-35}$$

因此共集放大电路的输入电阻为

$$R_i = \frac{u_i}{i_i} = R_B /\!/ R'_i = R_B /\!/ [r_{BE} + (1+\beta)R'_L] \tag{2-4-36}$$

计算放大电路输出电阻 R_o 的等效电路如图 2-43 所示。图中 u 为由输出端断开 R_L 接入的交流电源，由它产生的电流为

$$i = i_{R_E} - i_b - \beta i_b = \frac{u}{R_E} + (1+\beta)\frac{u}{r_{BE} + R'_S} \tag{2-4-37}$$

式中，$R'_s = R_s /\!/ R_B$。由此可得共集电极放大电路的输出电阻为

$$R_o = \frac{u}{i} = \frac{1}{\dfrac{1}{R_E} + \dfrac{1}{(r_{BE} + R'_S)/(1+\beta)}} = R_E /\!/ \frac{r_{BE} + R'_S}{1+\beta} \tag{2-4-38}$$

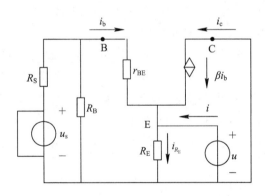

图 2-43　求共集电极放大电路输出电阻的等效电路

例 2.4.3　在图 2-37(b)所示的共集电极放大电路中，已知三极管 $\beta = 120$，$r_{bb'} = 200\ \Omega$，$U_{BEQ} = 0.7\ V$，$R_B = 300\ k\Omega$，$R_L = R_E = R_s = 1\ k\Omega$，$U_{CC} = 12\ V$。试求该放大电路的静态工作点及 A_u、R_i、R_o。

解　由式(2-4-31)～式(2-4-33)求得放大电路的静态工作点为

$$I_{BQ} = \frac{U_{CC} - U_{BEQ}}{R_B + (1+\beta)R_E} \approx 0.027\ mA$$

$$I_{EQ} \approx I_{CQ} = \beta I_{BQ} = 3.2\ mA$$

$$U_{CEQ} = U_{CC} - I_{EQ}R_E = 8.8\ V$$

因此可求得三极管的输入电阻为

$$r_{BE} = r_{BB'} + (1 + \beta)\frac{U_T}{I_{EQ}} \approx 1.18 \text{ k}\Omega$$

由式(2-4-34)可得电压放大倍数为

$$A_u = \frac{(1 + \beta)R'_L}{r_{BE} + (1 + \beta)R'_L} = 0.98$$

由式(2-4-36)可得放大电路的输入电阻为

$$R_i = R_B \mathbin{/\mkern-5mu/} [r_{BE} + (1 + \beta)R'_L] \approx 51.2 \text{ k}\Omega$$

由式(2-4-38)可得放大电路输出电阻为

$$R_o = R_E \mathbin{/\mkern-5mu/} \frac{r_{BE} + R'_s}{1 + \beta} \approx 18 \ \Omega$$

综合上述讨论可见，共集电极放大电路具有电压放大倍数小于1而接近1、输出电压与输入电压同相、输入电阻大、输出电阻小等特点。虽然共集电极电路本身没有电压放大作用，但由于其输入电阻很大，只从信号源汲取很小的功率，所以对信号源影响很小；又由于其输出电阻很小，当负载 R_L 改变时，输出电压变动很小，故有较好的负载能力，可作为恒压源输出。所以，共集电极放大电路多用于输入级、输出级或缓冲级。

3. 共基极放大电路

共基极放大电路如图2-37(c)所示。由图可见，交流信号通过晶体三极管基集极旁路电容 C_2 接地，因此输入信号 u_i 由发射极引入、输出信号 u_o 由集电极引出，它们都以基极为公共端，故称共基极放大电路。从直流通路看，它和图2-37(a)所示的共发射极放大电路一样，也采用分压式电流负反馈偏置电路。

共基极放大电路具有输出电压与输入电压同相、电压放大倍数高、输入电阻小、输出电阻大等特点。由于共基极电路有较好的高频特性，故广泛用于高频或宽带放大电路中。

例2.4.4 图2-37(c)所示共基极放大电路中元件参数如下，即三极管 $\beta = 100$，$r_{BB'} = 200 \ \Omega$，$U_{BEQ} = 0.7 \text{ V}$，$R_s = 1 \text{ k}\Omega$，$R_{B1} = 62 \text{ k}\Omega$，$R_{B2} = 20 \text{ k}\Omega$，$R_C = 3 \text{ k}\Omega$，$R_E = 1.5 \text{ k}\Omega$，$R_L = 5.6 \text{ k}\Omega$，$U_{CC} = 15 \text{ V}$，$C_1$、$C_2$、$C_3$ 对交流信号可视为短路。试求：

(1) 静态工作点；

(2) 主要性能指标 A_u、R_i、R_o 和 A_{us}。

解 (1) 求静态工作点。

将 C_1、C_2、C_3 断开，画出图2-37(c)所示电路的直流通路，如图2-44(a)所示，可见它与图2-38(a)所示共发射极电路直流通路相同。所以根据例2.4.2的计算结果可得

$$I_{CQ} = 2 \text{ mA}, \quad U_{CEQ} = 6 \text{ V}$$

(2) 求主要性能指标。

将 C_1、C_2、C_3 及 U_{CC} 短路，画出图2-37(c)电路的交流通路，如图2-44(b)所示。然后在E、B极之间接入 r_{BE}，在E、C极之间接入受控电流源 βi_b，如图2-44(c)所示，即得共基极放大电路的交流小信号等效电路。注意图中电流、电压的方向均为假定正方向，但受控源 βi_b 的方向必须与 i_b 的方向对应，不可任意假定。图中 $r_{BE} = 1.5 \text{ k}\Omega$，由图2-44(c)

可得共基极放大电路的电压放大倍数为

$$A_u = \frac{u_o}{u_i} = \frac{-i_c(R_C /\!/ R_L)}{-i_b r_{BE}} = \frac{\beta(R_C /\!/ R_L)}{r_{BE}} \quad\quad (2-4-39)$$

将已知数据代入上式可得 $A_u = 130$。放大倍数为正值，表明共基极放大电路为同相放大。由三极管发射极看进去的等效电阻 R_i'，即为三极管共基极电路的输入电阻，可用符号 r_{EB} 表示。由图 2-44(c)可得

$$R_i' = r_{EB} = \frac{u_i}{-i_e} = \frac{-i_b r_{BE}}{-i_e} = \frac{r_{BE}}{1+\beta} \quad\quad (2-4-40)$$

将已知数代入，则得 $R_i' = r_{EB} = 15\ \Omega$。因此，放大电路的输入电阻等于

$$R_i = \frac{u_i}{i_i} = R_E /\!/ r_{EB} \quad\quad (2-4-41)$$

将 R_E、r_{EB} 的值代入，可得

$$R_i = R_E /\!/ r_{EB} \approx 15\ \Omega$$

在图 2-44(c)中，令 $u_s = 0$，则 $i_b = 0$，受控电流源 $\beta i_b = 0$，可视为开路，因此，共基极放大电路的输出电阻等于

$$R_o = R_C = 3\ k\Omega \quad\quad (2-4-42)$$

共基极放大电路的源电压放大倍数等于

$$A_{us} = \frac{u_o}{u_s} = \frac{A_u R_i}{R_S + R_i} = 1.9$$

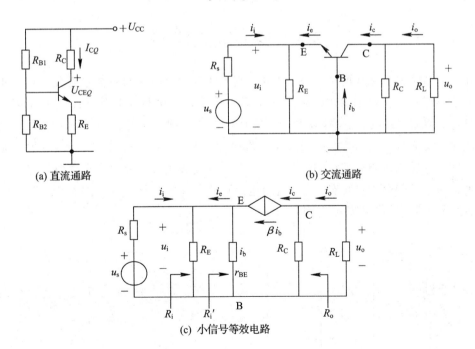

(a) 直流通路 (b) 交流通路

(c) 小信号等效电路

图 2-44 共基极电路的等效电路

计算结果表明，共基、共射电路元件参数相同时，它们的电压放大倍数 A_u 数值是相等的，但是，由于共基极电路的输入电阻很小，输入信号源电压不能有效地激励放大电路，

所以，在 R_s 相同时，共基极电路实际提供的源电压放大倍数将远小于共发射极电路的源电压放大倍数。

4. 三种基本组态的比较

根据前面的分析，共射、共集和共基三种基本组态的主要特点和应用，可以大致归纳如下：

（1）共射电路同时具有较大的电压放大倍数和电流放大倍数，输入电阻和输出电阻值比较适中。一般对输入电阻、输出电阻和频率响应没有特殊要求的地方，均常采用共射电路。因此，共射电路被广泛地用作低频电压放大电路的输入级、中间级和输出级。

（2）共集电路的特点是电压跟随，这就是电压放大倍数接近于 1 或小于 1，而且输入电阻很高、输出电阻很低，由于具有这些特点，常被用作多级放大电路的输入级、输出级或作为隔离用的中间级。

① 可以利用它作为量测放大器的输入级，以减小对被测电路的影响，提高量测的精度。

② 如果放大电路输出端是一个变化的负载，那么为了在负载变化时保证放大电路的输出电压比较稳定，要求放大电路具有很低的输出电阻，此时，可以采用射极输出器作为放大电路的输出级，以提高带负载的能力。

（3）共基电路的突出特点在于它具有很低的输入电阻，使晶体管结电容的影响不显著，因而频率响应得到很大改善，所以这种接法常常用于宽频带放大器中，特别用于接收机的高频头作为前置放大。另外，由于输出电阻高，共基电路还可以作为恒流源。

2.5　多级放大电路

用一个放大器件组成的单管放大电路，其电压放大倍数一般只能达到几十倍，其他技术指标也难以达到实用的要求。因此在实际工作中，常常把若干个单管放大电路连接起来，组成所谓的多级放大电路，如图 2-45 所示。通常把与信号源相连接的第一级放大电路称为输入级，与负载相接的末级放大电路称为输出级，输出级与输入级之间的放大电路称为中间级。输入级与中间级的位置处于多级放大电路的前几级，故又称为前置级。前置级一般都属于小信号工作状态，主要进行电压放大，输出级是大信号放大，以提供负载足够大的信号，常采用功率放大电路。

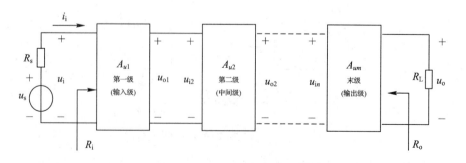

图 2-45　多级放大电路的组成框图

2.5.1　耦合方式

多级放大电路内部各级之间的连接方式称为耦合方式。常用的耦合方式有三种，即阻容耦合、变压器耦合和直接耦合。

1. 阻容耦合

图 2-46 画出了一个两级放大电路。由图可见，电路的第一级与第二级之间通过电阻和电容元件相连接，故称为阻容耦合放大电路。图中第一级与第二级均为典型共发射极放大电路，它们之间通过电容器 C_2 相连接，同时第一级与输入信号源之间通过 C_1 相连接，第二级与负载 R_L 之间通过 C_3 相连接。C_1、C_2、C_3 均称为耦合电容。

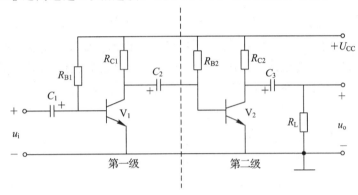

图 2-46　阻容耦合多级放大电路

阻容耦合方式具有以下特点：

(1) 只传输交流信号。因为耦合电容的"隔直通交"作用，各级直流电路互不相通。

(2) 每一级的静态工作点相互独立而互不影响，给电路的设计、调试和维修带来很大方便。

(3) 不便于集成。因耦合电容的容量较大，因此在分立电路中应用最为广泛。

但是，阻容耦合方式也有明显的缺点。首先，不适合传送缓慢变化的信号，当缓慢变化信号通过电容时，将被严重地衰减。由于电容有"隔直"作用，因此直流成分的变化不能通过电容。更重要的是，由于集成电路工艺很难制造大容量的电容，因此，阻容耦合方式在集成放大电路中无法采用。

2. 变压器耦合

因为变压器能够通过磁路的耦合将一次侧的交流信号传送到二次侧，所以也可以作为多级放大电路的耦合元件。

将变压器原边接前级放大器的输出回路，副边接后级放大器的输入回路，实现信号、能量前后级传输的方式叫变压器耦合，如图 2-47 所示。它适用于电路要求进行阻抗变换的场合。

由图 2-47 可见，变压器 T_1 将第一级的输出信号传给第二级，变压器 T_2 将第二级的输出信号传给负载。在第二级，三极管 V_2 和 V_3 组成推挽式放大电路，在交流正弦信号的正、负半周，V_2 和 V_3 轮流导电，而在负载上仍能得到基本为正弦波的输出信号。

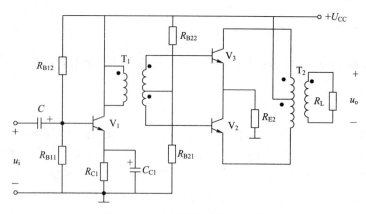

图 2-47　变压器耦合放大电路

变压器耦合方式的一个重要优点是具有阻抗变换作用。如果变压器一次和二次绕组的匝数分别为 N_1 和 N_2，其匝数之比 $n = N_1/N_2$，而在二次侧接有一个负载电阻 R_L。设变压器一次电压和电流为 U_1 和 I_1，二次电压和电流为 U_2 和 I_2，则

$$\frac{U_1}{U_2} = \frac{N_1}{N_2} = n \tag{2-5-1}$$

$$\frac{I_1}{I_2} = \frac{N_2}{N_1} = \frac{1}{n} \tag{2-5-2}$$

所以变压器一次侧的等效负载电阻为

$$R'_L = \frac{U_1}{I_1} = n^2 \frac{U_2}{I_2} = n^2 R_L \tag{2-5-3}$$

变压器耦合方式的特点是：

(1) 只传输交流信号。因为变压器只对交流信号有用，各级直流电路互不相通。

(2) 每一级的静态工作点相互独立而互不影响，且还能实现级间交流阻抗变换。

(3) 不便于集成。耦合元件笨重、成本高，故使用范围日渐缩小。

变压器耦合方式的主要缺点是变压器比较笨重，无法集成化。另外，缓慢变化和直流信号也不能通过变压器。目前，即使是功率放大电路也较少采用变压器耦合方式。

3. 直接耦合

为了克服前面两种耦合方式无法实现集成化，以及不能传送缓慢变化信号的缺点，可以考虑采用直接耦合方式，将前级的输出端直接或通过电阻接到后一级的输入端，以实现信号和能量的传输，这种连接方式称为直接耦合，如图 2-48 所示。

直接耦合方式具有以下特点：

(1) 直接耦合放大电路在信号传输中无能量损耗。

(2) 直接耦合放大电路能放大变化极为缓慢的直流信号，所以又叫直流放大器。

(3) 直接耦合放大电路频带宽，也叫宽频带放大器，它便于集成。

(4) 直接耦合放大电路前后级的静态工作点相互影响，为设计、调试和维修带来困难。

级与级间的直接耦合方式如图 2-48 所示。图中第一级为差分放大电路，第二级为共发射极放大电路。直接耦合方式可省去级间耦合元件，信号传输的损耗很小，它不仅能放大交流信号，而且还能放大变化十分缓慢的信号，集成电路中多采用直接耦合方式。

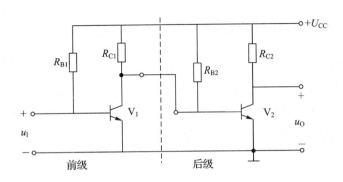

图 2-48　直接耦合放大电路

在直接耦合放大电路中，由于级间为直接耦合，所以前后级之间的直流电位相互影响，使得多级放大电路的各级静态工作点不能独立。当某一级的静态工作点发生变化时，其前后级也将受到影响。例如，当工作温度或电源电压等外界因素发生变化时，直接耦合放大电路中各级静态工作点将跟随变化，这种变化称为工作点漂移。值得注意的是，第一级的工作点漂移将会随信号传送至后级，并被逐级放大。这样一来，即使输入信号为零，输出电压也会偏离原来的初始值而上下波动，这个现象称为零点漂移。零点漂移将会造成有用信号的失真，严重时有用信号将被零点漂移所"淹没"，使人们无法辨认是漂移电压，还是有用信号电压。

在引起工作点漂移的外界因素中，工作温度变化引起的漂移最严重，称为温漂。这主要是由于晶体管的 β、I_{CBO}、U_{BE} 等参数都随温度的变化而变化，从而引起工作点的变化。衡量放大电路温漂的大小，不能只看输出端漂移电压的大小，还要看放大倍数多大。因此，一般都是将输出端的温漂折合到输入端来衡量。当输入信号为零，如果输出端的温漂电压为 ΔU_O，电压放大倍数为 A_u，则折合到输入端的零点漂移为

$$\Delta U_I = \frac{\Delta U_O}{A_u} \qquad (2-5-4)$$

ΔU_I 越小，零点漂移越小。采用差分放大电路可有效抑制零点漂移。

现将三种耦合方式进行比较列于表 2-2 中。

表 2-2　三种耦合方式的比较

	阻容耦合	变压器耦合	直接耦合
特点	各级静态工作点互不影响，结构简单	有阻抗变换作用，各级直流通路互相隔离	能放大缓慢变化的信号或直流成分的变化，适于集成化
存在问题	不能反映直流成分的变化，不适合放大缓慢变化的信号，不适于集成化	不能反映直流成分的变化，不适合放大缓慢变化的信号，笨重，不适于集成化	有零点偏移现象，各级静态工作点互相影响
使用场合	分立元件交流放大电路	低频功率放大，调谐放大	集成放大电路，直流放大电路

2.5.2 多级放大电路性能指标的估算

1. 电压放大倍数

在多级放大电路中，由于各级是互相串联起来的，前一级的输出就是后一级的输入，每级电压放大倍数分别为 $A_{u1}=u_{o1}/u_{i1}$、$A_{u2}=u_{o2}/u_{i2}$、$\cdots$、$A_{un}=u_o/u_{in}$。由于信号是逐级传送的，前级的输出电压便是后级的输入电压，所以整个放大电路的电压放大倍数为

$$A_u = \frac{u_o}{u_i} = \frac{u_{o1}}{u_i}\frac{u_{o2}}{u_{i2}}\cdots\frac{u_o}{u_{in}} = A_{u1}A_{u2}\cdots A_{un} \qquad (2-5-5)$$

式(2-5-5)表明，多级放大电路的电压放大倍数等于各级电压放大倍数的乘积，若用分贝表示，多级放大电路的电压总增益等于各级电压增益的和，即

$$A_u(\text{dB}) = A_{u1}(\text{dB}) + A_{u2}(\text{dB}) + \cdots + A_{un}(\text{dB}) \qquad (2-5-6)$$

应当指出，在计算各级电压放大倍数时，要注意级与级之间的相互影响，即计算每级的放大倍数时，下一级输入电阻应作为上一级的负载来考虑。

2. 输入电阻和输出电阻

一般说来，多级放大电路的输入电阻就是输入级的输入电阻；而多级放大电路的输出电阻就是输出级的输出电阻。

由图 2-49 可见，多级放大电路的输入电阻就是由第一级求得的考虑到后级放大电路影响后的输入电阻，即 $r_i = r_{i1}$。

多级放大电路的输出电阻即由末级求得的输出电阻，即 $r_o = r_{on}$。

例 2.5.1 如图 2-49 所示，两级共发射极电容耦合放大电路中，已知晶体管 V_1 的 $\beta_1=60$，$r_{BE1}=2\ \text{k}\Omega$，$V_2$ 的 $\beta_2=100$，$r_{BE2}=2.2\ \text{k}\Omega$，其他参数如图所示，各电容的容量足够大。试求放大电路的 A_u、R_i、R_o。

解 在小信号工作情况下，两级共发射极放大电路的小信号等效电路如图 2-49(a)、(b)所示，其中图 2-49(a)中的负载电阻 R_{i2} 即为后级放大电路的输入电阻，即

$$R_{i2} = R_6 /\!/ R_7 /\!/ r_{BE2} \approx 1.7\ \text{k}\Omega$$

因此第一级的总负载为

$$R'_{L1} = R_3 /\!/ R_{i2} \approx 1.3\ \text{k}\Omega$$

所以，第一级电压增益为

$$A_{u1} = \frac{u_{o1}}{u_i} = \frac{-\beta R'_{L1}}{r_{BE1} + (1+\beta_1)R_4} \approx -9.6$$

$$A_{u1}(\text{dB}) = 20\lg(9.6)\text{dB} = 19.6\ \text{dB}$$

第二级电压增益为

$$A_{u2} = \frac{u_o}{u_{i2}} = -\beta_2\frac{R'_L}{r_{BE2}} \approx -111$$

$$A_{u2}(\text{dB}) = 20\lg 111 \approx 41\text{dB}$$

两级放大电路的总电压增益为

$$A_u = A_{u1}A_{u2} = 1066$$
$$A_u(\text{dB}) = A_{u1}(\text{dB}) + A_{u2}(\text{dB}) = 60.6 \text{ dB}$$

式中没有负号，说明两级共发射极放大电路的输出电压与输入电压同相。两级放大电路的输入电阻等于第一级的输入电阻，即

$$R_i = R_{i1} = R_1 \,/\!/\, R_2 \,/\!/\, [r_{BE1} + (1+\beta_1)R_4] \approx 5.7 \text{ k}\Omega$$

输出电阻等于第二级的输出电阻，即

$$R_o = R_8 = 4.7 \text{ k}\Omega$$

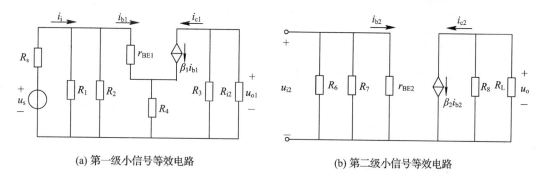

(a) 第一级小信号等效电路　　　　　　(b) 第二级小信号等效电路

图 2-49　两级电容耦合放大电路的等效电路

2.6　场效应管及其放大电路

晶体三极管的放大作用是利用基极电流的微小变化去控制集电极电流的较大变化来实现的，属于电流控制型器件，它的缺点是输入电阻较小。20 世纪 60 年代初，人们研制出了用电场效应控制导电沟道的形成和宽窄，从而达到控制电流以实现放大作用的半导体器件——场效应管，它属于电压控制型器件。其突出优点是输入电阻非常大（可达 $10^8 \Omega$ 以上），制造简单、易于集成，故其应用越来越广泛。

场效应管也由 PN 结组成，按结构可分为结型和绝缘栅型两种。如果细分，还可有如下分类：

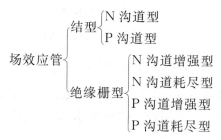

2.6.1　结构与符号

1. 结型场效应管的结构与符号

图 2-50(a) 为 N 沟道结型场效应管的结构示意图。它是在同一块 N 型硅片的两侧分

别制作掺杂浓度较高的 P 型区(用 P′表示),形成两个对称的 PN 结,将两个 P 区的引线连在一起作为一个电极,称为栅极 G;在 N 型硅片两端各引出一个电极,分别称为源极 S 和漏极 D。N 区成为导电沟道,故称为 N 沟道结型场效应管。如果导电沟道为 P 型半导体,称为 P 沟道结型场效应管,N 沟道和 P 沟道结型场效应管的电路符号分别如图 2-50(b)和(c)所示。图中箭头方向表示栅源间 PN 结正向偏置时栅极电流的实际流动方向。

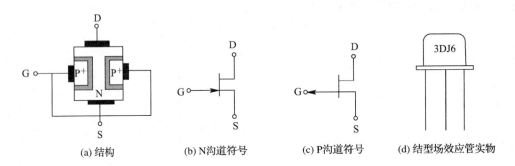

(a) 结构　　　　(b) N沟道符号　　　　(c) P沟道符号　　　　(d) 结型场效应管实物

图 2-50　结型场效应管的结构、符号与实物图

2. 绝缘栅型场效应管的结构与符号

图 2-51(a)为 N 沟道增强型绝缘栅场效应管的结构示意图。它是在一块 P 型硅片衬底上,扩散两个高浓度掺杂的 N^+ 区,然后在 P 型硅片表面制作一层很薄的二氧化硅(SiO_2)绝缘层,并在二氧化硅的表面和两个 N 型区表面分别引出三个电极,称为栅极 G、源极 S 和漏极 D。电路符号如图 2-51(b)和(c)所示。

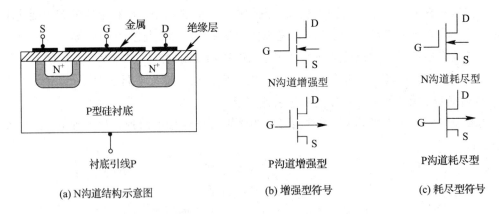

(a) N沟道结构示意图　　　　(b) 增强型符号　　　　(c) 耗尽型符号

图 2-51　绝缘栅型场效应管的结构及符号

可以看出,不论结型场效应管还是绝缘栅型场效应管,它们都有三个电极:栅极 G、源极 S 和漏极 D。分别相当于晶体三极管的基极 B、发射极 E 和集电极 C。

3. 场效应管的放大原理

场效应管的放大原理是利用栅源电压 u_{GS} 的大小来控制导电沟道的通断或漏源电流 i_D 的大小。

2.6.2　主要参数

1. 跨导 g_m

U_{DS} 为定值时，漏极电流变化量 ΔI_D 与引起这个变化的栅源电压变化量 ΔU_{GS} 之比，定义为跨导，即

$$g_m = \frac{\Delta I_D}{\Delta U_{GS}}\bigg|_{U_{DS}=常数}$$

该参数是表示栅源电压 U_{GS} 对漏极电流 I_D 控制能力的重要参数，相当于晶体三极管的电流放大倍数 β。

2. 夹断电压 U_P

夹断电压是指在漏源电压 U_{DS} 为定值时，使结型耗尽型和绝缘栅场 P 沟道效应管的 I_D 小到近于零的 U_{GS} 值，即 $U_{GS} \leqslant U_P$ 时，截止；$U_{GS} \geqslant U_P$ 时，导通。

3. 开启电压 U_T

开启电压是指在漏源电压 U_{DS} 为定值时，增强型绝缘栅场效应管开始导通（I_D 达某一值）的 U_{GS} 值，即

$U_{GS} \leqslant U_T$ 时，截止；$U_{GS} \geqslant U_T$ 时，导通。

4. 最大漏极耗散功率 P_{DM}

最大漏极耗散功率指管子正常工作时允许耗散的最大功率。漏极电压与漏极电流的乘积不应超过此值，即

$$P_D < P_{DM}$$

2.6.3　各种场效应管的比较

各类场效应管的符号、特性见表 2-3。

表 2-3　各种场效应管的符号及特性

结构种类	工作	符号	电压极性		转移特性 $I_D = f(U_{GS})$	输出特性 $I_D = f(U_{DS})$
			U_P 或 U_T	U_{DS}		
绝缘栅（MOSFET）N 型沟道	耗尽型		−	+		
	增强型		+	+		

结构种类	工作	符号	电压极性 U_P 或 U_T	U_{DS}	转移特性 $I_D = f(U_{GS})$	输出特性 $I_D = f(U_{DS})$
绝缘栅 (MOSFET) P 型沟道	耗尽型		+	-		
	增强型		-	-		
结型 (JFET) N 型沟道	耗尽型		+	-		
结型 (JFET) P 型沟道	耗尽型		-	+		

2.6.4 场效应管使用注意事项

场效应管在使用中应注意以下事项:

(1)场效应管的漏极和源极在结构上是对称的,可以互换使用。而晶体三极管的集电极和发射极绝对不能互换使用。从这一点上说,场效应管使用时更简单灵活。

(2)结型场效应管的栅压不能接反,但可在开路状态下保存。而绝缘栅场效应管的栅极和衬底之间相当于一个以二氧化硅为绝缘介质的小电容(从结构图上可以看出),一旦有带电体靠近栅极时,感应电荷会将管子击穿损坏。因此保存时应将三个电极短接;焊接时,电烙铁必须有外接地线,以防止烙铁漏电而损坏管子。可在焊接时将电烙铁的插头拔下,利用电烙铁的余热焊接则更为安全。

(3)结型场效应管可用万用表检测管子的好坏。绝缘栅场效应管不能随意用万用表进行检测,要用测试电路或测试仪器检测,并且要在管子接入电路后才可去掉各电极间的短接线,取下时应先将各电极的短接线接好才能取下。

(4)如用四根引线的场效应管,其衬底引线应接地。

2.6.5 场效应管放大电路

与晶体三极管放大电路的组态对应,场效应管放大电路也有三种组态,即共源、共栅和共漏三种组态的放大电路。图 2-52 所示的为共源场效应管放大电路。

现对该放大器电路做以下几点说明:

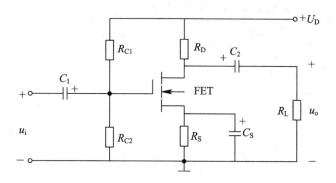

图 2-52 共源场效应管放大电路

（1）从图 2-52 可以看出，将晶体三极管分压式偏置共射放大电路中的三极管移去，改用场效应管将三个电极对应接上去就得到场效应管放大电路，即场效应管放大电路与晶体三极管放大电路是相似的。

（2）场效应管偏置电路有以下两个特点：

① 只要偏压，不要偏流，这与晶体三极管不同。

② 不同类型的场效应管对偏置电源极性有不同的要求，表 2-3 中已列出了各种类型场效应管的偏置电压 U_{GS} 和 U_{DS} 的极性。

（3）图 2-52 所示放大电路的电压放大倍数为 $A_u = g_m \cdot R'_L$，其中 $R'_L = \dfrac{R_L R_D}{R_L + R_D}$。

2.7 三极管的使用知识及技能训练项目

实验项目 3 三极管的识别与检测

一、实验目的

（1）熟悉三极管的外形及引脚识别方法。

（2）练习查阅半导体元器件手册，熟悉三极管的类别、型号及主要性能参数。

（3）掌握用万用表判别三极管好坏、引脚的办法。

二、实验器材

（1）3DG6 三极管	1 只；	（2）3DD03 三极管	1 只；
（3）3AX31 三极管	1 只；	（4）9013 三极管	1 只；
（5）9015 三极管	1 只；	（6）2SC3089 三极管	1 只；
（7）2SD1426 三极管	1 只；	（8）万用表	1 块。

三、实验相关知识与原理

1. 国产半导体器件型号的命名方式

国产半导体器件型号的命名方式如实验表 2-1 中所示。

实验表 2-1 国产半导体器件的命名方式

第一部分		第二部分		第三部分		第四部分	第五部分
用阿拉伯数字表示器件的电极数		用汉语拼音字母表示器件的材料与极性		用汉语拼音字母表示器件的类型		用数字表示器件序号	用汉语拼音字母表示规格号
符号	意义	符号	意义	符号	意义		
2	二极管	A	N 型，锗材料	P	普通管		
				V	微波管		
		B	P 型，锗材料	W	稳压管		
				C	参量管		
		C	N 型，硅材料	Z	整流管		
				L	整流堆		
		D	P 型，硅材料	S	隧道管		
				N	阻尼管		
				U	光电器件		
				K	开关管		
3	三极管	A	PNP 型锗材料	X	低频小功率管(f_a<3 MHz，P_c<1 W)		
		B	NPN 型锗材料	G	高频小功率管(f_a≥3 MHz，P_c<1 W)		
		C	PNP 型硅材料	D	低频大功率管(f_a<3 MHz，P_c≥1 W)		
		D	NPN 型硅材料	A	高频大功率管(f_a≥3 MHz，P_c≥1 W)		
		E	化合物材料	U	光电器件		
				K	开关管		
				I	可控整流器		
				Y	体效应器件		
				B	雪崩管		
				J	阶跃恢复管		
				CS	场效应器件		
				BT	半导体特殊器件		
				FH	复合管		
				PIN	PIN 型管		
				JG	激光器件		

2. 三极管的外形与引脚排列

分立器件中双极型三极管比场效应管应用广泛。三极管的封装有金属封装、塑料封装等。常见的三极管封装外形及管脚排列如实验图 2-1 所示。需指出，实验图 2-1 中的管脚排列方式只是一般规律，对于外壳上有管脚指示标志的，应按标志识别；对管壳上无管脚标志的，应以测量为准。

3. 实验原理

利用万用表可判断三极管的管脚、管型及性能的好坏，利用晶体管特性测试仪或测试电路则可测量三极管的伏安特性。

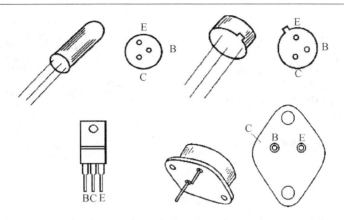

实验图 2-1　常见三极管的外形及引脚排列

若检测用的是指针万用表，由于这种表的黑表笔接内部电池的正极，红表笔接内部电池的负极。因此，在检测三极管时，指针万用表的黑表笔与数字表的红表笔相对应，红表笔与数字表的黑表笔相对应，检测方法相同。

（1）基极的判别。

将指针万用表置于 $R \times 1k$ 挡，用两表笔去搭接三极管的任意两管脚，如果阻值很大（几百千欧以上），将表笔对调再测一次，如果阻值也很大，则说明所测的这两个管脚为集电极 C 和发射极 E（因为 C、E 之间是两个背靠背相接的 PN 结，故无论 C、E 间的电压是正还是负，总有一个 PN 结截止，使 C、E 间的阻值很大）。这样就可知剩下的那只管脚为基极 B。

（2）类型的判别。

确定三极管基极后，用指针万用表黑表笔（即表内电池正极）接基极，红表笔（即表内电池负极）接另外两管脚中的任意一个，如果测得的电阻值很大（几百千欧以上），则该管是 PNP 型管；如果测得的电阻值较小（几千欧以下），则该管是 NPN 型管。硅管、锗管的判别方法同二极管，即硅管 PN 结正向电阻约为几千欧，锗管 PN 结正向电阻约为几百欧。

（3）集电极的判别和 β 值的确定。

下面判断三极管的集电极和发射极，判断电路如实验图 3-2 所示。在上面判断的基础上，将三极管的两个未知引脚和指针万用表的红、黑表笔分别用手捏紧，伸出一根手指抵在基极上，读取此时的电阻值并记录；将红黑表笔对调与未知引脚相接，按同样的方法测得另一组电阻值，这两组电阻值必有一大一小。对 NPN 型管，阻值较小的那一次测量中，黑表笔所接的为集电极，红表笔所接为发射极；对 PNP 型管，阻值较小的那一次测量中，黑表笔所接的为发射极，红表笔所接为集电极。

若测量仪表为数字万用表时，先将万用表功能开关旋到二极管测量挡，再将红表笔接三极管的一个电极后不动，黑表笔分别接其他两个电极，若万用表两次均有数字显示（数字为 600 左右或 300 左右），则红表笔所接为基极，该管为 NPN 管；若两次均没有数字显示，调换表笔（黑表笔接在原来红表笔所接的电极上），黑表笔不动，用红表笔分别接其他两个电极，若万用表两次均有数字显示，则黑表笔所接为基极，该管为 PNP 管；若在测量过程中，一次有数字显示，另一次没有，则说明有数字显示时，黑表笔接的电极为 N 区，红表笔接的三极管为 P 区，按照同样的办法可以判断出另一电极所接为哪一区，进而可以判断出该三极管是 PNP 型还是 NPN 型，同时还可以判断出基极。

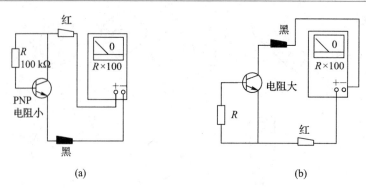

(a)   (b)

实验图 2-2

在已判知基极和管子类型后，在基极以外的两个电极中任设一个为集电极，然后将三极管正确插入万用表的三极管测量插座中，将万用表置于测量 β 挡，并进行校正。若万用表的 β 值读数较大，则说明假设正确，万用表的 β 值读数就是三极管的共发射极电流放大系数。若 β 值读数很小，则改将另一电极设为集电极，重新测量 β 值。

（4）三极管性能检测。

在做电子学实验前，一定要检查三极管的性能。对 NPN 管，如果用的是数字万用表，将功能开关旋到二极管测试挡，红表笔接基极，黑表笔分别接集电极、发射极，测量集电结、发射结的导通电压。若三极管性能正常，那么结电压大约是 0.6 V 或 0.3 V，如果电压是无穷大或零，则说明三极管已经损坏。对 PNP 管，则用黑表笔接触基极，红表笔分别接集电极、发射极进行测量。

四、实验步骤

（1）用万用表判别各三极管的类型及引脚极性，根据管脚排列顺序绘出草图。

（2）用万用表判别各三极管的质量好坏。

（3）估测各三极管的放大倍数，判断出哪个三极管的放大倍数最大，哪个三极管的放大倍数最小。

（4）估测各三极管的穿透电流，判断出哪个三极管的穿透电流最大，哪个三极管的穿透电流最小。

五、实验报告

通过本次实验使学生熟悉各类三极管的用途和选用原则，掌握各类三极管的类型和管脚极性的判别，掌握三极管质量检测和参数估测的方法。

实验项目 4　分压式偏置共发射极放大电路

一、实验目的

（1）掌握元器件的基本判别方法。

（2）掌握电路的正确连接方法。

（3）掌握放大电路静态工作点 Q 的测试与调整方法，深入体会静态工作点对放大电路工作的影响。

（4）掌握放大电路的性能指标 A_u、R_i、R_o 的测试方法。

二、实验设备与器材

（1）直流稳压电源	1 台；	（2）低频信号发生器	1 台；
（3）双踪示波器	1 台；	（4）交流毫伏表	1 只；
（5）万用表	1 只；	（6）实训电路板	1 块；
（7）元器件	若干。		

三、实验电路

分压式偏置共发射极放大电路如实验图 2-3 所示。

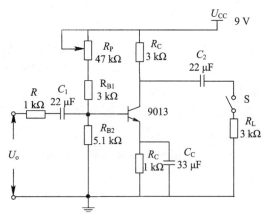

实验图 2-3　分压式偏置共发射极放大电路

四、实验原理

为了保证放大电路能够正常工作，不失真地将交流信号放大，必须选择合适的静态工作点 Q，静态工作点选择过高会出现饱和失真，选择过低会出现截止失真。

由分压式偏置共发射极放大电路的原理可知：

1. 静态工作点

$$U_{BQ} = \frac{R_{B2}}{R_P + R_{B1} + R_{B2}} U_{CC}$$

$$I_{CQ} \approx I_E = \frac{U_{EQ}}{R_E} = \frac{U_{BQ} - U_{BE}}{R_E}$$

$$U_{CEQ} = U_{CQ} - U_{EQ} \approx U_{CC} - I_{CQ}(R_C + R_E)$$

2. 性能指标

（1）电压放大倍数：衡量放大电路的放大能力，其表达式为

$$A_u = \frac{U_o}{U_i}$$

（2）输入电阻：反映放大电路对信号源的影响，其表达式为

$$R_i = \frac{U_i}{I_i} = \frac{U_i}{U_s - U_i} R_s$$

（3）输出电阻：反映放大电路带负载能力的强弱，其表达式为

$$R_o = \left(\frac{U_{o\infty}}{U_{oL}} - 1\right) R_L$$

五、实验内容及步骤

1. 元器件的判别与测量

用万用表检测各元器件和导线是否有损坏，分别测出各电阻的阻值，区分出电位器的固定端及滑动端、三极管的三个电极，为连接电路做好准备。

2. 安装连接电路

按实验图 3.1 所示电路在实训电路板上装接分压式偏置共发射极放大电路。要求布局合理，平整美观，连线正确，接触可靠。（注意：检查三极管的三个电极、电位器的滑动端和固定端、电解电容的正负极是否连接正确）。

3. 静态工作点的测试与调整

（1）将万用表调至直流电流挡的适当挡位串接入三极管的 C 极和电阻 R_C 之间。短接输入端口并给电路通电，调节 R_P 使 $I_{CQ} = 1.2$ mA，然后用万用表直流电压挡测 U_{BQ}、U_{CQ}、U_{EQ} 等相关各点的电位，获得此条件下的 Q 值。

（2）用低频信号发生器调出幅度为 50 mV，频率为 1 kHz 的正弦波信号接入电路。用示波器检测放大电路的输出信号。此时示波器将显示出一个被放大的正常的正弦波信号。

（3）调节 R_P，取其最大值和最小值时用示波器观察输出电压的失真波形。此时再用电位法测试放大电路静态工作点。

将以上的所测数据和波形记录于实验表 2-2 中，然后对其进行分析，形象地了解静态工作点对放大电路工作的影响。

实验表 2-2

	U_{BQ}/V	U_{CQ}/V	U_{EQ}/V	输出波形
调节 R_P 至 $I_{CQ} = 1.2$ mA				
调节 R_P 至最大值				
调节 R_P 至最小值				

4. 动态测试

（1）测放大电路的最大不失真输出范围及最佳工作点。

调节 R_P，并适当增大输入信号的幅度，用示波器观察输出波形，使其上下波形都出现等量临界失真时，用毫伏表测试输入电压 U_i 和输出电压 U_o。此时 U_i 为最大允许输入电压，U_o 为最大不失真输出电压。断开输入信号用万用表测试静态工作点 U_{BQ}、U_{CQ}、U_{EQ}，将数据填入实验表 2-3 中。此时的工作点为放大电路的最佳工作点。

实验表 2-3

测试项目	U_{BQ}/V	U_{CQ}/V	U_{EQ}/V
测试值			

（2）测放大电路的电压放大倍数。

放大电路的电压放大倍数为输出电压与输入电压有效值之比，即

$$A_u = \frac{U_o}{U_i}$$

当电路处于最大不失真输出范围时，用毫伏表测出输入输出电压有效值，计算出电压

放大倍数 A_u。

(3) 测放大电路的输入电阻 R_i 与输出电阻 R_o。

① 输入电阻的测量。接入正弦信号使输出不失真，用毫伏表分别测 R_s 两端的电压 U_s、U_i，计算出该电路的输入电阻 R_i。

② 输出电阻的测量。在输入信号不变的条件下，并要求输出不失真，用毫伏表分别测出 S 断开时(负载为∞)的输出电压 $U_{o\infty}$ 和 S 闭合时(负载为 R_L)的输出电压 U_{oL}，计算出输出电阻 R_o。

将计算所得的数据记录于实验表 2 - 4 中。

实验表 2 - 4

电压放大倍数 A_u	输入电阻 R_i	输出电阻 R_o

实验项目 5　多级放大电路

一、实验目的

(1) 掌握阻容耦合两级放大电路静态工作点的调试方法。

(2) 掌握两级放大电路性能指标的测试方法。

(3) 学会用逐点测试法测试放大电路的幅频特性曲线。

二、实验设备与器材

(1) 直流稳压电源	1 台；	(2) 低频信号发生器	1 台；
(3) 双踪示波器	1 台；	(4) 交流毫伏表	1 只；
(5) 万用表	1 只；	(6) 实训电路板	1 块；
(7) 元器件	若干。		

三、实验电路

阻容耦合多级放大电路如实验图 2 - 4 所示。

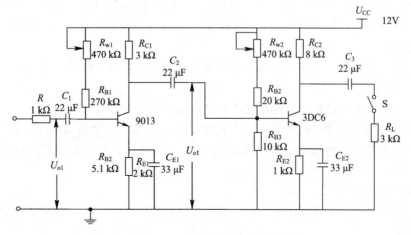

实验图 2 - 4　阻容耦合多级放大电路

四、实验原理

（1）在阻容耦合多级放大电路中，各级静态工作点相互独立，因此可以分别单独调试，互不影响。

（2）在多级放大电路中，前级的输出电压就是后级的输入电压，后级的输入电阻可看成前级的负载。

（3）多级放大是逐级连续放大的，因此多级放大电路的电压放大倍数是各级电压放大倍数的乘积。即 $A_u = A_{u1}A_{u2}\cdots A_{un}$。

（4）多级放大电路的输入电阻就是第一级的输入电阻即 $R_i = R_{i1}$；输出电阻就是最后一级的输出电阻即 $R_o = R_{on}$。

（5）由于耦合电容不能传送缓慢变化的信号和直流信号，因此该电路只能放大频率不太低的交流信号，故有时称为交流放大电路。

五、实验内容及步骤

1. 静态工作点的调试

（1）按实验图 2-4 所示电路在实训电路板上搭接线路。开启直流稳压电源，将直流稳压电源输出电压调至 6 V 接入电路。

（2）调节 R_{w1} 使 $I_{CQ1} = 1$ mA（测量 R_{C1} 的压降计算取值）确定第一级静态工作点。

（3）调节 R_{w2} 使 $I_{CQ2} = 2$ mA（测量 R_{C2} 的压降计算取值）确定第二级静态工作点。

（4）用万用表测量两级放大电路各极电位，记录于实验表 2-5 中。

实验表 2-5

静态工作点(V、mA)		U_{C1}	U_{B1}	U_{E1}	I_{CQ1}	U_{C2}	U_{B2}	U_{E2}	I_{CQ2}
测量值	修正前								
	修正后								

2. 两级放大电路性能指标的测试

（1）放大电路的动态调整。

用低频信号发生器调出幅度为 2 mV、频率为 1 kHz 的正弦波信号接入电路。用示波器观察放大电路的输出波形有无失真，如有失真，应重新调节静态工作点。调节前首先观察前级输出是否失真，如有失真，应先调节 R_{w1}，在 U_{o1} 不失真状态下再调节 R_{w2}，使总输出波形不失真。

静态工作点重新调节后应去掉输入信号重测工作点的数值，将重测修正后的数据记录于实验表 2-5 中。

（2）各级电压放大倍数和电路总电压放大倍数。

维持所测静态工作点，输入 $f = 1$ kHz、幅度为 2 mV 的正弦信号，将开关 S 闭合。用毫伏表分别测量出输入电压 U_{i1}、前级输出电压 U_{o1}（后级输入电压 U_{i2}）和总输出电压 U_{o2}，计算出 A_{u1}、A_{u2} 和 A_u 的值。

（3）输入电阻 R_i。

维持上述工作状态，用毫伏表分别测 R_s 两端的电压 U_s、U_{i1}，计算出该电路的输入电阻 R_i，$R_i = \dfrac{U_i}{I_i} = \dfrac{U_i}{U_s - U_i}R_s$。

（4）输出电阻 R_o。

在上述工状态不变的条件下，并保证输出不失真，断开 S（负载为∞）。用毫伏表测出此时的总输出电压 $U_{o\infty}$，计算出输出电阻 R_o，$R_o = \left(\dfrac{U_{o\infty}}{U_{o2}} - 1\right) R_L$。

将以上的所有数据记录于实验表 2－6 中。

实验表 2－6

输入信号 U_s	测量值				计算值				
	U_{i1}	U_{o1}	U_{o2}	$U_{o\infty}$	A_{u1}	A_{u2}	A_u	R_i	R_o
2 mV									

3. **两级放大电路幅频特性的测试**

（1）保持输入信号的幅度，逐步改变输入信号的频率，用毫伏表测量各频率所对应的总输出电压 U_{o2}，将所得数据记录于实验表 2－7 中。

实验表 2－7

f/kHz	0.01	0.02	0.05	0.07	0.1	0.2	0.3	0.5	0.7	1
U_{o2}/V										
f/kHz	10	20	30	50	100	200	300	500	700	1000
U_{o2}/V										

（2）绘制两级放大电路的幅频特性曲线。

根据上面表中测试记录的数据，在坐标图中标注出其对应的坐标点，绘制出两级放大电路的幅频特性曲线。

（1）三极管有三个区、两个 PN 结、三个电极。三极管具有电流放大作用，是电流控制型元件，即用基极电流的大小控制集电极电流的大小，$i_C = \beta i_B$，$i_E = i_C + i_B$。场效应管也有两个 PN 结、三个电极，是电压控制型元件，即用栅源电压的大小控制漏源电流的大小。

（2）三极管的输入特性类似二极管，分为死区和正向导通区；输出特性曲线族有击穿区、放大区和饱和区；三极管的主要参数有 β、I_{CEO}、U_{CEO}、I_{CM}、P_{CM}。用三极管组成放大电路时必须满足发射结正偏，集电结反偏。

（3）放大电路可画成直流通路和交流通路。计算静态工作点用直流通路，计算放大倍数用交流通路。

（4）分压式偏置电路是基本放大电路的改进，它可稳定工作点，应用广泛。

（5）三极管电路分析中可采用交直流通路、静态工作点估算、图解法、微变等效电路法等方法来分析电路各种参数。其中：大信号工作时常采用图解法，而微变等效电路法只适合小信号工作的情况，且只能用来分析放大电路的动态性能指标。

（6）可以通过三极管的特性将其作为电路开关来使用。

（7）多级放大电路有：阻容耦合、直接耦合和变压器耦合三种耦合方式。它的电压放大倍数为各单级放大电路电压放大倍数之积；用分贝表示时，则为各级电压增益之和，它的通频带比单级通频带要窄。

（8）双极型晶体管组成的基本单元放大电路有共射极、共集电极和共基极三种基本组态。共射极电路具有倒相放大作用，输入电阻和输出电阻适中，常用作中间放大级；共集电极电路的电压放大倍数小于1且近似等于1，但它的输入电阻高、输出电阻低，常用作放大电路的输入级、中间隔离级和输出级；共基极放大电路具有同相放大作用，输入电阻很小而输出电阻较大，它适用于高频或宽频带放大。放大器的三种组态其各自的特点见表2-4。

（9）用场效应管组成的放大电路在结构上与三极管放大电路相似。

表2-4 放大器的3种组态比较

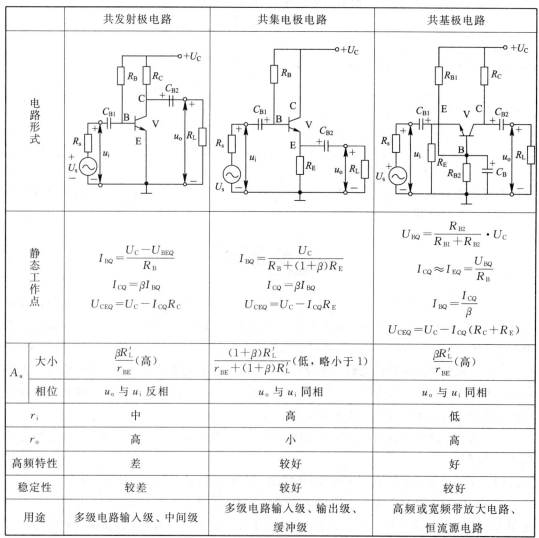

		共发射极电路	共集电极电路	共基极电路
电路形式				
静态工作点		$I_{BQ}=\dfrac{U_C-U_{BEQ}}{R_B}$ $I_{CQ}=\beta I_{BQ}$ $U_{CEQ}=U_C-I_{CQ}R_C$	$I_{BQ}=\dfrac{U_C}{R_B+(1+\beta)R_E}$ $I_{CQ}=\beta I_{BQ}$ $U_{CEQ}=U_C-I_{CQ}R_E$	$U_{BQ}=\dfrac{R_{B2}}{R_{B1}+R_{B2}}\cdot U_C$ $I_{CQ}\approx I_{EQ}=\dfrac{U_{BQ}}{R_B}$ $I_{BQ}=\dfrac{I_{CQ}}{\beta}$ $U_{CEQ}=U_C-I_{CQ}(R_C+R_E)$
A_u	大小	$\dfrac{\beta R_L'}{r_{BE}}$（高）	$\dfrac{(1+\beta)R_L'}{r_{BE}+(1+\beta)R_L'}$（低，略小于1）	$\dfrac{\beta R_L'}{r_{BE}}$（高）
	相位	u_o 与 u_i 反相	u_o 与 u_i 同相	u_o 与 u_i 同相
r_i		中	高	低
r_o		高	小	高
高频特性		差	较好	好
稳定性		较差	较好	较好
用途		多级电路输入级、中间级	多级电路输入级、输出级、缓冲级	高频或宽频带放大电路、恒流源电路

思考与练习二

一、填空题

(1) 使三极管具有电流放大作用的内部条件是_____、_____、_____。

(2) 在三极管放大电路中，应保证发射结_____偏置，而集电结_____偏置。

(3) 放大电路中以晶体三极管为核心元件，它必须工作于_____区。

(4) 三极管放大作用的本质是它的_____控制作用。

(5) 晶体三极管的三个极限参数为_____、_____和_____。

(6) 晶体管三种基本放大电路中，只有较大电压增益的是_____电路，只有较大电流增益的是_____，既有较大电流增益又有较大电压增益的是_____。

(7) 多级放大电路的输入电阻是_____的输入电阻；输出电阻是_____输出电阻。

二、判断题

(1) 放大器采用分压式偏置电路，主要目的是为了提高输入电阻。　　　　　（　　）

(2) 对共集电极电路而言，输出信号和输入信号同相。　　　　　　　　　　（　　）

(3) 三极管的输入电阻 r_{BE} 与静态工作点有关。　　　　　　　　　　　　（　　）

(4) 在基本共射极放大电路中，电压放大倍数随β增大成正比例增大。　　　（　　）

三、选择题

(1) 晶体管用来放大时，应满足的外部条件是（　　）。

A. 发射结反偏　　　　　　　　　　B. 发射结正偏

C. 集电结正偏　　　　　　　　　　D. 集电结反偏

(2) 当温度升高时，半导体三极管各参数的变化趋势是（　　）。

A. β 值变小　　　　　　　　　　B. β 值变大

C. 穿透电流变大　　　　　　　　　D. 穿透电流变小

(3) 固定式偏置电路中，要使静态时的 U_{CE} 增大，可采用的方法是（　　）。

A. 增大 U_{CE}　　　B. 减少 R_B　　　　C. 增大 R_L　　　D. 减小 R_L

(4) 稳定静态工作点的措施是（　　）。

A. 使 R_{B1}、R_{B2} 的阻值很大　　　B. 使基极电位基本不变

C. 取较大的 R_C　　　　　　　　　D. 取较大的 R_E

(5) 下列习题图 2-1 各图中，三极管处于饱和导通状态的是（　　）。

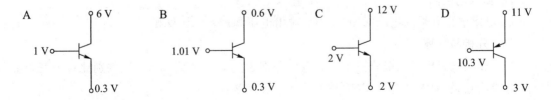

习题图 2-1

（6）在晶体管放大电路中，测得管子各极的电位如习题图 2 - 2 所示，其中为 NPN 型晶体管的是（　　）。

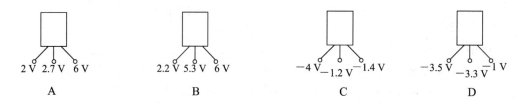

A　　　　　　　　　B　　　　　　　　　C　　　　　　　　　D

习题图 2 - 2

（7）射极输出器的输入电阻大，这说明该电路（　　）。

A. 带负载能力强　　　　　　　　B. 带负载能力差

C. 不能带动负载　　　　　　　　D. 能减轻前级放大器或信号源负荷

（8）测得放大电路的开路电压放大倍数为 6，接入 2 kΩ 负载电阻后，其输出电压降为 4 V，则此放大器的输出电阻 r_o 为（　　）。

A. $r_o = 1$ kΩ　　　　　　　　B. $r_o = 2$ kΩ

C. $r_o = 4$ kΩ　　　　　　　　D. $r_o = 6$ kΩ

（9）共基极放大电路中三极管的三个电极电流关系是（　　）。

A. $I_E = I_C + I_B$　　　　　　　　B. $I_C = I_E + I_B$

C. $I_E = I_C - I_B$　　　　　　　　D. $I_B = I_C + I_E$

（10）多级放大电路与单级放大电路相比（　　）。

A. 电压增益提高　　　　　　　　B. 电压增益减小

C. 通频带变宽　　　　　　　　　D. 通频带变窄

（11）为了尽量减小向信号源取用的信号电流，并且有较强的带负载能力，则多级放大器的输入级和输出级应满足的条件是（　　）。

A. 输入级的输入电阻较大　　　　B. 输入级的电阻越小越好

C. 输出级的输出电阻要小　　　　D. 输出级的输出电阻要大

（12）放大器的三种组态都具有（　　）。

A. 电流放大作用　　　　　　　　B. 电压放大作用

C. 功率放大作用　　　　　　　　D. 储存能量作用

（13）射极输出器具有的特点是（　　）。

A. 输入电阻高　　　　　　　　　B. 输入电阻低

C. 输出电压和输入电压同相　　　D. 输出电压和输入电压反相

四、分析与计算

（1）放大电路中某三极管三个管脚电位分别为 3 V、2.3 V、5 V，试判别此管的三个电极，并说明它是 NPN 管还是 PNP 管，是硅管还是锗管。

（2）对习题图 2 - 3 所示各三极管，试判别其三个电极，并说明它是 NPN 管还是 PNP 管，估算其 β 值。

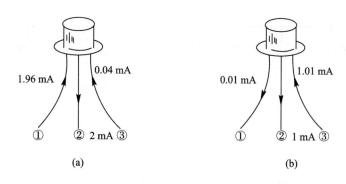

习题图 2 - 3

（3）习题图 2 - 4 所示电路中的三极管为硅管，试分别判断其工作状态。

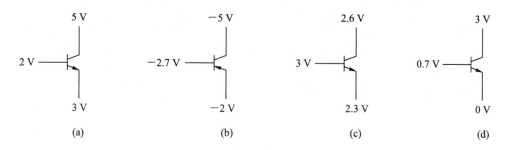

习题图 2 - 4

（4）用双极型半导体三极管组成放大电路，有哪几种基本组态？它们在电路结构上有哪些相同点和不同点？

（5）级间耦合电路应解决哪些问题？常采用的耦合方式有哪些？各有何特点？

（6）多级放大电路增益与各级增益有何关系？在计算各级增益时应注意什么问题？

（7）习题图 2 - 5 所示的三极管放大电路中，$u_s = 10\sin\omega t\,\text{mV}$，三极管参数为 $\beta = 80$，$U_{BE(on)} = 0.7\,\text{V}$，$r_{BB'} = 200\,\Omega$，试分析：（1）计算静态工作点的参数 I_{BQ}、I_{CQ}、U_{CEQ}；（2）画出直流通路、交流通路和小信号等效电路；（3）试求 u_{BE}、i_B、i_C、u_{CE}。

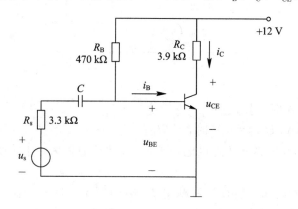

习题图 2 - 5

（8）根据线性放大电路的组成原理，判断习题图 2 - 6 中所示的电路能否正常工作。

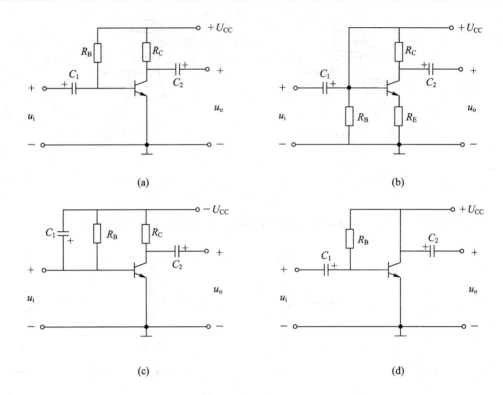

(a)

(b)

(c)

(d)

习题图 2-6

（9）电路如习题图 2-7 所示，已知 $U_{BE}=0.7$ V，$\beta=50$，$U_{CC}=9$ V。试回答下列问题：

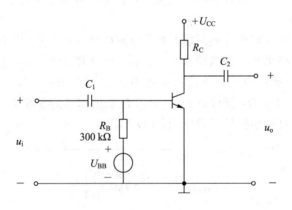

习题图 2-7

① 当 $I_{CQ}=1$ mA 时，求 U_{BB}；

② 当 $I_{CQ}=1$ mA，$U_{CEQ}=5$ V 时，求 R_C；

③ 若省掉电源 U_{BB}，改由 U_{CC} 供电，则 R_B 应调整为多大，才能使其静态工作点保持不变？

（10）已知三极管的输出特性如习题图 2-8（a）所示，此三极管组成的电路如习题图 2-8（b）所示。已知 $R_C=2$ kΩ，$I_B=20$ μA，$U_{CC}=12$ V，用图解法求静态工作点 Q，并在习题图 2-8（a）中表示。

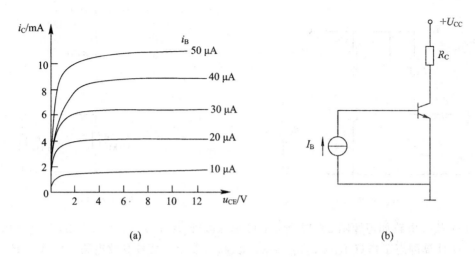

习题图 2-8

(11) 某放大电路及三极管输出特性曲线如图 2-9 所示，图中 $U_{CC}=12$ V，$R_C=4$ kΩ，$R_B=560$ kΩ，$R_L=4$ kΩ，三极管 $U_{BE}=0.7$ V。

① 画出直流通路和交流通路图；

② 试用图解法确定静态工作点 Q。

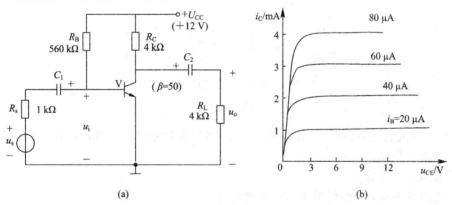

习题图 2-9

(12) 电路如习题图 2-9 所示，若三极管 $U_{BE}=0.7$ V，$U_{CE(sat)}=0.3$ V，$\beta=50$。

① 估算静态工作点 Q。

② 求 A_u、R_i、R_o 和 A_{us}。

③ 在习题图 2-9(b) 上画出直流负载线和交流负载线。

(13) 电路如习题图 2-10 所示，若电路参数分别为：$U_{CC}=24$ V，$R_C=2$ kΩ，R_L 开路，三极管 $\beta=100$，$U_{BE}=0.7$ V，$r_{BB'}$ 可忽略不计。

① 欲将 I_C 调至 1 mA，问 R_B 应调至多大？并求此时的 A_u。

② 在调整静态工作点时，如不小心把 R_B 调至零，这时三极管是否会损坏？为什么？如果会损坏的话，为避免损坏，电路上可采用什么措施？

③ 若要求 A_u 增大一倍，可采用什么措施？

(14) 习题图 2-11 所示为射极输出器，求其 A_u、R_i、R_o。

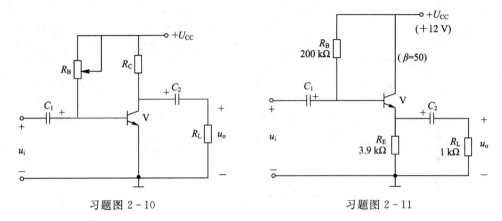

习题图 2-10　　　　　　　　　　　习题图 2-11

（15）放大电路如习题图 2-12 所示，已知三极管 $\beta=100$，$r_{BB'}=200\ \Omega$，$U_{BEQ}=0.7\ V$，试求：① 计算静态工作点 I_{CQ}、U_{CEQ}、I_{BQ}；② 画出参数小信号等效电路，求 A_u、R_i、R_o；③ 求源电压增益 A_{us}。

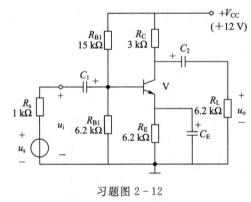

习题图 2-12

（16）放大电路如习题图 2-13 所示，已知三极管参数为：$U_{BEQ}=0.7\ V$，$\beta=50$，试计算：
① 静态工作点；
② 求 A_u、R_i、R_o、A_{us}；
③ 若温度升高，定性说明工作点的变化。

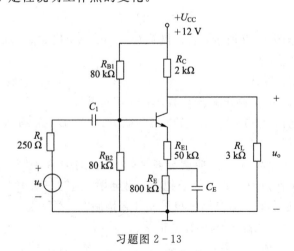

习题图 2-13

(17) 两级阻容耦合放大电路如习题图 2-14 所示，已知 $\beta_1=\beta_2$，写出放大电路总的电压放大倍数 A_u、输入电阻 R_i、输出电阻 R_o 的表达式。

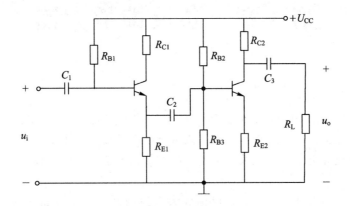

习题图 2-14

(18) 电路如习题图 2-15 所示，$U_{BEQ}=0.7$ V，$\beta=100$，当 $u_i=0$ V 时，求：

① 输出电压 u_o；

② V_1 管集电极电流 i_{C1}；

③ V_2 管集电极电流 i_{C2}。

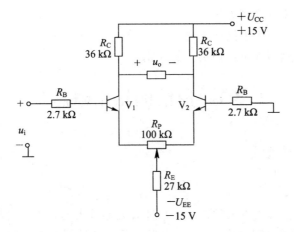

习题图 2-15

第3章 负反馈放大器

☞ 导言

在电子技术中，负反馈放大器用得极为广泛，比如在电子产品中经常需要用负反馈来改善放大器的性能指标。负反馈放大器是改善电子产品性能的重要手段，了解负反馈放大器的相关知识是设计电子产品或改善电子产品性能需要掌握的电子技术专业基础理论知识之一。

本章先介绍反馈的基本概念、负反馈放大电路的基本类型及常用负反馈放大电路分析，然后介绍负反馈对放大电路性能的影响、深度负反馈放大电路的特点及性能估算，最后介绍负反馈放大电路的使用知识及技能训练项目。本章的重点是反馈的基本概念、负反馈放大电路的基本类型及判别方法、深度负反馈放大电路的特点。

☞ 教学目标

(1) 理解反馈的概念。
(2) 掌握反馈类型的判别方法。
(3) 熟悉负反馈对放大电路性能的影响。
(4) 掌握放大电路引入负反馈的一般原则。

3.1 反馈的基本概念

3.1.1 反馈与反馈信号

1. 反馈

在放大电路中，信号从输入端注入，经过放大器放大后，从输出端送给负载，这是信号的正向传输。而在实际问题中，温度、电源电压波动等因素将导致半导体器件工作状态发生变化，使电路稳定性变差。为了保证放大电路能稳定工作，常常需要引入负反馈来改善放大电路的性能。因此，反馈在电子技术中得到了广泛的应用。在各种电子设备中，人们经常采用反馈的方法来改善电路的性能，以达到实际工作中提出的技术指标。凡是在精度、稳定性或其他性能方面有较高要求的放大电路，大都引入了各种形式的反馈。而且，反馈不仅是改善放大电路性能的重要手段，也是电子技术和自动调节原理中的一个基本概念。

将放大器输出信号(电压或电流)的一部分(或全部)，经过一定的电路(称为反馈网络)送回到输入回路，与原来的输入信号(电压或电流)共同控制放大器，这样的作用过程称为反馈，具有反馈的放大器称为反馈放大器。反馈具有正、负之分。正反馈应用于各种振荡电路中，用于产生各种波形的信号源；负反馈则用来改善放大器的性能。在实际放大电路中几乎都采取负反馈措施。

2. 反馈信号

被反馈的信号可以是电压也可以是电流。反馈放大器可以用图 3-1 所示的方框图来表示。图中，箭头表示信号传输或反馈的方向，X_i 表示输入信号，X_o 表示输出信号，X_f 表示反馈信号，X_i' 表示净输入信号。由图中可见，一个反馈放大器主要由基本放大电路（A）和反馈网络（F）两部分组成。二者在输入端和输出端有两个交合处一个是基本放大电路的输出端、反馈

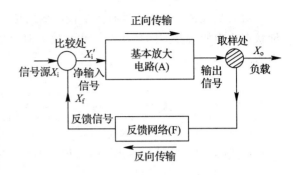

图 3-1　反馈放大器方框图

网络的输入端以及负载三方的连接处，该处是取出反馈信号的地方，故称取样处；另一个是基本放大电路的输入端、反馈网络的输出端以及信号源三方的汇合处，称为比较处。在比较处，送到基本放大电路的信号是经过输入信号与反馈信号比较的净输入信号。所谓比较，就是将输入信号和反馈信号相加或相减使输入信号加强或减弱，从而得到净输入信号。$X_i' = X_i \pm X_f$。当 $X_i' > X_i$ 时的反馈为正反馈，即反馈使净输入加强；当 $X_i' < X_i$ 时的反馈为负反馈，即反馈使净输入减弱。

3. 反馈放大器与基本放大器的区别

反馈放大器与基本放大器的区别主要有以下几点：

（1）反馈放大器的输入信号是信号源和反馈信号叠加后的净输入信号，而不是由信号源单方提供的。

（2）反馈放大器的输出信号在输送到负载的同时，还要取出部分或全部再回送到原放大器的输入端。

（3）引入反馈后，信号从正向传输到反向传输，电路形成闭合环路。

3.1.2　反馈放大器的放大倍数

1. 开环放大倍数

在未接反馈网络之前，正向传输的放大器放大倍数为 A，它等于输出信号 X_o 与净输入信号 X_i' 之比，即

$$A = \frac{X_o}{X_i'} \tag{3-1-1}$$

这种单向传输的放大器没有反馈网络构成环路，故称为开环状态，A 称为开环放大倍数。

2. 反馈系数

接入反馈电路后，我们将反馈信号量与输出信号量之比称为反馈系数，用 F 表示。即

$$F = \frac{X_f}{X_o} \tag{3-1-2}$$

3. 闭环电压放大倍数

引入负反馈后，使信号有了从正向输出传输到反馈网络再注入输入端的闭合环路，这种状态称为放大器的闭环状态。此时放大器对原信号的放大倍数称为闭环电压放大倍数，用 A_{uf} 表示，即

$$A_{uf} = \frac{u_o}{u_i} = \frac{u_o}{u_i' + u_f} = \frac{u_o}{u_i' + Fu_o} = \frac{\frac{u_o}{u_i'}}{1 + F\frac{u_o}{u_i'}} = \frac{A_u}{1 + FA_u} \qquad (3-1-3)$$

从式(3-1-3)可以看出，引入负反馈后，闭环电压放大倍数 A_{uf} 是开环电压放大倍数 A_u 的 $\frac{1}{|1+FA_u|}$。如果 $|1+FA_u|$ 越大，A_{uf} 比 A_u 小得越多，负反馈的程度就越深，所以 $|1+FA_u|$ 是衡量反馈程度的重要指标，称为反馈深度。

3.2 反馈的类型及其判断

3.2.1 反馈分类

在电子技术中，反馈用得极为广泛。由于反馈信号、极性还有电路连接形式的不同，反馈有多种分类方式。

根据反馈信号是交流还是直流来分，反馈可分成直流反馈和交流反馈。

根据反馈的性质来分，反馈可分为正反馈和负反馈。

根据取样处的连接形式来分，反馈可分为电压反馈和电流反馈。

根据比较处的连接形式来分，反馈可分为串联反馈和并联反馈。

1. 正反馈和负反馈

如果放大电路引入的反馈信号使放大电路的净输入信号增加，从而使放大电路的输出量比没有反馈时增加，则这样的反馈称为正反馈。相反，如果反馈信号使放大电路的净输入信号减少，结果使输出量比没有反馈时减少，则这样的反馈称为负反馈。

2. 直流反馈和交流反馈

在放大电路中，一般都存在着直流分量和交流分量。如果反馈电路中仅含有直流成分，则称为直流反馈；如果反馈电路中仅含有交流成分，则称为交流反馈；如果反馈电路中既含有直流成分，又含有交流成分，则称为交直流反馈。

3. 电压反馈和电流反馈

电压反馈：在输出端，反馈信号与输出电压成正比，即反馈信号取自于输出端的电压量，这种反馈叫电压反馈；

电流反馈：在输出端，反馈信号与输出电流成正比，即反馈信号取自于输出回路的电流量。则这种反馈叫电流反馈。

4. 并联反馈和串联反馈

在输入端，反馈量、输入量和净输入量三者呈串联关系，这种反馈叫串联反馈；如果这

三个量呈并联关系，则称为并联反馈。

3.2.2　判断电路中是否存在反馈的方法

判断一个电路是否存在反馈，要看该电路的输出回路与输入回路之间有无起联系作用的反馈网络即元件或支路。构成反馈网络的元件或支路称为反馈元件或反馈支路，这些元件或支路会将输出量的一部分或全部反馈回输入端对净输入量产生影响。

1. 本级反馈

图 3-2 所示为一共射极放大器，该放大器中，R_f 是反馈元件，因为它连接放大器的输出端（集电极）和输入端（基极）；R_E 是反馈元件，因为它是既属于输入回路又属于输出回路的元件。这种将本级输出信号的一部分或全部返回到输入端的反馈称为本级反馈。

2. 级间反馈

对于多级放大器，级与级之间是否有反馈存在，其反馈网络查找方法与单级放大器相同。如图 3-3 所示，R_f 引入的反馈为级间反馈，它连接第二级的输出端与第一级的输入回路。

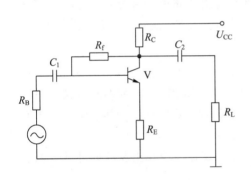

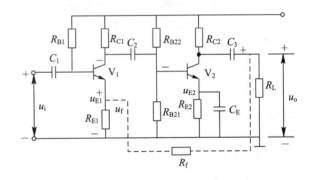

图 3-2　本级反馈　　　　　　　　　　　图 3-3　级间反馈

3.2.3　常见反馈类型的判断方法

1. 正反馈与负反馈的判断方法

判别反馈是正反馈还是负反馈常采用瞬时极性法。具体方法是：先假定输入电压信号 U_i 在某一瞬时的极性为正（当电压、电流的实际极性与图中所标参考极性相同时称极性为正，相反时则称极性为负），表明该点的瞬时电位升高，并用"+"标记，然后顺着信号传输方向，逐步推出有关信号的瞬时极性，同时进行标记，直到推出反馈信号 X_f 的瞬时极性；然后判断反馈信号是增强还是削弱净输入信号。如果削弱，则为负反馈，若增强则为正反馈。

例 3.2.1　试判断图 3-4 所示电路的反馈是正反馈还是负反馈。

解　假定两级放大器输入端输入信号极性为上正下负，即 V_1 基极为"+"，集电极倒相后为"－"，V_2 基极为"－"，V_2 集电极输出为"+"，通过 R_f 反馈至 R_{E1} 的电压上端为"+"，使 u_{E1} 上升，则净输入量 $u_{BE} = u_i - u_f = u_i - u_{E1}$ 减小，因此可判断该反馈为负反馈。

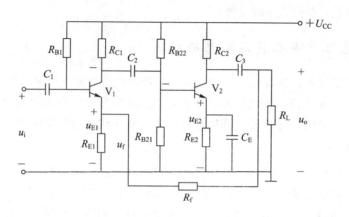

图 3-4   例 3.2.1 图

2. 电压反馈与电流反馈的判断

电压反馈与电流反馈的判断方法是：若反馈网络的一端直接与放大器输出端相接，则所引入的反馈为电压反馈，否则为电流反馈。如在图 3-2 中，反馈电阻 R_f 右端直接接集电极电压输出端，是电压反馈；而发射极电阻 R_E 也是输出电路的一部分，但它不直接连接输出端，输出电流越大，反馈回输入回路的比较信号 $u_f = i_o R_E$ 越强，所以是电流反馈。

3. 串联反馈与并联反馈的判断

串联反馈与并联反馈的判断方法是：若反馈网络有一端直接与放大器输入端相接，则引入的反馈为并联反馈，否则为串联反馈。在图 3-2 中，反馈网络 R_f 的左端直接与放大器输入端基极相接，所以是并联反馈；而发射极电阻 R_E 不与基极直接相接，所以是串联反馈。

例 3.2.2   图 3-5 为一级间直接耦合的两级放大器，试在图中找出反馈元件并判断各自的反馈类型。

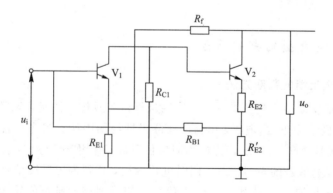

图 3-5   例 3.2.2 图

解   (1) 该电路反馈元件有两类：本级反馈元件第一级有 R'_{E1}，第二级有 R_{E2} 和 R'_{E2}；级间反馈元件有 R_f 和 R_{B1}。

(2) 根据各种反馈的判断方法可知：

① R_{E1} 不与电压输出端直接相接，是电流反馈；R_{E1} 又不与输入端直接连接，是串联反

馈；当 V_1 基极电压瞬时极性为＋时，R_{E1} 上端亦为＋，两者电压瞬时极性相同，是负反馈。所以，R_{E1} 所引入的为本级电流串联负反馈。

② R_{E2} 和 R'_{E2} 是第二级本级负反馈元件，与 R_{E1} 的作用相同，引入的是电流串联负反馈。

③ R_{E1} 与 R_f 右边直接连接第二级电压输出端，是电压反馈；R_f 左边连接 V_1 发射极而不是基极，是串联反馈。由瞬时极性法知：

$$u_{B1} \xrightarrow{+} u_{C1} \longrightarrow u_{B2} \longrightarrow u_{C2} \xrightarrow{+} u_{E2} \xrightarrow{+} u_{BE1} \downarrow$$

在 V_1 上，基极与发射极电压瞬时极性相同，故 R_f 引入的是负反馈。因此，R_f 在两极间引入的为电压串联负反馈。

④ R_{B1} 和 R'_{E2} 右边未直接连接电压输出端，是电流反馈；R'_{E2} 左边直接连接输入端 V_1 基极，是并联反馈。由瞬时极性法知：

$$u_{B1} \xrightarrow{+} u_{C1} \longrightarrow u_{B2} \longrightarrow u_{E2} \longrightarrow u_{B1} \longrightarrow u_{BE1} \downarrow$$

在 V_1 基极上，反馈信号与输入信号电压极性相反，是负反馈。因此，R_{B1} 和 R'_{E2} 所引入的是极间电流并联负反馈。

3.2.4　负反馈放大器的基本类型

1. 电压串联负反馈

1) 反馈类型分析

电压串联负反馈指反馈网络一端直接连接放大器电压输出端，而另一端不直接连接放大器输入端，且反馈回输入回路的信号使净输入量减小，图 3-6 即为这类反馈的典型电路。图中反馈网络以 R_f 为主，使 R_f 与第一级发射极电阻 R_{E1} 串联后再与负载 R_L 并联，即 R_f 与 R_{E1} 串联电路两端电压就是输出端电压 u_o，在 R_{E1} 上的分压就是 u_o。反馈回输入回路的部分电压 u_f。由于反馈网络直接与输出端相连，是电压反馈；又由于反馈回输入端的电压不直接与输入端 V_1 基极相连，而与发射极相连，两者呈串联关系，所以是串联反馈。

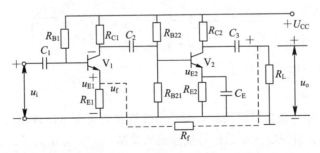

图 3-6　电压串联负反馈电路

由瞬时极性法知：

$$u_{B1} \xrightarrow{+} u_{C1} \longrightarrow u_{B2} \longrightarrow u_{C2} \xrightarrow{+} u_{E1} \xrightarrow{+} u_{BE1} \downarrow$$

可见，反馈回发射极的电压极性为"＋"，与基极原输入信号极性相同，是负反馈。所以，R_f 上引入的级间反馈为电压串联负反馈。

2）电压串联负反馈的作用

该电路引入电压串联负反馈后，有稳定输出电压的作用，其原理为

$$R_L \uparrow \rightarrow u_o \uparrow \rightarrow u_{E1} \uparrow \rightarrow u_{BE1} \downarrow = u_{B1} - u_{E1} \rightarrow i_B \downarrow$$
$$u_o \downarrow \leftarrow u_{C2} \downarrow \leftarrow u_{B2} \uparrow \leftarrow u_{C1} \uparrow \leftarrow i_{C1} \downarrow$$

2. 电压并联负反馈

1）反馈类型分析

电压并联负反馈指反馈网络一端直接连接放大器电压输出端，另一端直接接输入端，且反馈回输入端的电压极性与原输入信号相反。图 3-7 即为这类反馈的典型电路。图中反馈元件为 R_f，反馈信号取自于输出电压 $u_o = i_C \cdot R_L$，反馈元件直接与晶体管集电极相连，系电压反馈。从输入端看，反馈元件直接与输入端（晶体管基极）相连，系并联反馈。用瞬时极性法可以判断，若 u_b 为"＋"时，u_o 为"－"，R_f 将 u_o 的一部分电压反馈回基极，与原输入信号极性相反。所以该电路引入的是电压并联负反馈。

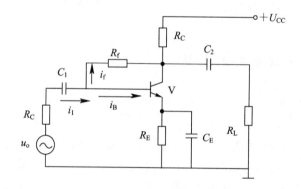

图 3-7　电压并联负反馈电路

2）电压并联负反馈的作用

该电路引入电压并联负反馈后，有稳定输出电压的作用，其原理为

$$R_L \uparrow \rightarrow u_o \uparrow \rightarrow i_f \uparrow \rightarrow i_B \downarrow = i_i - i_f$$
$$u_o \downarrow \leftarrow i_C \downarrow$$

3. 电流串联负反馈

1）反馈类型分析

电流串联负反馈是指反馈网络的一端不直接连接放大器电压输出端，而另一端也不直接连接输入端，且反馈回输入端的信号使净输入量减小。如分压式单级放大电路即为这种反馈类型。如图 3-8 所示，图中发射极电阻 R_E 为反馈元件。当基极偏置电阻 R_{B1} 与 R_{B2} 对电源分压，为基极提供较稳定的电压 U_B 时，在发射极上，电流 I_E 在 R_E 上产生 $U_E = I_E R_E \approx I_C R_E$，其电压极性如图 3-10 所示。此时放大器的电流输出量 I_C 通过 R_E 转换成电压 $U_E = U_f$ 反馈回输入端，使放大器净输入量为 $u_{BE} = U_B - U_E$，而 U_E 就是反馈量电压。

该放大器中，反馈元件 R_E 并不直接连接其电压输出端，反馈信号取自于集电极电流 I_C 且与输出电流 I_O 成正比，所以是电流反馈。在输入回路，反馈元件 R_E 也不直接连接

基极，反馈电压 $U_E = U_f$ 与原输入电压 u_B 成为串联关系，所以是串联反馈。也就是 R_E 在此引入了电流串联反馈。

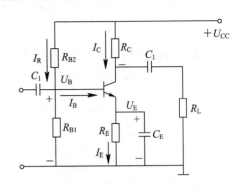

图 3-8　电流串联负反馈电路

下面用电位升降法判断该反馈的极性：

※图 3-8 中，由于 U_B 系 R_{B1} 与 R_{B2} 对电源的分压，当电源电压波动时，如电压升高，基极电流增大，集电极电流增大，发射极电流增大，发射极电位有一个较大的升高，使净输入量 $u_{BE} = u_B - u_E$ 减小，所以是负反馈，即 R_E 在该放大器中引入电流串联负反馈。其过程如下：

$$u_B \uparrow \ \rightarrow i_B \uparrow \ \rightarrow i_C \uparrow \ \rightarrow i_E \uparrow \ \rightarrow u_E \uparrow \ \rightarrow u_{BE} \downarrow$$

2）电流串联负反馈的作用

该电路引入电流串联负反馈后，可稳定输出电流，其原理为

$$R_L \uparrow \rightarrow i_O = i_C \uparrow \rightarrow u_f = u_E \uparrow \rightarrow u_{BE} \downarrow = u_B - u_E$$
$$i_O = i_C \downarrow \leftarrow i_B \downarrow$$

4. 电流并联负反馈

1）反馈类型分析

电流并联负反馈是指反馈网络一端不直接连接放大器电压输出端，而另一端又要直接连输入端，且反馈回输入端的电压极性与原输入电压相反，图 3-9 即为这类反馈的典型电路。图中反馈网络由 R_f 组成，它在非电压输出端 R_{E2} 上端反馈的信号为 $u_f = u_{E2} = i_{E2} R_{E2} \approx i_{C2} R_{E2}$，可见 u_f 取自输出电流 i_{E2}，所以是电流反馈。

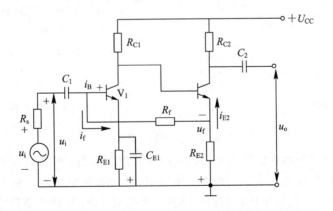

图 3-9　电流并联负反馈电路

从输入端看，在 V_1 基极，R_f 直接与其相连，为输入电流 i_1 提供了并联分流支路，其分流电流 i_f 使净输入信号 $i_1' = i_B = i_1 - i_f$ 减弱，所以构成了电流并联负反馈。可见，反馈回 V_1 基极电压极性为"－"，与原输入电压极性相反，该网络引入的是电流并联负反馈。

2）电流并联负反馈的作用

该电流并联负反馈有稳定输出电流的作用，其原理为

$$\beta \uparrow \rightarrow i_o \uparrow \rightarrow i_f \uparrow \rightarrow i_B \downarrow = i_i - i_f$$
$$i_o \downarrow$$

从上面的分析可以看出，电压负反馈能稳定输出电压，电流负反馈能稳定输出电流。为了便于比较四种负反馈电路的特点，将其列于表 3-1 中。

表 3-1　四种负反馈电路的比较

比较项目 ╲ 反馈类型		电压串联	电流串联	电压并联	电流并联
反馈作用形式	反馈信号取自	电压	电流	电压	电流
	输入端连接法	串联	串联	并联	并联
电压增益		减少		基本不变	
电流增益		基本不变		减小	
输入电阻		增大		减小	
输出电阻		减小	增大	减小	增大
被稳定的电量		输出电压	输出电流	输出电压	输出电流

例 3.2.3　分析图 3-10 所示的反馈放大电路。

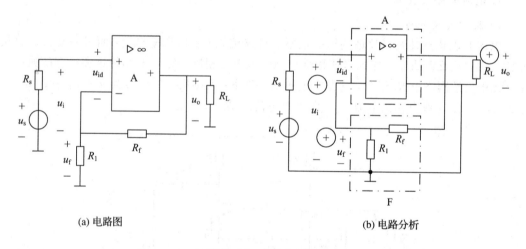

(a) 电路图　　　　　　　　　　　　　　(b) 电路分析

图 3-10　例 3.2.3 图

解　图 3-10(a)所示为由集成运放构成的反馈放大电路，可将它改画成图 3-12(b)。由图可见：集成运放 A 为基本放大电路，电阻 R_f 跨接在输出回路与输入回路之间，输出电压 u_o 通过 R_f 与 R_1 的分压反馈到输入回路，因此 R_f、R_1 构成反馈网络。

在输入端，反馈网络与基本放大电路相串联，构成串联反馈，实现了电压比较式 $u_{id} = u_i - u_f$，因而能实现反馈作用。在输出端，反馈网络与基本放大电路、负载电阻 R_L 并联连接，由图可得反馈电压 $u_f = u_o R_1/(R_1 + R_f)$，即反馈电压 u_f 取样于输出电压 u_o，故为电压反馈。

假设输入电压 U_i 的瞬时极性为"+"，如图 3-12(b)所示，根据运放电路同相输入时输出电压与输入电压同相的原则，可确定输出电压 u_o 的瞬时极性也为"+"，因为 $u_f = u_o R_1/(R_1 + R_f)$，故 u_f 的瞬时极性也为"+"。由于基本放大电路的净输入信号 $u_{id} =$

$u_i - u_f$，u_f 削弱了净输入信号 u_{id}，故引入的是负反馈。

综上所述，图 3-10(a)所示电路为电压串联负反馈放大电路。

例 3.2.4　反馈电路如图 3-11 所示，试判别其反馈类型。

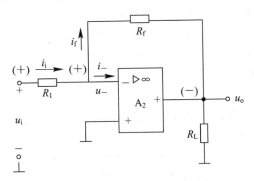

图 3-11　例 3.2.4 图

解　电路中 R_f 为反馈元件。输入信号加在集成运放反相输入端，利用瞬间极性法，假设输入端瞬间极性为"＋"，则输出电压 u_o（瞬时极性为"－"），经 R_f 反馈到 u_- 为"－"，净输入信号减少，为负反馈。

对于输入端，由于输入信号与反馈信号在同一节点输入，所以为并联反馈。

对于输出端，假设 R_L 短路，反馈信号则为零，所以为电压反馈。

因此，图中所示电路反馈类型为电压并联负反馈。

例 3.2.5　分析图 3-12(a)所示的反馈放大电路。

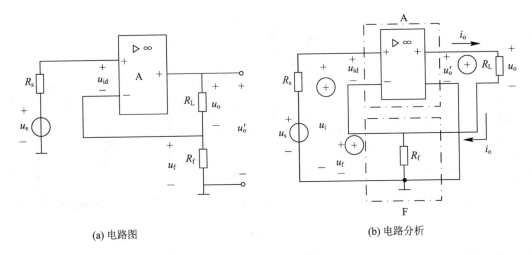

(a) 电路图　　　　　　　　　　　　　　(b) 电路分析

图 3-12　例 3.2.5 图

解　图 3-12(a)所示为集成运放构成的反馈放大电路，可将它改画成图 3-12(b)，由图可见：集成运放 A 为基本放大电路，R_f 为输入回路和输出回路的公共电阻，故 R_f 构成反馈网络。

在输入端，反馈网络与基本放大电路相串联，故为串联反馈，实现了电压比较式 $u_{id} = u_i - u_f$。在输出端，反馈网络与基本放大电路、负载电阻 R_L 相串联，反馈信号 $u_f = i_o R_f$，因此反馈取样于输出电流 i_o，为电流反馈。

假设输入电压 u_i 的瞬时极性为"＋"，根据运放电路同相输入时输出电压与输入电压同相的原则，可确定运放输出端对地电压 u_o 的瞬时极性为"＋"，故输出电流 i_o 的瞬时流向如图 3-12(b)所示，它流过电阻 R_f 产生反馈电压 u_f，u_f 的瞬时极性也为"＋"。由于净输入电压 $u_{id} = u_i - u_f$，因此反馈电压 u_f 削弱了净输入电压 u_{id}，引入的是负反馈。

综上所述，图 3-12(a)所示电路为电流串联负反馈放大电路。

上面几个例子中，通过把原电路改画为框图结构形式，使负反馈电路的分析显得很直观，一目了然。但在实际分析中，改画电路未免麻烦，通常可观察电路的结构特点，直接进行分析，下面举例说明。

例 3.2.6 图 3-13(a)所示为某放大电路的交流通路，试指出反馈元件，在图中标出反馈信号，并判断反馈类型和反馈极性。

解 图 3-13(a)中，电阻 R_B 跨接在输入回路与输出回路之间构成反馈网络，所以 R_B 为反馈元件。在输入端，反馈信号和输入信号从放大电路的相同端子加入，故为并联反馈。在输出端，假设将 u_o 两端短路，则电路可画成图 3-13(c)所示，反馈不再存在，因此为电压反馈。

由于并联反馈是通过电流比较 $i_{id} = i_i - i_f$ 来完成反馈作用的，故输入信号、反馈信号和净输入信号均为电流，分别如图 3-13(b)中所标。假定输入电压源 u_s 的瞬时极性为"＋"，则基极对地电压的瞬时极性和输入电流 i_i 的瞬时极性也为"＋"；根据共发射极放大电路输出电压与输入电压反相，可确定集电极对地电压的瞬时极性为"－"，故 i_f 的瞬时极性为"＋"。由于净输入电流 $i_{id} = i_i - i_f$，反馈使净输入电流减小，因此为负反馈。

综上所述，图 3-13(a)所示电路为电压并联负反馈放大电路。

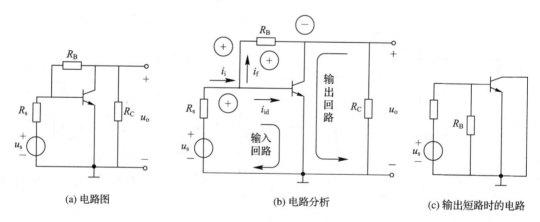

(a) 电路图   (b) 电路分析   (c) 输出短路时的电路

图 3-13 例 3.2.6 图

例 3.2.7 判别图 3-14 中所示电路的反馈类型。

解 (1) 反馈元件判别。

从图中可以看出 R_{f1}、R_{f2} 从输出级连接到输入级，为反馈元件。

(2) 反馈类型判别。

设 V_1 基极瞬时极性为"＋"，则 V_1 的集电极为"－"，V_2 的基极为"－"、集电极为"＋"、发射极为"－"，V_3 的发射极为"－"、集电极为"＋"，如图中所示。

① R_{f1} 接在 V_1 的发射极，反馈信号与输入信号不接在同一个节点，与输入信号电压相

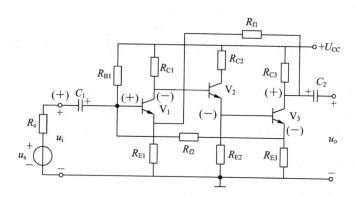

图 3-14　例 3.2.7 图

加减，为串联反馈。

引入 V_1 发射极的瞬时极性为"＋"，反馈信号与输入信号不在同一个节点，加反馈电压后，加在 V_1 发射极上的电压减少，因而为负反馈。R_L 接在输出端 V_2 集电极上，假设将它对地短接，反馈信号为零，故为电压反馈，R_{f1} 对直流、交流都能起反馈作用，故 R_{f1} 引入的是电压串联交直流负反馈。

② 从图中可以看出，R_{f2} 反馈到 V_1 基极的瞬时极性为"－"，表明反馈信号使净输入信号减少，为负反馈。因反馈信号与输入信号在输入端为同一节点引入，以电流相加减，为并联反馈。

R_{f2} 接在 V_3 的发射极，而电路的输出级为 V_3 的集电极，假设将 V_3 集电极对地短接，R_{f2} 中仍有反馈信号存在，为电流反馈。

R_{f2} 对直流、交流都能起反馈作用，所以 R_{f2} 引入的是电流并联交直流负反馈。

3.3　负反馈对放大器性能的影响

掌握了反馈的基本概念之后，就不难理解为什么要引入反馈信号，特别是引入负反馈信号。负反馈能使放大器的增益下降，但却使放大器的多项性能指标得到改善，也就是说，负反馈是以牺牲放大倍数为代价，来换取放大器性能指标的改善。本节将从正、反两个方面分析负反馈对放大器性能的影响。

3.3.1　提高放大倍数的稳定性

1. 降低放大倍数

由于电源电压波动、器件老化、负载和环境温度变化等因素，放大电路的放大倍数会发生变化。通常用放大倍数相对变化量的大小来表示放大倍数稳定性的优劣，相对变化量越小，则稳定性越好。

假设由于某种原因，放大器增益加大（输入信号不变），从而使输出反馈信号加大。由于负反馈的原因，净输入信号减小，从而使输出信号减小，这样就抑制了输出信号的加大，实际上是使得增益保持稳定，也就是说放大倍数的稳定性提高了。

对通频带内的信号来说，式（3-1-3）中各参数均为实数。对式（3-1-3）求微分可得

$$\frac{\mathrm{d}A_{uf}}{\mathrm{d}A} = \frac{1}{1+AF} \frac{\mathrm{d}A}{A} \qquad\qquad (3-3-1)$$

可见，引入负反馈后放大倍数的相对变化量 $\mathrm{d}A_{uf}/\mathrm{d}A$ 为未引入负反馈时相对变化量 $\mathrm{d}A/A$ 的 $1/(1+AF)$ 倍，即放大倍数的稳定性提高到未加负反馈时的 $(1+AF)$ 倍。

当反馈深度 $(1+AF) \leqslant 1$ 时称为深度负反馈，这时 $A_f \approx 1/F$，说明深度负反馈时，放大倍数基本上由反馈网络决定。由于反馈网络一般由电阻等性能稳定的无源线性元件组成，基本不受外界因素变化的影响，因此深度负反馈放大电路的放大倍数很稳定。

2. 提高放大器的稳定性

从电压放大倍数公式 $A_u = -\beta \dfrac{R_{L}'}{r_{BE}}$ 可以看出，A_u 的大小取决于组成放大器的元件参数及负载等因素。这些因素又受到温度、电源电压变化以及元件更换等的影响而发生变化。为了提高放大器的稳定性，应在放大器中引入负反馈。

假定放大器中引入了电压串联负反馈，当放大器参数变化使 A_u 增大时，输出电压增加 u_o，反馈电压跟着增大，使净输入量 $u_i' = u_i - u_f$ 减小，输出电压减小，抵消了 u_o 的增加部分。

其调节过程为

$$T \uparrow \rightarrow \beta \uparrow \rightarrow A_u \uparrow \rightarrow u_o \uparrow \rightarrow u_f \uparrow \rule[1ex]{4em}{0.4pt}$$
$$u_o \downarrow \leftarrow u_i' \downarrow = u_i - u_f \leftarrow$$

如果由于某些原因导致 A_u 减小，则 u_o 减小，净输入量 $u_i' = u_i - u_f$ 增加，A_u 增大以弥补其减小部分而使 u_o 趋于稳定。

例 3.3.1 某放大电路放大倍数 $A = 10^3$，引入负反馈后放大倍数稳定性提高到原来的 100 倍，求：

(1) 反馈系数；

(2) 闭环放大倍数；

(3) A 变化 $\pm 10\%$ 时的闭环放大倍数及其相对变化量。

解 (1) 根据式(3-3-1)，引入负反馈后放大倍数稳定性提高到未加负反馈时的 $(1+AF)$ 倍。因此由题意可得

$$1 + AF = 100$$

反馈系数为

$$F = \frac{100-1}{A} = \frac{99}{10^3} = 0.099$$

(2) 闭环放大倍数为

$$A_{uf} = \frac{A}{1+AF} = \frac{10^3}{100} = 10$$

(3) A 变化 $\pm 10\%$ 时，闭环放大倍数的相对变化量为

$$\frac{\mathrm{d}A_{uf}}{A_{uf}} = \frac{1}{100} \frac{\mathrm{d}A}{A} = \frac{1}{100} \times (\pm 10\%) = \pm 0.1\%$$

此时的闭环放大倍数为

$$A'_{uf} = A_{uf}\left(1 + \frac{dA_{uf}}{A_{uf}}\right) = 10(1 \pm 0.1\%)$$

即 A 变化 $+10\%$ 时，A'_{uf} 为 10.01，变化 -10% 时，A'_{uf} 为 9.99。

可见，引入负反馈后放大电路的放大倍数受外界影响明显减小。

3.3.2　扩展通频带

从本质上说，放大电路的通频带受到一定限制，是由于放大电路对不同频率的输入信号呈现出不同的放大倍数而造成的。而通过前面的分析已经看到，无论何种原因引起放大电路的放大倍数发生变化，均可以通过负反馈使放大倍数的相对变化量减小，提高放大倍数的稳定性。由此可知，对于信号频率不同而引起的放大倍数下降，也可以利用负反馈进行改善。所以，引入负反馈可以展宽放大电路的频带。

图 3-15 中分别画出了放大电路在无反馈和有负反馈时的幅频特性 $A(f)$ 和 $A_f(f)$，图中 A_m、f_L、f_H、BW 和 A_{mf}、f_{Lf}、f_{Hf}、BW_f 分别为无反馈和有负反馈时的中频放大倍数、下限频率、上限频率和通频带宽度。可见，加负反馈后的通频带宽度比无反馈时的大。

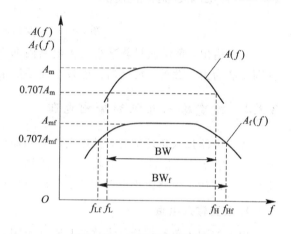

图 3-15　负反馈扩展频带

$$BW_f = (1 + AF)BW \qquad (3-3-2)$$

负反馈扩展通频带的原理是：当输入等幅不同频率的信号时，高频段和低频段的输出信号比中频段的小，因此反馈信号也小，对净输入信号的削弱作用小，所以高、低频段的放大倍数减小程度比中频段的小，从而扩展了通频带。

3.3.3　减小非线性失真

由于放大器件特性曲线的非线性，当输入信号较大时，就会出现失真，在其输出端得到正负半周不对称的失真信号。当信号幅度增大时，非线性失真现象更为明显。三极管、场效应管等有源器件伏安特性的非线性会造成输出信号非线性失真，引入负反馈后可以减少这种失真。输出失真波形反馈到输入端与输入信号合成得到上半周小下半周大的失真波形，经放大后恰好补偿输出失真波形。其原理可用图 3-16 加以说明。

设输入信号 x_i 为正弦波，无反馈时放大电路的输出信号 x_o 为正半周幅度大、负半周幅度小的失真正弦波，如图 3-16(a)所示。引入负反馈后，这种失真被引回到输入端，x_f 也为正半周幅度大而负半周幅度小的波形，如图 3-16(b)所示。由于 $x_{id} = x_i - x_f$，因此 x_{id} 波形变为正半周幅度小而负半周幅度大的波形，即通过反馈使净输入信号产生预失真，这种预失真正好补偿了放大电路非线性引起的失真，使输出波形 x_o 接近正弦波。可以证明加反馈后非线性失真减小为无反馈时的 $1/(1+AF)$。

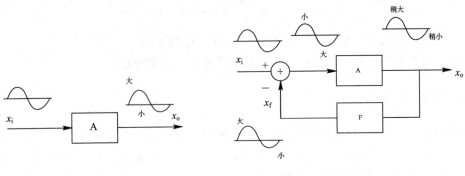

(a) 无反馈时的信号波形　　　　　　　(b) 引入负反馈时的信号波形

图 3-16　负反馈减小非线性失真

必须指出，负反馈只能减小放大电路内部引起的非线性失真，对于信号本身固有的失真则无能为力。此外，负反馈只能减小而不能消除非线性失真。

3.3.4　改变输入电阻和输出电阻

放大电路加入负反馈后，其输入电阻和输出电阻将会发生变化，变化的情况与反馈类型有关：串联负反馈使放大电路输入电阻增大；并联负反馈使放大电路输入电阻减小；电流负反馈使放大电路输出电阻增大；电压负反馈使放大电路输出电阻减小。

1. 改变输入电阻

放大器引入负反馈后，将改变其输入电阻，其变化情况只与反馈信号在输入端的连接方式有关，而与在输出端的取样信号（电压或电流）无关。因此，负反馈对输入电阻的影响决定于输入端的反馈类型，分析时只需画出输入端的连接方式，如图 3-17 所示。图中，R_i 是基本放大电路的输入电阻，又称开环输入电阻。R_{if} 为有反馈时的输入电阻，又称闭环输入电阻。

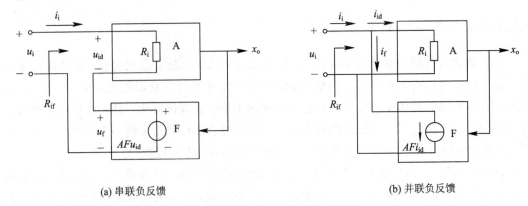

(a) 串联负反馈　　　　　　　　　　　(b) 并联负反馈

图 3-17　负反馈对输入电阻的影响

由图 3-17(a)可见，在串联负反馈放大电路中，反馈网络与基本放大电路相串联，所以 R_{if} 必大于 R_i，即串联负反馈使放大电路输入电阻增大。由图可求得串联负反馈放大电路的输入电阻为

$$R_{if} = \frac{u_i}{i_i} = \frac{u_{id} + u_f}{i_i} = \frac{u_{id} + AFu_{id}}{i_i} = (1 + AF)\frac{u_{id}}{i_i}$$

由于 $R_i = u_{id}/i_i$，所以

$$R_{if} = (1 + AF)R_i \qquad\qquad (3-3-3)$$

由图 3-17(b) 可见，在并联负反馈电路中，反馈网络与基本放大电路相并联，所以 R_{if} 必小于 R_i，即并联负反馈使放大电路输入电阻减小。由图可求得并联负反馈放大电路的输入电阻为

$$R_{if} = \frac{u_i}{i_i} = \frac{u_i}{i_{id} + i_f} = \frac{u_i}{i_{id} + AFi_{id}} = \frac{1}{1 + AF}\frac{u_i}{i_{id}}$$

由于 $R_i = u_i/i_{id}$，所以

$$R_{if} = \frac{R_i}{1 + AF} \qquad\qquad (3-3-4)$$

2. 对输出电阻的影响

输出电阻就是放大电路输出端等效电源的内阻。放大电路引入负反馈后，对输出电阻的影响取决于输出端的取样方式，而与输入端的反馈类型无关。

通常用 R_o 表示基本放大电路的输出电阻，又称开环输出电阻，R_{of} 为有反馈时的输出电阻，又称闭环输出电阻。在电压负反馈放大电路中，反馈网络与基本放大电路相并联，所以 R_{of} 必小于 R_o，即电压负反馈使放大电路的输出电阻减小。另外，由于电压负反馈能够稳定输出电压，即在输入信号一定时，电压负反馈放大电路的输出趋近于一个恒压源，也说明其输出电阻很小。

$$R_{of} = \frac{R_o}{1 + A'F} \qquad\qquad (3-3-5)$$

式(3-3-5)中的 A' 是放大电路输出端开路时基本放大电路的源增益。在电流负反馈电路中，反馈网络与基本放大电路相串联，所以 R_{of} 必大于 R_o，即电流负反馈使放大电路的输出电阻增大。另外，由于电流负反馈能够稳定输出电流，即在输入信号一定时，电流负反馈放大电路的输出趋于一个恒流源，也说明其输出电阻很大。可以证明：

$$R_{of} = (1 + A''F)R_o \qquad\qquad (3-3-6)$$

式(3-3-6)中的 A'' 是输出端短路时基本放大电路的源增益。

3.3.5　减小噪声

放大器内部产生的噪声，在无负反馈时，它可同有用信号一道从输出端输出，严重影响放大器的工作质量。引入负反馈后，有用信号的电压、噪声及干扰信号等同时减小，而有用信号减小后，可通过增大输入信号进行弥补，但噪声和干扰信号不会再增大，从而提高了信号噪声比。当然，对放大器的外部噪声和干扰，负反馈也是无能为力的。

综上所述，可归纳出各种反馈的类型、定义、判别方法和对放大电路的影响，见表 3-2。

表 3 - 2　放大电路中的反馈类型、定义、判别方法和对放大电路的影响

反馈类型		定　义	判　别　方　法	对放大电路的影响
1	正反馈	反馈信号使净输入信号加强	反馈信号与输入信号作用于同一个节点时，瞬时极性相同；作用于不同节点时，瞬时极性相反	使放大倍数增大，电路工作不稳定
	负反馈	反馈信号使净输入信号削弱	反馈信号与输入信号作用于同一个节点时，瞬时极性相反；作用于不同节点时，瞬时极性相同	使放大倍数减小，且改善放大电路的性能
2	直流负反馈	反馈信号为直流信号	直流通路中存在负反馈	能稳定静态工作点
	交流负反馈	反馈信号为交流信号	交流通路中存在负反馈	能改善放大电路的性能
3	电压负反馈	反馈信号从输出电压取样	反馈信号通过元件连线从输出电压端取出	能稳定输出电压，减小输出电阻
	电流负反馈	反馈信号从输出电流取样	反馈信号与输出电压无关系	能稳定输出电流，增大输出电阻
4	串联负反馈	反馈信号与输入信号在输入端以串联形式出现	输入信号与反馈信号在不同节点引入	增大输入电阻
	并联负反馈	反馈信号与输入信号在输入端以并联形式出现	输入信号与反馈信号在同一节点引入	减小输入电阻

3.4　深度负反馈放大电路的分析

负反馈放大电路应用中常遇到下面几个问题：

(1) 如何根据使用要求选择合适的负反馈类型；

(2) 如何估算深度负反馈放大电路的性能；

(3) 如何防止负反馈放大电路产生自激振荡，以保证放大电路工作的稳定性。

本节就上述问题进行讨论。

3.4.1　放大电路引入负反馈的一般原则

根据不同形式负反馈对放大电路影响的不同，引入负反馈时一般考虑以下几点：

(1) 要稳定放大电路的某个量，就引入该量的负反馈。例如，要想稳定直流量，应引入直流负反馈；要想稳定交流量，应引入交流负反馈；要想稳定输出电压，应引入电压负反馈；要想稳定输出电流，应引入电流负反馈。

(2) 根据电路对输入、输出电阻的要求来选择反馈类型。放大电路引入负反馈后，不管反馈类型如何都会使放大电路的增益稳定性提高，非线性失真减小，频带展宽，但不同类型反馈对输入、输出电阻的影响却不同，所以实际放大电路引入负反馈时主要根据对输入、输出电阻的要求来确定反馈的类型。若要求减小输入电阻，则应引入并联负反馈；若要求提高输入电阻，则应引入串联负反馈；若要求高内阻输出，则应采用电流负反馈；若

要求低内阻输出，则应采用电压负反馈。

（3）根据信号源及负载来确定反馈类型。若放大电路输入信号源已确定，为了使反馈效果显著，就要根据输入信号源内阻的大小来确定输入端反馈类型。当输入信号源为恒压源时，应采用串联反馈；当输入信号源为恒流源时，应采用并联反馈；当要求放大电路负载能力强时，应采用电压负反馈；当要求恒流源输出时，应采用电流负反馈。

3.4.2 深度负反馈放大电路的特点及性能估算

1. 深度负反馈放大电路的特点

$(1+AF)\gg1$ 时的负反馈放大电路称为深度负反馈放大电路。由于 $(1+AF)\gg1$，故可得

$$A_f = \frac{A}{1+AF} \approx \frac{A}{AF} = \frac{1}{F} \qquad (3-4-1)$$

又由于

$$A_f = \frac{x_o}{x_i}, \ F = \frac{x_f}{x_o}$$

所以，深度负反馈放大电路中有

$$x_f = x_i \qquad (3-4-2)$$

即

$$x_{id} = 0 \qquad (3-4-3)$$

式(3-4-1)～式(3-4-3)说明：在深度负反馈放大电路中，闭环放大倍数主要由反馈网络决定；反馈信号 x_f 近似等于输入信号 x_i；净输入信号 x_{id} 近似为零。这是深度负反馈放大电路的重要特点。此外，根据负反馈对输入、输出电阻的影响可知，深度负反馈放大电路还有以下特点：串联负反馈电路的输入电阻 R_{if} 非常大，并联负反馈电路的 R_{if} 非常小；电压负反馈电路的输出电阻 R_{of} 非常小，电流负反馈电路的 R_{of} 非常大。工程估算时，常把深度负反馈放大电路的输入、输出电阻理想化，即认为：深度串联负反馈的输入电阻 $R_{if} \rightarrow \infty$；深度并联负反馈的 $R_{if} \rightarrow 0$；深度电压负反馈的输出电阻 $R_{of} \rightarrow 0$；深度电流负反馈的输出电阻 $R_{of} \rightarrow \infty$。

根据深度负反馈放大电路的上述特点，对深度串联负反馈，由图 3-18(a)可得：

（1）净输入信号 u_{id} 近似为零，即基本放大电路两输入端 P、N 电位近似相等，从电位近似相等的角度看两输入端间好像短路了，但并没有真的短路，故称为"虚短"；

（2）闭环输入电阻 $R_{if} \rightarrow \infty$，说明闭环放大电路的输入电流近似为零，也即流过基本放大电路两输入端 P、N 的电流 $i_P \approx i_N \approx 0$，从电流为零的角度看两输入端似乎开路了，但并没有真的开路，故称为"虚断"。

对深度并联负反馈，由图 3-18(b)可得：

（1）净输入信号 i_{id} 近似为零，即基本放大电路两输入端"虚断"；

（2）闭环输入电阻 $R_{if} \rightarrow 0$，说明基本放大电路两输入端"虚短"。

因此，无论是哪种类型的深度负反馈放大电路，都有下面的重要结论，即基本放大电路的两输入端既"虚短"又"虚断"。利用"虚短"和"虚断"的概念可以方便地估算深度负反馈

放大电路的性能。

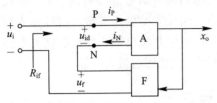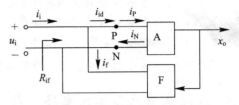

(a) 深度串联负反馈放大电路简化框图   (b) 深度并联负反馈放大电路简化框图

图 3-18   深度负反馈放大电路中的"虚短"和"虚断"

2. 深度负反馈放大电路性能的估算

利用深度负反馈放大电路的特点，可以方便地估算其性能，下面说明估算方法。

例 3.4.1   估算图 3-19 所示负反馈放大电路的电压放大倍数 $A_{uf}=u_o/u_i$。

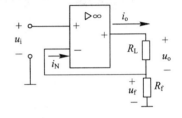

解   这是一个电流串联负反馈放大电路，反馈元件为 R_f，基本放大电路为集成运放，由于集成运放的开环放大倍数很大，故为深度负反馈。根据深度负反馈时基本放大

图 3-19   电流串联负反馈放大电路放大倍数估算

电路输入端"虚短"可得 $u_f \approx u_i$。根据深度负反馈时基本放大电路输入端"虚断"，则可得 $i_N \approx 0$，所以由图可得

$$u_f \approx i_o R_f = \frac{u_o}{R_L} R_f$$

因此可求得该放大电路的闭环电压放大倍数为

$$A_{uf} = \frac{u_o}{u_i} \approx \frac{u_o}{u_f} \approx \frac{R_L}{R_f}$$

例 3.4.2   估算图 3-20 所示电路的电压放大倍数 $A_{uf}=u_o/u_i$。

解   这是一个电流并联负反馈放大电路，反馈元件为 R_3、R_f，基本放大电路为集成运放，由于集成运放开环放大倍数很大，故为深度负反馈。

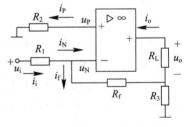

图 3-20   电流并联负反馈放大电路放大倍数估算

根据深度负反馈时基本放大电路输入端"虚断"，可得 $i_P \approx i_N \approx 0$，故同相端电位为 $u_P \approx 0$。根据深度负反馈时基本放大电路输入端"虚短"，可得 $u_P \approx u_N$，故反相端电位 $u_N \approx 0$。因此，由图 3-22 可得

$$i_i = \frac{u_i - u_N}{R_1} \approx \frac{u_i}{R_1}$$

$$i_f \approx \frac{R_3}{R_f + R_3} i_o = \frac{R_3}{R_f + R_3} \frac{-u_o}{R_L}$$

由于 $i_i = i_f$，所以可得

$$\frac{u_i}{R_1} \approx \frac{R_3}{R_f + R_3} \frac{-u_o}{R_L}$$

因此该放大电路的闭环电压放大倍数为

$$A_{uf} = \frac{u_o}{u_i} \approx \frac{R_L}{R_1} \frac{R_f + R_3}{R_3}$$

例 3.4.3　若图 3-21 所示电路为深度负反馈放大电路，试估算其电压放大倍数。

解　图 3-21 所示为一个实用的三极管共发射极放大电路，R_{E1} 引入交流电流串联负反馈，由于 R_{E1} 值较大，故为深度负反馈，$u_i \approx u_f$。

由于

$$u_f \approx i_o R_{E1}$$

$$u_o = -i_o(R_C \mathbin{/\mkern-5mu/} R_L)$$

因此该放大电路的闭环电压放大倍数为

$$A_{uf} = \frac{u_o}{u_i} = \frac{u_o}{u_f} = -\frac{R_C \mathbin{/\mkern-5mu/} R_L}{R_{E1}} = -2.94$$

例 3.4.4　若图 3-22(a)所示电路为深度负反馈放大电路，试估算其源电压放大倍数、输入电阻和输出电阻。

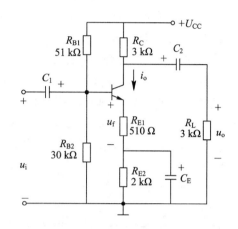

图 3-21　三极管共射极放大电路

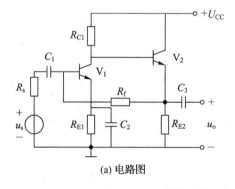

(a) 电路图

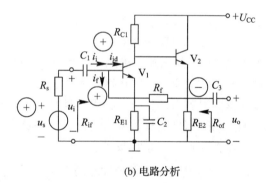

(b) 电路分析

图 3-22　电压并联负反馈放大电路

解　图 3-22(a)所示为共发射极放大电路和共集电极放大电路所构成的两级放大电路，R_f 为级间反馈元件，引入了电压并联负反馈。由题意知，这是深度负反馈放大电路。为便于分析，将它画成图 3-22(b)。

由图 3-22(b)可见，V_1 的基极即为基本放大电路的输入端，根据"虚断"可得 $i_f \approx i_i$，根据"虚短"可得 $u_i \approx 0$。因此由图 3-24(b)可得

$$i_f \approx i_i \approx \frac{u_s}{R_s}$$

$$u_o = -i_f R_f$$

故该放大电路的源电压放大倍数为

$$A_{usf} = \frac{u_o}{u_s} = \frac{-i_f R_f}{i_f R_s} = -\frac{R_f}{R_s}$$

该放大电路的输入电阻即为闭环输入电阻 R_{if}，输出电阻即为闭环输出电阻 R_{of}，由于是深度并联电压负反馈，故输入电阻和输出电阻均近似为零。

3.5 负反馈放大电路的稳定性

由前面分析可以看出，负反馈给放大电路带来了很多好处，但同时也带来了一些负面影响。已经知道，引入负反馈能够改善放大电路的各项性能指标，而且改善的程度与反馈深度的值$|1+AF|$有关，它们都是以降低放大器的增益为代价换取的。一般说来，负反馈的深度愈深，改善的效果愈显著。因此，对放大器来讲，增益的下降是不可避免的。但是这种增益的下降可以通过增加放大器的级数来补偿。另外，对于多级负反馈放大电路而言，过深的负反馈可能引起放大电路产生自激振荡。此时，即使放大电路的输入端不加信号，在其输出端也将会出现某个特定频率和幅度的输出信号。在这种情况下，放大电路的输出信号不受输入信号的控制，失去了放大作用，不能正常工作。

本节首先分析负反馈放大电路产生自激振荡的原因，然后介绍几种常用的校正措施。

3.5.1 负反馈放大电路的自激振荡

1. 自激的产生

负反馈可改善放大电路的性能，改善程度与反馈深度$(1+AF)$有关，$(1+AF)$越大，反馈越深，改善程度越显著。但是反馈深度太大时，可能产生自激振荡（指放大电路在无外加输入信号时也能输出具有一定频率和幅度的信号的现象），导致放大电路工作不稳定。其原因是：在负反馈放大电路中，基本放大电路在高频段要产生附加相移，若在某些频率上附加相移达到$180°$，则在这些频率上的反馈信号将与中频时反相而引入正反馈，当正反馈量足够大时就会产生自激振荡。此外，由于电路中分布参数的作用，也可以形成正反馈而自激。由于深度负反馈放大电路的开环放大倍数很大，因此在高频段很容易因附加相移变成正反馈而产生高频自激。

2. 自激振荡的幅度条件和相位条件

由反馈的一般表达式可知，负反馈放大电路的闭环放大倍数可表示为

$$\dot{A}_f = \frac{\dot{A}}{1+\dot{A}\dot{F}}$$

当$1+\dot{A}\dot{F}=0$时，$A_f \to \infty$，这时即可产生自激振荡，所以自激振荡的条件为$\dot{A}\dot{F}=-1$，分解可得自激振荡的幅度平衡条件和相位平衡条件为

$$|\dot{A}\dot{F}|=1 \tag{3-5-1}$$

$$\varphi_A + \varphi_B = \pm(2n+1)\pi \quad (n=0,1,2,\cdots) \tag{3-5-2}$$

上述两条件的物理意义为：满足相位条件是正反馈；而满足幅度条件意味着反馈信号等于净输入信号。如果同时满足这两个条件，放大电路就会出现无输入时却有输出的自激振荡状态。

3.5.2 消除自激振荡的措施

对于三级或更多级的负反馈放大电路来说，为了避免产生自激振荡，保证电路稳定工

作，通常需要采取适当的校正措施来破坏产生自激的幅度条件和相位条件。

1. 自激的防止

在设计制作一个负反馈放大器时，为了防止产生自激，应设法使电路不宜同时满足自激振荡的相位条件和幅度条件。常采用的措施有以下几种：

（1）环路内包含的放大电路最好小于三级，即尽可能采用单级和两级负反馈，这样在理论上可以保证不产生自激振荡。

（2）在不得不采用三级以上的负反馈时，应尽可能使各级电路参数分散。分析证明，放大电路在级数相同的情况下，各级电路参数越接近，电路就越不稳定。

（3）减小反馈系数或反馈深度，使之不满足自激振荡的幅度条件。这种方法的缺点是不利于放大电路其他方面性能的改善，而且对于必须有深度负反馈的放大电路等系统是不允许的，这时需要采用相位补偿（校正）的方法。

2. 自激的消除

消除高频自激的基本方法是：在基本放大电路中插入相位补偿网络（也叫消振电路），以改变基本放大电路高频段的频率特性，从而破坏自激振荡条件，使其不能振荡。图 3-23 所示为几种补偿网络的接法。图 3-23(a) 中在级间接入电容 C，称电容滞后补偿；图 3-23(b) 中在级间接入 R 和 C，称为 RC 滞后补偿；图 3-23(c) 中接入较小的电容 C（或 RC 串联网络），利用密勒效应可以达到增大电容（或增大 RC）的作用，获得与图 3-23(a)、(b) 电路相同的补偿效果，称为密勒效应补偿。

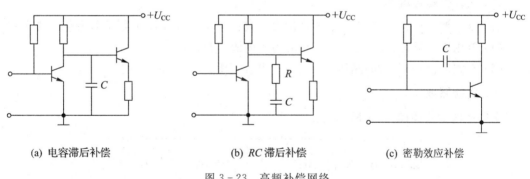

(a) 电容滞后补偿　　　　　　(b) RC 滞后补偿　　　　　　(c) 密勒效应补偿

图 3-23　高频补偿网络

目前，不少集成运放已在内部接有补偿网络，使用中不需再外接补偿网络。而有些集成运放留有外接补偿网络端，则应根据需要接入 C 或 RC 补偿网络。

另外，放大电路也有可能产生低频自激振荡。低频自激一般由直流电源耦合引起，由于直流电源对各级供电，各级的交流电流在电源内阻上产生的压降就会随电源而相互影响，因此电源内阻的交流耦合作用可能使级间形成正反馈而产生自激。消除这种自激的方法有两种：一是采用低内阻（零点几欧姆以下）的稳压电源；另一种是在电路的电源进线处加去耦电路，如图 3-24 所示。图中，R 一般选几百至几千欧姆的电阻；C 选几十至几百微法的电解电容，用以滤除低频；C 选小容量的无感电容，用以滤除高频。

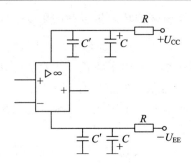

图 3-24　电源去耦电路

3.6　负反馈放大器的使用知识及技能训练项目

实验项目 6　负反馈对放大器性能的影响

一、实验目的

(1) 了解负反馈放大器的特点，加深理解负反馈对放大器性能的影响。

(2) 掌握负反馈放大器性能指标的测试方法。

(3) 了解负反馈对非线性失真的改善效果。

二、实验仪器与器件

(1) 示波器 1 台；　　　　(2) 毫伏表 1 只；　　　　(3) 函数信号发生器 1 台；

(4) 万用表 1 只；　　　　(5) 直流稳压电源 1 台；

(6) S9013($\beta=50\sim100$)晶体管、电阻和电容若干。

三、实验原理

实验电路如实验图 3-1 所示。

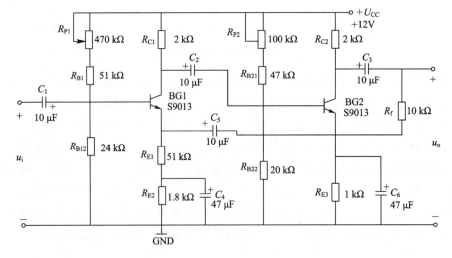

实验图 3-1　负反馈放大电路

负反馈放大电路通常由单级放大器(或多级放大器)加上负反馈组成。正反馈可以产生或变换波形,负反馈可以稳定静态工作点,降低放大器的放大倍数,但可以改善放大器的性能指标,如提高放大电路的稳定性,展宽通频带,减少非线性失真,改变输入电阻和输出电阻等。具体表现为:

(1) 引入负反馈,降低了放大器的放大倍数,即

$$A_f = \frac{A}{1 + AF}$$

其中:A_f 为闭环放大倍数;A 为开环放大倍数。

(2) 引入负反馈可以展宽放大器的通频带。

在放大器电路中,当管子选定,增益与通频带的乘积为一常数时,通频带展宽了 $(1 + AF)$ 倍。

(3) 负反馈放大器可以提高放大倍数的稳定性,即

$$\frac{dA_f}{A_f} = \frac{1}{1 + AF} \cdot \frac{dA}{A}$$

(4) 负反馈放大器对输入电阻和输出电阻的影响。

输入电阻(输出电阻)变化与反馈网络在输入端(输出端)的连接方式有关。串联负反馈可以使输入电阻比无反馈时提高 $1 + AF$ 倍,并联负反馈则使输入电阻为无反馈时的 $\frac{1}{1 + AF}$;电压负反馈使输出电阻为无反馈时的 $\frac{1}{1 + AF}$,电流负反馈则使输出电阻为无反馈时的 $\frac{1}{1 + AF}$。

(5) 引入负反馈可以减少非线性失真(不能消除失真),抑制干扰和噪声等。

四、实验内容及步骤

1. 负反馈放大器开环和闭环放大倍数的测试

(1) 开环电路。

① 按实验图 3-1 接线,断开反馈支路 C_5、R_f。

② 输入端接入 $f = 1\ \text{kHz}$ 的正弦信号,调整接线和参数使输出波形最大不失真且无振荡。

③ 按实验表 3-1 要求进行测量并将测量结果填入表中。

④ 根据实测值计算开环电压放大倍数 A_u、输入电阻 R_i 和输出电阻 r_o。

(2) 闭环电路。

① 接入反馈支路 C_5、R_f。

② 按实验表 3-1 要求测量并将测量结果填入表中。

③ 根据实测值计算开环电压放大倍数 A_{uf}、输入电阻 R_{if} 和输出电阻 r_{of}。

④ 根据实测结果,验证 $A_{uf} \approx \frac{1}{F}$。

实验表 3 - 1

	$R_L/k\Omega$	U_i/mV	U_o/V	$A_u(A_{uf})$
开环	∞			
	2			
闭环	∞			
	2			

2. 验证电压串联负反馈对输出电压的稳定性的影响

改变负载电阻 R_L 的值，测量负反馈放大器的输出电压以验证负反馈对输出电压的稳定性的影响。根据实验表 3 - 2 要求进行测量并将测量结果填入表中。

实验表 3 - 2

	基本放大器		负反馈放大器	
$R_L/k\Omega$	2	5.1	2	5.1
U_o/V				

3. 负反馈对失真的改善作用

(1) 将实验图 3 - 1 电路开环，逐步增大 u_i 的幅度，使输出信号失真（注意不要过分失真），记录失真波形幅度。

(2) 将电路闭环，观察输出波形，并适当增大 u_i 的幅度，使输出幅度接近开环时失真波形幅度。

(3) 若 $R_L = 2$ kΩ 不变，把反馈支路 C_5、R_f 接入 BG1 的基极，会出现什么情况？用实验验证之。

(4) 画出上述各步实验的波形图。

4. 测放大器的频率特性

(1) 将实验图 3 - 1 电路先开环，选择适当的幅度（频率为 1 kHz）使输出信号在示波器上有满幅正弦波显示。

(2) 保持输入信号幅度不变，逐渐增加频率，直到波形减少为上面波形的 70%，此时信号频率即为放大的上限频率 f_H。

(3) 条件同上，逐渐减少频率，测得下限频率 f_L。

(4) 将电路闭环，重复步骤(1)～(3)，并将结果填入实验表 3 - 3 中。

(5) 根据测试结果，比较开环和闭环的通频带。

实验表 3 - 3

	f_H/Hz	f_L/Hz	$BW_{0.7}/Hz$
开环			
闭环			

五、实验报告

(1) 将实验值与理论值比较，分析误差原因。

(2) 根据实验内容总结负反馈对放大电路的影响。

实验项目 7　负反馈放大电路的调整与测试

一、实验目的

(1) 掌握电路的正确连接方法。

(2) 掌握负反馈放大电路性能的测试与调试方法。

(3) 进一步加深理解负反馈对放大电路性能的影响。

二、实验设备与器材

(1) 直流稳压电源	1 台;	(2) 低频信号发生器	1 台;
(3) 双踪示波器	1 台;	(4) 交流毫伏表	1 只;
(5) 万用表	1 只;	(6) 实训电路板	1 块;
(7) 元器件	若干。		

三、实验原理

电流串联负反馈放大电路如实验图 3-2 所示。

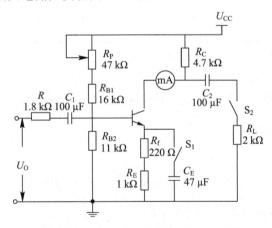

实验图 3-2　电流串联负反馈放大电路

由负反馈放大电路的基本工作原理可知：放大电路引入负反馈后会使放大倍数下降，但是它可以改善放大电路的许多性能。

1. 提高放大倍数的稳定性

引入负反馈后 $A_{uf} = \dfrac{A}{1+AF}$，放大倍数下降为原来的 $1/(1+AF)$，但放大倍数的稳定性提高为原来的 $(1+AF)$ 倍。

2. 减小非线性失真

负反馈能减小放大电路内所产生的非线性失真。引入负反馈后，放大电路的非线性失真减小为原来的 $1/(1+AF)$。

3. 扩展频带

引入负反馈后，放大电路的上限频率提高为原来的$(1+AF)$倍，下限频率降低为原来的$1/(1+AF)$。

4. 输入电阻和输出电阻的改变

串联负反馈能增大放大电路的输入电阻，使其为原来的$(1+AF)$倍；并联负反馈能减小放大电路的输入电阻，使其为原来的$1/(1+AF)$。电流负反馈能增大放大电路的输出电阻，使其为原来的$(1+AF)$倍；电压负反馈能减小放大电路的输出电阻，使其为原来的$1/(1+AF)$。

四、实验内容及步骤

1. 安装连接电路

用万用表检测各元器件和导线是否有损坏，在检查无误后按实验图 3-2 所示电路在实验电路板上装接电流串联负反馈放大电路。要求布局合理，平整美观，连线正确，接触可靠。

2. 静态工作点的测试与调整（S_1 闭合，无负反馈）

（1）用低频信号发生器输入 $f=1\ kHz$、幅度适当的正弦信号，调节 R_P 使静态工作点在合适位置即输入波形后，使输出波形不失真。

（2）去掉输入信号，测试静态工作点的数值，将测量的数据记录于实验表 3-4 中。

实验表 3-4

测试项目	U_{BQ}	U_{EQ}	U_{CQ}	I_{CQ}
测试值				

3. 基本放大电路性能的测试（S_1 闭合，无负反馈）

（1）电压放大倍数 A_u。

输入 $f=1\ kHz$、幅度适当的正弦信号使输出不失真，用毫伏表分别测量输入、输出电压有效值，并计算 A_u 的值，$A_u=\dfrac{U_o}{U_i}$。

（2）输入电阻 R_i。

接入 $f=1\ kHz$，幅度适当的正弦信号使输出不失真，用毫伏表分别测量 R_s 两端的电压 U_s、U_i，并计算该电路的输入电阻 R_i，$R_i=\dfrac{U_i}{I_i}=\dfrac{U_i}{U_s-U_i}R_s$。

（3）输出电阻 R_o。

在输入信号不变并保证输出不失真的情况下，用毫伏表分别测量 S_2 断开时（负载为∞）的输出电压 $U_{o\infty}$ 和 S_2 闭合时（负载为 R_L）的输出电压 U_{oL}，并计算输出电阻 R_o，$R_o=\left(\dfrac{U_{o\infty}}{U_{oL}}\right)R_L$。

（4）频带宽度 BW。

在 $R_L=\infty$ 时，输入 $f=1\ kHz$、幅度适当的正弦信号使输出电压（如 1 V 左右）在示波器上显示出适度而不失真的正弦波。保持输入信号幅度不变，提高输入信号频率，直至示波器上显示的波形幅度降为原来的 70%，此输入信号频率即为 f_H。恢复原输入信号，同样保持输入信号的幅度不变，降低输入信号频率，直至示波器上显示的波形幅度下降到原来的 70%，此输入信号频率即为 f_L。这样就可以计算出放大电路的频带宽度：$BW=f_H-f_L$。

4. 加入负反馈后放大电路性能的测试(S_1 断开，有负反馈)

(1) 电压放大倍数 A_{uf}。

将实验图 3-2 中的开关 S_1 断开(有负反馈)，输入 $f=1\text{ kHz}$、幅度适当的正弦信号，在保证输出不失真的情况下，用毫伏表分别测量输入、输出电压有效值，并计算 A_u。$A_u = \dfrac{U_o}{U_i}$。

(2) 输入电阻 R_i。

用毫伏表分别测量 R_s 两端的电压 U_s、U_i，保证输出不失真时求得 R_{if}，$R_{if} = \dfrac{U_i}{I_i} = \dfrac{U_i}{U_s - U_i} R_s$。

(3) 输出电阻 R_o。

在输入信号不变并保证输出不失真的情况下，用毫伏表分别测量 $V_{o\infty}$ 和 V_{oL}，从而求得 R_{of}，$R_{of} = \left(\dfrac{U_{o\infty}}{U_{oL}} - 1 \right) R_L$。

(4) 频带宽度 BW。

该测试步骤与前述测试基本放大电路上、下限频率及频带宽度的步骤一样。

将以上所有数据记录于实验表 3-5 中，然后对其进行分析，形象地理解负反馈对放大电路性能的影响。

实验表 3-5

	电压放大倍数	输入电阻	输出电阻	频带宽度
基本放大电路				
负反馈放大电路				

本章小结

(1) 负反馈是放大器普遍使用的一种稳定电路工作状态的方法。它是将输出量的一部分或全部反馈回输入端，与输入信号共同控制输出量变化的自动调节过程。用于分析反馈的量包括输入信号、输出信号、反馈信号、净输入信号、反馈系数、开环放大倍数和闭环放大倍数等。

(2) 对于反馈性质的判断，可用瞬时极性法和电位升降法，但以前者为主。在负反馈放大器中，根据输出端取样信号的不同，有电压反馈和电流反馈之分；在输入端，根据反馈信号与原输入信号连接方式的不同又可分为并联反馈与串联反馈。它们的判断方法通常是用反馈网络在输出、输入端连接方式的不同来区别。

(3) 负反馈放大电路有四种基本类型：电压串联负反馈、电流串联负反馈、电压并联负反馈和电流并联负反馈。反馈信号取样于输出电压的，称为电压反馈；取样于输出电流的，称为电流反馈。若反馈网络与信号源、基本放大电路串联连接，则称为串联反馈，其反馈信号为 u_f，比较式为 $u_{id} = u_i - u_f$，信号源内阻越小，反馈效果越好；若反馈网络与信号源、基本放大电路并联连接，则称为并联反馈，其反馈信号为 i_f，比较式为 $i_{id} = i_i - i_f$，信号源内阻越大，反馈效果越好。

(4) 负反馈放大电路性能的改善与反馈深度 $(1+AF)$ 的大小有关，其值越大，性能改善越显著。当 $(1+AF)\gg1$ 时，称为深度负反馈。深度负反馈放大电路具有下列特点：串联负反馈的输入电阻很大，并联负反馈的输入电阻很小，电压负反馈的输出电阻很小，电流负反馈的输出电阻很大；$x_i\approx x_f$，$x_{id}\approx0$；基本放大电路的输入端既"虚短"又"虚断"。利用这些特点，可以很方便地分析深度负反馈放大电路的性能。

(5) 负反馈用牺牲放大倍数来获得对放大器性能的改善——它能提高放大器工作的稳定性，减小非线性失真，拓宽频带，改善输入、输出电阻。具体表述为：电压负反馈能稳定输出电压，减小输出电阻，增强放大器负载能力；电流负反馈能稳定输出电流，增大输出电阻；串联负反馈能增大输入电阻，减轻信号源负担；并联负反馈能减小输入电阻，使放大器能向信号源索取更大电流。

思考与练习三

一、填空题

(1) 反馈放大器由 _____、_____、_____、_____ 等组成。

(2) 反馈系数是 _____ 信号与 _____ 信号之比。

(3) 常用负反馈放大器有 _____、_____、_____、_____。

(4) 若一个放大电路具有交流电流并联负反馈，则可以稳定输出 _____ 和 _____ 输入电阻。

(5) 在放大电路中为稳定静态工作点，应引入 _____；为稳定放大器的放大倍数，应引入 _____；为了提高输入电阻、减小输出电阻，应引入 _____ 反馈。

二、选择题

(1) 射极输出器的输入电阻大，这说明该电路（   ）。

A. 带负载能力强　　　　　　　　B. 带负载能力差
C. 不能带动负载　　　　　　　　D. 能减轻前级放大器或信号源负荷

(2) 直流负反馈是指（   ）。

A. 存在于 RC 耦合电路中的负反馈　B. 直流通路中的负反馈
C. 放大直流信号时才有的负反馈　D. 只存在于直接耦合电路中的负反馈

(3) 负反馈不能抑制的干扰和噪声是（   ）。

A. 输入信号所包含的干扰和噪声　B. 反馈环外的干扰和噪声
C. 反馈环内的干扰和噪声　　　　D. 输出信号中的干扰和噪声

(4) 为了尽量减小向信号源取用的信号电流并且使电路有较强的带负载的能力，应引入的反馈类型为（   ）。

A. 电压负反馈　　　　　　　　　B. 电流负反馈
C. 串联负反馈　　　　　　　　　D. 并联负反馈

(5) 对负反馈放大器，下列说法中错误的一项是（   ）。

A. 负反馈能提高放大倍数　　　　B. 负反馈能减小非线性失真
C. 负反馈能展宽通频带　　　　　D. 负反馈能减小内部噪声

三、分析与计算

(1) 试分析习题图 3-1 所示各电路中的反馈，回答以下问题：

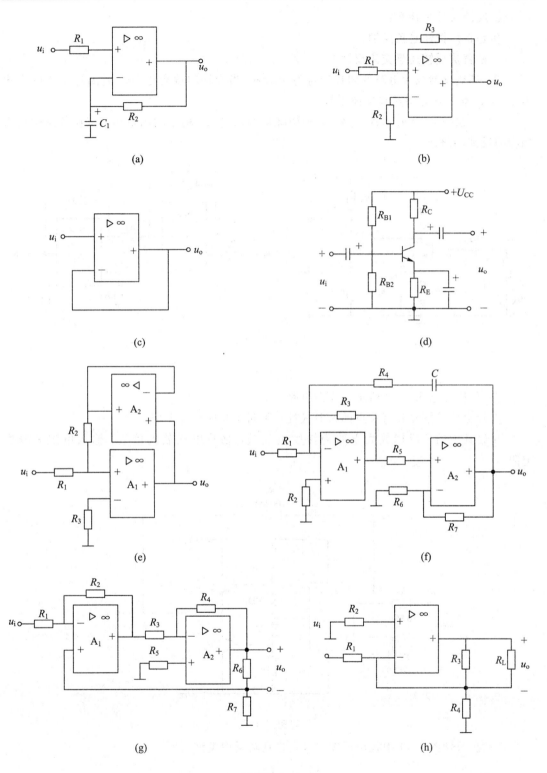

(a)

(b)

(c)

(d)

(e)

(f)

(g)

(h)

习题图 3 - 1

① 反馈元件是什么？

② 是正反馈还是负反馈？

③ 是直流反馈还是交流反馈？

（2）某负反馈放大电路的闭环增益为 40 dB，当开环增益变化 10% 时闭环增益的变化为 1%，试求其开环增益和反馈系数。

（3）习题图 3-2 所示各电路中，希望降低输入电阻，稳定输出电压，试在各图中接入相应的反馈网络。

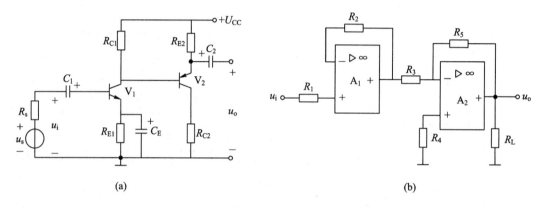

(a)　　　　　　　　　　　　　　　　　　(b)

习题图 3-2

（4）分析习题图 3-3 所示各反馈电路：

① 标出反馈信号和有关点的瞬时极性，判断反馈性质与类型；

② 设其中的负反馈放大电路为深度负反馈，估算电压放大倍数、输入电阻和输出电阻。

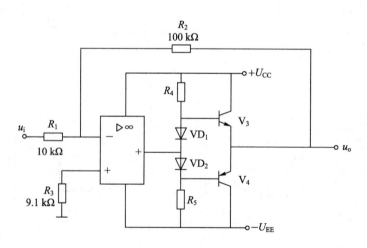

习题图 3-3

（5）在习题图 3-4 中找出反馈元件，并判断反馈类型。

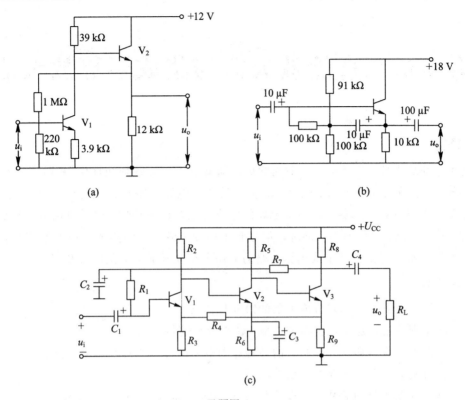

(a)

(b)

(c)

习题图 3-4

（6）在习题图 3-5 所示放大电路中，有 J、K、M、N 四个可接点。回答以下问题：

① 为了提高负载能力，应连接哪两个点？负反馈类型是什么？

② 为了稳定输出电流，应连接哪两个点？负反馈类型是什么？

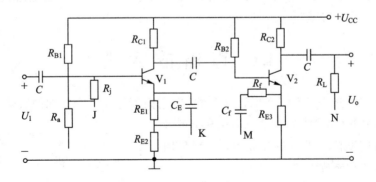

习题图 3-5

第4章 直流放大器与集成运算放大器

☞ 导言

使用直流放大器、集成电路与适当的负反馈就可以构成各种线性应用电路，这些线性电路是各种信号的运算、放大、处理、测量等的核心电路。本章首先讨论直流放大器、差分放大器和集成运算放大器基本运算电路的组成特点及传输特性，然后讨论典型集成运算电路的结构、特点、工作原理，再讨论信号转换电路，最后介绍集成运放的使用知识及技能训练项目。重点讨论典型集成运算电路的应用电路及集成运放的应用知识。

☞ 教学目标

（1）了解直流放大器和差分放大器的组成与特点。

（2）熟悉理想集成运算放大器的组成、特点及传输特性。

（3）掌握由集成运算放大器组成的各种运算电路的工作原理及其运算方法。

（4）了解集成运算放大器的非线性应用。

在电子技术的发展过程中，早期采用多个晶体管和电阻、电容等元件组装电子线路。随着电子技术的不断发展，出现了集成电路。集成电路最早用于运算电路中，所以习惯上称它为集成运算放大器（集成运放）。现在集成运放作为通用器件，它的应用十分广泛，包括模拟信号的产生、放大、滤波以及进行各种线性和非线性的处理。本章将介绍运放的线性应用电路（包括运算电路、放大电路、有源滤波器等）和非线性应用电路（包括电压比较器、非正弦波形发生器等）。

4.1　直流放大器

在前面章节中介绍了不同类型的放大器，但它们都存在一个共同的缺陷，就是对缓慢变化的交流信号和恒定不变的直流信号不能正常放大。为了对这类信号进行有效放大，必须采用采取直接耦合的直流放大器。

4.1.1　直流放大器的电路组成

直接耦合放大电路组成如图4-1所示。从图中不难看出，前后两级之间没有采用耦合元件，而是由前级的输出端直接与后级的输入端相连，因此称为直接耦合放大电路。

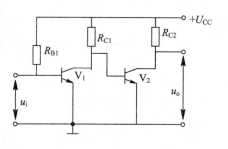

图4-1　直接耦合放大电路

4.1.2　直接耦合放大电路存在的两个特殊问题

1. 前后级静态工作点相互影响

在阻容耦合和变压器耦合放大电路中，前后级放大电路的静态工作点因电容或变压器的隔离而不会产生相互影响。但在直流放大器中前后级放大电路之间没有耦合元件隔离，采用直接相连的耦合方式，因而前后级的静态工作点相互影响，这是在直流放大器的电路设计中必须考虑的问题，在实际应用中对电路进行分析时前后级静态工作点的相互影响也是一个不可忽略的问题。

2. 零点漂移

零点漂移是指当放大器的输入信号为零时，由于静态工作点随温度、电源电压等因素的变化而变化，使输出信号不为零。即当输入信号 $\Delta U_i = 0$ 时，输出信号 $\Delta U_o \neq 0$。这就是零点漂移现象，简称"零漂"。

4.1.3　解决直接耦合放大器两个特殊问题的方法

1. 前后级静态工作点的调节

对前后级静态工作点的调节一般有以下几种方法。

方法一：在后级放大器的发射极加接电阻 R_{E2}，如图 4 - 2(a)所示。使 I_{E2} 流过 R_{E2} 产生一定的电压 $I_{E2}R_{E2}$，提高 V_2 的发射极电位 U_{E2}，从而使 V_2 的基极电位 U_{E2} 得到提高，

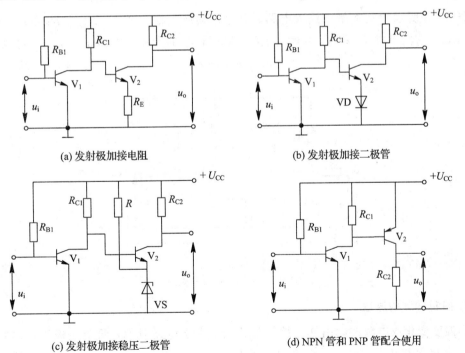

(a) 发射极加接电阻　　　　　　　　　　　(b) 发射极加接二极管

(c) 发射极加接稳压二极管　　　　　　　(d) NPN 管和 PNP 管配合使用

图 4 - 2　改进的直接耦合放大电路

满足 V_1 集电极的要求。从而实现前后级静态工作点的相互配合。

方法二：用硅二极管 VD 代替发射极电阻 R_{E2} 提高 V_2 的发射极电位 U_{E2}，如图 4－2（b）所示。

方法三：用稳压二极管 VS 代替发射极电阻 R_{E2} 提高 V_2 的发射极电位 U_{E2}，如图 4－2（c）所示。

方法四：采用 NPN 管和 PNP 管相互配合使用，使前后级静态工作点互补，最终达到前后级静态工作点相互配合的目的，如图 4－2(d)所示。

2. 零点漂移的抑制

抑制零点漂移主要有以下几种措施：

（1）选用稳定性较好的硅三极管作为电路的放大元件；

（2）采用负反馈来稳定静态工作点，以减小零点漂移的影响；

（3）采用稳定性非常好的直流稳压电源给放大器供电，减小由于电压波动所引起的零点漂移；

（4）采用差动放大电路对零点漂移进行有效抑制。

4.1.4 差动放大器

直流放大器的严重零漂会使放大器不能正常工作，而造成零漂的主要原因是环境温度的变化和电源电压的不稳定。采用差动放大器是抑制零漂最有效的方法之一。

1. 基本差动放大器的电路组成

图 4－3 所示为基本差动放大电路，简称差动放大器。图中：$R_{B1}＝R_{B2}$、$R_{C1}＝R_{C2}$、$R_{S1}＝R_{S2}$。它们组成 V_1 和 V_2 的偏置电路，V_1 和 V_2 的参数要求相同。从图中可以看出：

$$u_o＝u_{C1}－u_{C2} \tag{4－1－1}$$

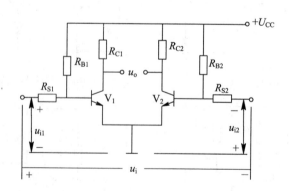

图 4－3　基本差动放大器

2. 抑制零漂的原理

当温度变化或电源波动引起电路不稳定时，由于电路对称，两个三极管的基极电流 i_{B1}、i_{B2} 和集电极电流 i_{C1}、i_{C2} 都要同时发生相应的变化，使 $\Delta u_{C1}＝\Delta u_{C2}$，则输出电压 $\Delta u_o＝\Delta u_{C1}－\Delta u_{C2}＝0$。可见，基本差动放大器有较强的抑制零漂的能力，其抑制零漂的过程可以用下列过程表示：

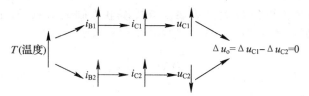

3. 放大倍数

1）对差模信号的放大倍数

（1）差模信号。

通常把两个大小相等、极性相反的输入信号叫做差模信号。差动放大器在输入差模信号时的输入方式叫差模输入。

（2）差模电压放大倍数 A_{ud}。

在图 5-3 所示为基本差动放大电路中，由于

$$u_{i1} = \frac{1}{2} u_i, \quad u_{i2} = -\frac{1}{2} u_i$$

则两三极管的集电极电压为

$$u_{C1} = A_{ud} \frac{1}{2} u_i, \quad u_{C2} = -A_{ud} \frac{1}{2} u_i$$

输出电压为

$$u_o = u_{C1} - u_{C2} = \left(A_{ud} \frac{1}{2} u_i \right) - \left(-A_{ud} \frac{1}{2} u_i \right) = A_{ud} u_i$$

差动放大器对差模信号的放大倍数为

$$A_{ud} = \frac{u_o}{u_i} = -\beta \frac{R_C}{R_s + r_{BE}} \tag{4-1-2}$$

2）对共模信号的放大倍数

（1）共模信号。

通常我们把两个大小相等、极性相同的输入信号叫做共模信号。差动放大器在输入共模信号时的输入方式叫共模输入。

（2）共模电压放大倍数 A_{uc}。

从理论上讲，由于电路的对称性使 $\Delta u_o = \Delta u_{C1} - \Delta u_{C2} = 0$，则差动放大器的共模电压放大倍数为零，即 $A_{uc} = 0$。但由于实际电路的参数误差，要使共模电压放大倍数 A_{uc} 完全为零是非常困难的。因此，我们常用差动放大器的共模抑制比来衡量差动放大器对共模信号的抑制和对差模信号的放大能力。

3）共模抑制比 CMRR

一个理想的差动放大电路对差模信号有较强的放大能力，而对共模信号的放大倍数为零。但由于实际电路的元件参数误差，要使电路达到完全对称是不可能的，因此实际的差动放大器对共模信号的放大倍数并不为零，而由于温度变化和电源波动所引起电路的电流、电压参数变化恰好是以共模信号的形式表现出来。为了全面衡量差动放大器对差模信

号的放大和对共模信号的抑制能力,常用共模抑制比 CMRR 来表示。

差动放大器的差模电压放大倍数 A_{ud} 与共模电压放大倍数 A_{uc} 的比值叫共模抑制比,即

$$\mathrm{CMRR} = \frac{A_{ud}}{A_{uc}} \tag{4-1-3}$$

它也可以用分贝值表示

$$\mathrm{CMRR} = 20\lg\frac{A_{ud}}{A_{uc}}(\mathrm{dB}) \tag{4-1-4}$$

4. 差动放大器的四种连接方式

在实际应用中,由于电路的需要,差动放大器有四种不同的连接方式:

第一种,双端输入、单端输出,如图 4-4(a)所示;

第二种,单端输入、单端输出,如图 4-4(b)所示;

第三种,双端输入、双端输出,如图 4-4(c)所示;

第四种,单端输入、双端输出,如图 4-4(d)所示。

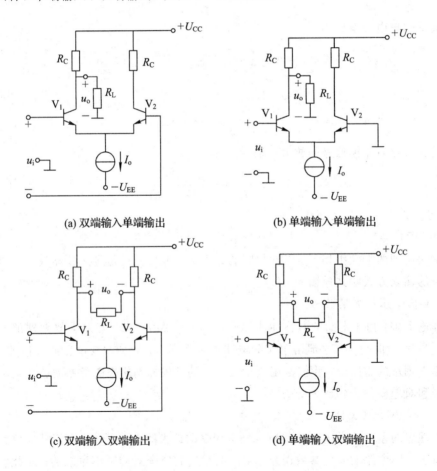

(a) 双端输入单端输出   (b) 单端输入单端输出

(c) 双端输入双端输出   (d) 单端输入双端输出

图 4-4 差分放大电路的四种连接方式

5. 改进的差动放大器

为了进一步提高差动放大器对共模信号的抑制能力，根据实际电路的要求可以对基本的差动放大器进行相应的改进，常见的有以下三种形式。

1）加接发射极电阻的差动放大器

在基本差动放大器的发射极公共支路加接发射极电阻 R_E，如图 4-5(a)所示。从图 4-5(a)中可以看到：当电路输入差模信号时，三极管 V_1、V_2 的发射极电流同时流过 R_E，由于电流大小相等、方向相反，在 R_E 上产生的电压相互抵消，对差模信号的放大倍数不产生影响；当电路输入共模信号时，三极管 V_1、V_2 的发射极电流也同时流过 R_E，但由于电流大小相等方向相同，因此在 R_E 上会产生非常大的负反馈电压，大大增强了抑制零点漂移的能力，电路的稳定性得到提高。

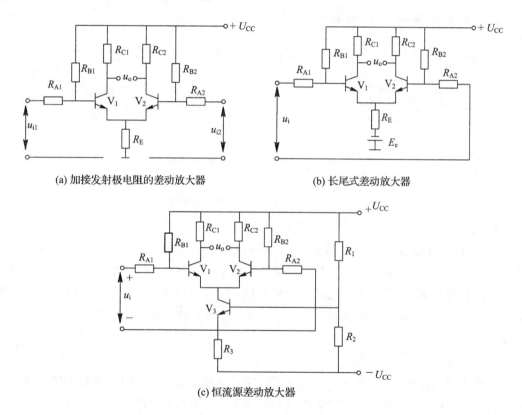

(a) 加接发射极电阻的差动放大器 (b) 长尾式差动放大器

(c) 恒流源差动放大器

图 4-5　改进的差动放大电路

2）长尾式差动放大器

在基本差动放大电路中加接发射极电阻后会大大提高电路对共模信号的抑制能力。但是，由于发射极电阻 R_E 的接入，三极管的发射极电位会被抬高，放大器的动态范围会随之减小，差模放大能力将减弱。为了克服这一缺点，在发射极电阻 R_E 下接入一个辅助电源 $-E_e$，降低发射极电位，扩大放大器的动态范围，提高放大器的差动放大能力，如图 4-5(b)所示。

3) 恒流源差动放大器

为进一步提高差动放大器对共模信号的抑制能力,在三极管的发射极加接恒流源,组成恒流源差动放大器,如图 4-5(c)所示。这是一种常用的差动放大电路形式,由三极管 V_3,电阻 R_1、R_2、R_3 组成的恒流源电路可以向三极管 V_1、V_2 提供恒定的发射极电流 I_E,当电路出现"零漂"时,由于恒流源的作用,差动放大器会表现出极强的抑制"零漂"的能力,使电路的工作稳定性得到进一步提高。

4.2 集成运算放大器

集成电路最早用于运算电路中,所以习惯上也称它为集成运算放大器。

4.2.1 集成运算放大器的组成和电路符号

集成运算放大器主要由输入级、中间级、输出级和偏置电路四部分组成,如图 4-6 所示。

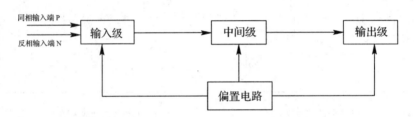

图 4-6 集成运算放大器方框组成图

1) 输入级

输入级是集成运算放大器的最前级,是集成运算放大器的关键部分。一般都采用差动放大电路,对它的要求是增益高、共模抑制比大和输入阻抗高。作为集成运算放大器的输入级,它有两个输入端。其中一端叫同相输入端,输入信号在该端输入时,输出信号与输入信号相位相同;另有一个端叫反相输入端,输入信号在该端输入时,输出信号与输入信号相位相反。

2) 中间级

中间级是由高增益的电压放大电路组成,它是集成运算放大器的主要放大级。除了有足够高的电压增益外,常常还需要它有电平位移和双端变单端的作用。

3) 输出级

对输出级的要求是要有较低的输出阻抗、有较强的带负载的能力,因此集成运算放大器的输出级一般由射极输出器组成。在实际应用中,为了进一步减小输出阻抗,提高带负载的能力,常用复合管组成的射极输出器,使电路有足够的输出功率去推动负载正常工作。

4) 偏置电路

偏置电路的主要作用是为集成运算放大器各级电路提供合适的静态工作点,以保证电路的正常工作。为了有效地抑制零点漂移、提高集成运算放大器的稳定性,在集成运算放大器内部常采用恒流源偏置电路。

4.2.2　集成运算放大器的主要参数

集成运算放大器的种类繁多，实际应用时为了保证集成运算放大器能正常工作，必须合理选择它们的参数。下面介绍集成运算放大器的几个主要参数。

1. 开环差模电压放大倍数 A_{uo}

未引入反馈时集成运算放大器的电压放大倍数称为开环差模电压放大倍数，用 A_{uo} 表示。它是集成运算放大器的一个重要参数，其值很大，一般约为 $10^4 \sim 10^7$ 之间。理想集成运算放大器的开环差模电压放大倍数 A_{uo} 应为无穷大。

2. 最大输出电压 U_{OPP}

U_{OPP} 是指在电源电压一定的情况下，集成运算放大器空载输出的最高电压，一般略低于电源电压。理想状况下 U_{OPP} 等于电源电压。

3. 输入失调电压 U_{IO}

集成运算放大器输入级的差动放大电路不可能完全对称，导致未加入电压时输出电压不为零，称为集成运算放大器的失调。为了使输入电压为零时输出电压也为零，必须要在输入端输入一个补偿电压，该电压就称为输入失调电压 U_{IO}。这个数值越小越好，理想状况下 $U_{IO}=0$。

4. 输入失调电流 I_{IO}

输入信号为零时，由于制造工艺上的误差，使得集成运算放大器两输入端的静态电流不相等，它们的差值就称为输入失调电流 I_{IO}。这个数值越小越好，理想状况下 $I_{IO}=0$。

5. 差模输入电阻 r_i

集成运算放大器的差模输入电压与差模输入电流之比称为差模输入电阻，差模输入电阻的数值一般很大。理想状况下 r_i 为无穷大。

6. 开环输出电阻 r_o

它是指未接入反馈电路时集成运算放大器输出端的对地电阻，它的数值一般很小。理想状况下 r_o 为无穷大。

7. 共模抑制比 CMRR

共模抑制比是指集成运算放大电路在开环状态下，差模电压放大倍数 A_{ud} 与共模电压放大倍数 A_{uc} 之比，即 $\text{CMRR}=A_{ud}/A_{uc}$。

除以上七个参数外，集成运算放大器还有其他参数，如输入偏置电流、转换速率、温度漂移等，在实际应用中可根据电路要求作相应选择。

4.2.3　理想集成运算放大器

随着集成电路制造工艺的不断发展，集成运算放大器的性能越来越好，其参数已经接近理想集成运算放大器。因此我们用分析理想集成运算放大器的方法来分析集成运算放大器不会有很大的误差，而且非常方便。今后在没有作特殊说明的情况下，我们都可以用分析理想集成运算放大器的方法来分析集成运算放大器。

理想集成运算放大器应具备以下条件：

（1）开环电压放大倍数为无穷大，即 $A_{uo}=\infty$；

（2）输入电阻为无穷大，即 $r_i=\infty$；

（3）输出电阻为零，即 $r_o=0$；

（4）两输入端电位相等，即 $u_P=u_N$（称为虚短）；

（5）两输入端电流相等并为零，即 $i_P=i_N=0$（称为虚断）。

4.3 基本集成运算放大电路

4.3.1 反相比例运算放大器

1. 电路结构

反相比例运算放大器如图 4 - 7 所示。图中输入信号 u_i 通过电阻 R_i 接到反相输入端，在输出端与输入端之间接有反馈电阻 R_f，形成深度电压并联负反馈，使运算放大器工作在稳定的线性放大状态。为了使集成运算放大器的输入端阻抗对称，在同相输入端与地之间接入了电阻 R_2，R_2 称为平衡电阻。且要求 $R_2=R_1 /\!/ R_f$。

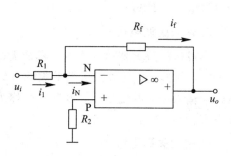

图 4 - 7　反相比例运算放大器

2. 闭环电压放大倍数 A_{uf}

从图 4 - 7 中不难看出：

在信号输入支路

$$i_1=\frac{u_i-u_N}{R_1}$$

在反馈支路

$$i_f=\frac{u_N-u_o}{R_f}$$

根据理想集成运算放大器"虚断"的概念有 $i_N=i_P=0$，因此 R_2 上无电流流过，则 $u_P=0$。又根据理想集成运算放大器"虚短"的概念有 $u_N=u_P=0$，则可得到

在信号输入支路

$$i_1=\frac{u_i-u_N}{R_1}=\frac{u_i}{R_1}$$

在反馈支路

$$i_f=\frac{u_N-u_o}{R_f}=-\frac{u_o}{R_f}$$

因 $i_N=i_P=0$，所以 $i_1=i_f$，则

$$\frac{u_i}{R_1}=-\frac{u_o}{R_f}\qquad u_o=-\frac{R_f}{R_1}u_i \tag{4-3-1}$$

闭环电压放大倍数为

$$A_{uf} = \frac{u_O}{u_i} = -\frac{R_f}{R_1} \qquad (4-3-2)$$

从式(4-3-1)中可以看出：输入电压与输出电压相位相反，大小成一定比例关系，故称此电路为反相比例运算放大器。

从式(4-3-2)中可以看出：反相比例运算放大器的闭环电压放大倍数仅由外接反馈电阻 R_f 和输入端电阻 R_1 的比值决定，而与集成运算放大器本身的参数无关。

4.3.2　同相比例运算放大器

1. 电路结构

同相比例运算放大器的电路结构如图 4-8 所示。输入信号 u_i 经过电阻 R_2 送到集成运放的同相输入端，反馈信号从输出端取出，经 R_f 反馈到反相输入端。为了使输入端保持阻抗平衡，应使 $R_2 = R_1 /\!/ R_f$。

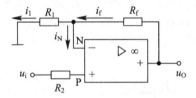

图 4-8　同相比例运算放大器

2. 闭环电压放大倍数 A_{uf}

根据理想集成运算放大器"虚短"的概念有 $u_i = u_P = u_N$，又根据"虚断"的概念得到 $i_N = 0$，使 $i_1 = i_f$，则

$$u_i = u_P = u_N = \frac{R_1}{R_1 + R_f} u_O$$

由于 $A_{uf} = \dfrac{u_O}{u_i}$，即

$$A_{uf} = \frac{R_1 + R_f}{R_1} = 1 + \frac{R_f}{R_1} \qquad (4-3-3)$$

又由于

$$\frac{R_1 + R_f}{R_1} = \frac{1}{\dfrac{R_1}{R_1 + R_f}} = \frac{R_f}{\dfrac{R_1 R_f}{R_1 + R_f}} = \frac{R_f}{R_2}$$

即

$$A_{uf} = \frac{R_1 + R_f}{R_1} = \frac{R_f}{R_2} \qquad (4-3-4)$$

由式(4-3-3)和式(4-3-4)可得

$$A_{uf} = \frac{u_O}{u_i} = 1 + \frac{R_f}{R_1} = \frac{R_f}{R_2} \qquad (4-3-5)$$

从式(4-3-5)中同样可以看出,同相比例运算放大器的闭环电压放大倍数也与集成运算放大器本身的参数无关,只与 R_f 和 R_1(或 R_2)的比值有关。

需要注意的是:$1+\dfrac{R_f}{R_1}>1$,而 $R_2=R_1 /\!/ R_f$,则 $R_2<R_f$,因此 $\dfrac{R_f}{R_2}>1$。由此可得出同相比例运算放大器的闭环电压放大倍数 $A_{uf}>1$。当 R_1 开路或 $R_f=0$ 时,电路的输入电压和输出相等且同相,此时电路称为电压跟随器。

例 4.3.1 如图 4-8 所示,已知 $u_O=1$ V,电阻 $R_1=20$ kΩ,$R_f=80$ kΩ。求:
(1)电路的闭环电压放大倍数 A_{uf};(2)输入信号 u_i 的大小;(3)电阻 R_2 的大小。

解 (1)电路的闭环电压放大倍数为

$$A_{uf}=1+\frac{R_f}{R_1}=1+\frac{80\times10^3}{20\times10^3}=5$$

(2)输入信号 u_i 的大小为

$$u_i=\frac{u_O}{A_{uf}}=\frac{1}{5}=0.2\ \text{V}$$

(3)根据同相比例运算放大器输入端阻抗平衡要求,电阻 R_2 的大小为

$$R_2=\frac{R_1 R_f}{R_1+R_f}=\frac{20\times10^3\times80\times10^3}{20\times10^3+80\times10^3}=16\ \text{kΩ}$$

4.4 集成运算放大器的应用

集成运算放大器具有体积小、可靠性高、功耗低、使用方便等特点,因此在电子技术中得到广泛的应用。如果给它们配置不同的外围电路可以得到不同功能的实用电路,下面介绍几种典型应用电路。

4.4.1 运算电路

1. 加法运算电路(加法器)

加法运算电路实际上是在反相比例运算放大器的基础上增加几条输入支路组成的求和电路。加法运算电路的电路组成如图 4-9 所示。

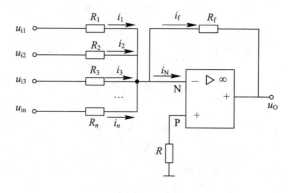

图 4-9 加法运算电路

由理想集成运算放大器的"虚断"和"虚短"可知，$U_N = U_P = 0$；$i_N = i_P = 0$。则有

$$i_f = i_1 + i_2 + \cdots + i_n \qquad (4-4-1)$$

而

$$i_f = \frac{u_N - u_O}{R_f} = -\frac{u_O}{R_f}; \quad i_1 = \frac{u_{i1} - u_N}{R_1} = \frac{u_{i1}}{R_1}; \quad i_2 = \frac{u_{i2} - u_N}{R_2} = \frac{u_{i2}}{R_2}$$

$$i_3 = \frac{u_{i3} - u_N}{R_3} = \frac{u_{i3}}{R_3}; \quad \cdots \quad ; \qquad i_n = \frac{u_{in} - u_N}{R_n} = \frac{u_{in}}{R_n}$$

将 i_f、i_1、i_2、i_3、$\cdots$、i_n 代入式(4-4-1)经整理后可得

$$u_O = -R_f \left(\frac{u_{i1}}{R_1} + \frac{u_{i2}}{R_2} + \frac{u_{i3}}{R_3} + \cdots + \frac{u_{in}}{R_n} \right)$$

若 $R_1 = R_2 = R_3 = \cdots = R_n = R$，则有

$$u_O = -\frac{R_f}{R}(u_{i1} + u_{i2} + u_{i3} + \cdots + u_{in})$$

如果 $R_f = R$，则有

$$u_O = -(u_{i1} + u_{i2} + u_{i3} + \cdots + u_{in}) \qquad (4-4-2)$$

从式(4-4-2)中可以看到，输出电压等于各输入电压之和，电路完成了加法运算，实现了相加功能。式中的负号表示输出电压与输入电压相位相反，如果需要也可以做成同相加法运算电路。

2. 减法运算电路(减法器)

减法运算电路实际上是一个双端输入的集成运算放大电路，是同相比例运算放大器和反相比例运算放大器的组合，在一定条件下，它的输出电压与输入电压的差值成正比。我们把这种输出电压与输入电压之差成正比的电路叫减法运算电路。减法运算电路的电路组成如图 4-10 所示。电路中要求 $R_2 = R_f$。

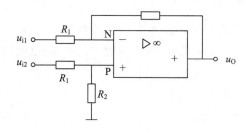

图 4-10　减法运算电路

下面我们分三种情况对减法运算电路进行分析。

(1) 只有 u_{i1} 输入，u_{i2} 等于零时：电路相当于一个反相比例运算放大器，此时它的输出电压为

$$u_{O1} = -\frac{R_f}{R_1} u_{i1}$$

(2) 只有 u_{i2} 输入，u_{i1} 等于零时：电路相当于一个同相比例运算放大器，此时它的输出电压为

$$u_{O2} = \left(1 + \frac{R_f}{R_1} \right) u_N = \frac{R_1 + R_f}{R_1} u_N \qquad (4-4-3)$$

根据理想集成运算放大器"虚短"的概念有 $u_N = u_P$，又根据"虚断"的概念可知同相输入端 P 的输入电流为零，所以

$$u_N = u_P = \frac{R_2}{R_1 + R_2} u_{i2}$$

又因为 $R_2 = R_f$，所以 $u_N = u_P = \frac{R_f}{R_1 + R_f} u_{i2}$，将其代入式(4-4-3)可得

$$u_{O2} = \frac{R_1 + R_f}{R_1} \times \frac{R_f}{R_1 + R_f} u_{i2} = \frac{R_f}{R_1} u_{i2}$$

(3) 同时输入 u_{i1} 和 u_{i2} 时，电路相当于一个差动输入的比例运算放大器，此时的输出电压为

$$u_O = u_{O1} + u_{O2} = -\frac{R_f}{R_1} u_{i1} + \frac{R_f}{R_1} u_{i2} = \frac{R_f}{R_1}(u_{i2} - u_{i1}) \tag{4-4-4}$$

从式(4-4-4)可以看出：当电路同时输入 u_{i1} 和 u_{i2} 时，输出电压与两输入电压的差值成一定比例。

如果取 $R_1 = R_2 = R_f$，则输出电压 u_O 为

$$u_O = u_{i2} - u_{i1} \tag{4-4-5}$$

在式(4-4-5)中可以看出，输出电压等于两输入电压的差值，电路实现了减法运算，因此该电路叫减法运算电路。

4.4.2　信号转换电路

信号转换电路一般指电压-电流转换和电流-电压转换两种形式，它广泛应用在自动控制电路中。下面分别介绍这两种信号转换电路。

1. 电压-电流转换电路

电压-电流转换电路的作用是将输入电压信号转换成一定比例的输出电流信号。图4-11所示为电压-电流转换电路，图(a)为反相输入式电压-电流转换器；图(b)为同相输入式电压-电流转换器。

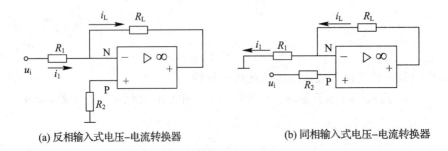

(a) 反相输入式电压-电流转换器　　　　　(b) 同相输入式电压-电流转换器

图4-11　电压-电流转换电路

图4-11(a)所示为反相输入电压-电流转换电路，图中 R_1 为输入电阻，R_L 为负载电阻，R_2 为输入端平衡电阻。在理想条件下根据"虚断"和"虚短"的概念有

$$i_L = i_1 = \frac{u_i - u_N}{R_1} = \frac{u_i}{R_1} \qquad (4-4-6)$$

式(4-4-6)说明，负载 R_L 上的电流与输入电压成正比，而与负载电阻 R_L 的大小无关。如果输入电压是恒定不变的，则输出电流也是恒定不变的。

图 4-11(b)所示为同相输入电压-电流转换电路，在理想条件下根据"虚断"的概念有 $u_P = u_i$，$i_1 = i_L$，又根据"虚短"的概念有 $u_N = u_P = u_i$，因此有

$$i_L = i_1 = \frac{u_N}{R_1} = \frac{u_i}{R_1} \qquad (4-4-7)$$

从式(4-4-7)中可以看出，同相输入电压-电流转换电路的效果与反相输入电压-电流转换电路的效果一样，同样可以完成电压-电流转换。所不同的是，同相输入电压-电流转换电路的输入电阻比反相输入电压-电流转换电路的输入电阻大，采用高阻抗输入后，电路的转换精度会大大提高。但采用同相输入时对集成运算放大器的共模抑制比要求较高，要选用高共模抑制比的集成运算放大器。

2. 电流-电压转换电路

电流-电压转换电路的电路组成如图 4-12 所示，其作用就是将输入电流转换成一定比例的输出电压。

根据理想条件下的"虚断"的概念有 $i_1 = i$，又根据"虚短"的概念可得 $u_N = u_P = 0$。因此，输出电压 $u_O = -i_f R_f = -i_1 R_f$。

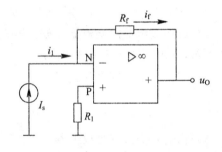

图 4-12　电流-电压转换器

上式说明：输出电压 u_O 与输入电流 i_1 成正比，实现了电流-电压的转换。

4.4.3　集成运算放大器的其他应用电路

1. 集成运放组成的正弦波振荡器

用集成运放代替三极管组成正弦波振荡器，其稳定性更高。因此，在许多要求非常高的电路中都采用集成运放组成的正弦波振荡器，由集成运放可以组成 RC 文氏电桥振荡电路、RC 移相式振荡电路等不同形式，下面介绍 RC 文氏电桥振荡电路。电路组成如图 4-13 所示。图中由 R_1、C_1、R_2、C_2 组成正反馈选频回路。如果使选频回路中的 $R_1 = R_2 = R$，

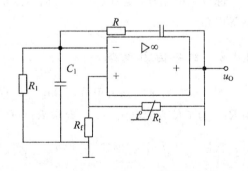

图 4-13　RC 文氏振荡器

$C_1 = C_2 = C$，则该电路的振荡频率为 $f_0 = \dfrac{1}{2\pi RC}$。电路的闭环电压放大倍数由 R_f 和 R_t 的阻值决定，同时 R_t 具有温度补偿作用，使电路的输出电压更加稳定。

2. 集成运放组成的交流耦合放大器

在许多实际应用电路中只要求放大交流信号，因此输入信号必须通过隔直电容后输入到集成运放的输入端。集成运放组成的交流耦合放大器如图 4-14 所示，其中图(a)是反相输入交流耦合放大器，图(b)是同相输入交流耦合放大器。

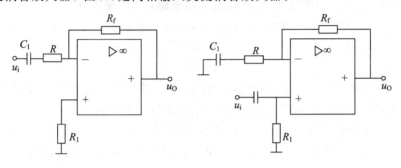

(a) 反相输入交流耦合放大器　　　　　　　(b) 同相输入交流耦合放大器

图 4-14　集成运放组成的交流耦合放大器

集成运放组成的交流耦合放大器直流工作点非常稳定，放大器的增益取决于电路的元件参数，其电压放大倍数分别为

反相输入交流耦合放大器：

$$A_{uf} = -\frac{R_f}{R}$$

同相输入交流耦合放大器：

$$A_{uf} = 1 + \frac{R_f}{R}$$

集成运放组成的交流耦合放大器在音频放大电路中应用非常广泛。它具有组装简单，调试方便等优点。

除以上应用外，集成运放还可以组成功率放大器的驱动电路、高输入阻抗的交流放大器等电路。

4.4.4　积分运算电路

图 4-15 所示电路为积分运算电路，它和反相比例运算电路的差别是用电容 C 代替电阻 R_f。为了使直流电阻平衡，要求 $R_1 = R$。

根据运放反相端"虚地"可得 $i_R = \dfrac{u_i}{R}$。若 C 上起始电压为零，则 $i_C = -C\dfrac{du_o}{dt}$，由于 $i_R = i_C$，可得输出电压

$$u_o = -\frac{1}{RC}\int u_t \, dt \qquad\qquad (4-4-8)$$

由式(4-4-8)可见，输出电压 u_o 正比于输入电压 u_i 对时间 t 的积分，从而实现了积分运算。其中 RC 为电路的时间常数。积分电路常常用以实现波形变换，如将方波电压变换为三角形电压，如图 4-16 所示。

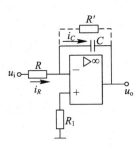

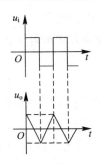

图 4-15 积分运算电路图 　　　　　图 4-16 积分运算电路波形转换

4.4.5 微分运算电路

将积分运算电路中的电阻和电容位置互换即构成微分运算电路，如图 4-17 所示。根据运放反相端"虚地"可得

$$i_C = C \frac{\mathrm{d}u_i}{\mathrm{d}t}$$

$$i_R = -\frac{u_o}{R}$$

由于 $i_C = i_R$，因此可得输出电压 u_o 为

$$u_o = -RC \frac{\mathrm{d}u_i}{\mathrm{d}t} \qquad\qquad (4-4-9)$$

由式 $(4-4-9)$ 可见，输出电压 u_o 正比于输入电压 u_i 对时间 t 的微分，而实现了微分运算。式中 RC 为电路的时间常数。图 4-17 所示电路并不实用，当输入电压产生阶跃变化或有脉冲式大幅值干扰时，都会使集成运放内部的放大管进入饱和或截止状态，以至于当信号消失了，内部管子还不能脱离原状态而回到放大区，进而出现阻塞现象。电路只有切断电源后方能恢复，即电路无法正常工作。此外，基本微分电路容易产生自激振荡，使电路不能稳定工作。

为解决上述问题，组成微分实用电路，如图 4-18(a) 所示。R_1 限制输入电流亦即限制了 R 中的电流，VS_1、VS_2 用以限制输出电压，防止阻塞现象产生，C_1 为小容量电容，起相位补偿作用，防止产生自激振荡。若输入为方波，且 $RC \ll T/2$（T 为方波周期），则输出为尖顶波，如图 4-18(b) 所示。

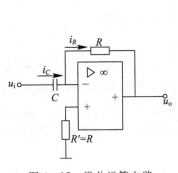

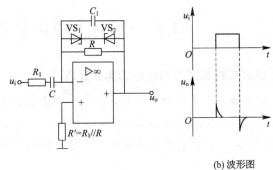

图 4-17 微分运算电路 　　　　　图 4-18 实用微分运算电路

例 4.4.1 基本积分电路如图 4 - 19(a)所示，输入信号 u_i 为一对称方波，如图 4 - 19(b)所示。运放最大输出电压为 ± 5 V，当 $T = 0$ 时电容电压为零，试画出理想情况下的输出电压波形。

解 由图 4 - 19(a)可求的电路时间常数为 $\tau = R_1 C_f = 10 \text{ k}\Omega \times 10 \text{ nF} = 0.1 \text{ ms}$。

由运放反相输入端为"虚地"可知，输出电压等于电容电压，$u_o = -u_C$，$u_o(0) = 0$。因为在 $0 \sim 0.1$ ms 时间段内 u_i 为 $+5$ V，根据积分电路的工作原理，输出电压 u_o 将从零开始线性减小，在 $t = 0.1$ ms 时达到了负峰值，其值为

$$u_o \big|_{t=0.1 \text{ ms}} = -\frac{1}{R_1 C_f} \int_0^t u_i \mathrm{d}t + u_o(0) = -\frac{1}{0.1 \text{ ms}} \int_0^{0.1 \text{ ms}} 5 \mathrm{d}t = -5 \text{ V}$$

而在 $0.1 \sim 0.3$ ms 时间段内 u_i 为 -5 V，所以输出电压 u_o 开始线性增大，在 $t = 0.3$ ms 时达到正峰值，其值为

$$u_o \big|_{t=0.3 \text{ ms}} = -\frac{1}{R_1 C_f} \int_{0.1 \text{ ms}}^{0.3 \text{ ms}} u_i \mathrm{d}t + u_o \big|_{t=0.1 \text{ ms}}$$

$$= -\frac{1}{0.1 \text{ ms}} \int_{0.1 \text{ ms}}^{0.3 \text{ ms}} (-5) \mathrm{d}t + (-5 \text{ V}) = +5 \text{ V}$$

上述输出电压最大值均未超过运放最大输出电压，所以输出电压与输入电压之间为线性积分关系。由于输入信号 u_i 为对称方波，因此可作出输出电压波形如图 4 - 19(b)所示为三角波。

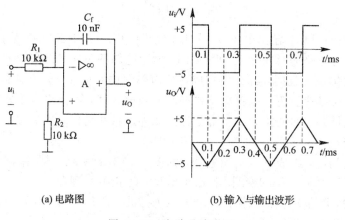

(a) 电路图　　　　　　　(b) 输入与输出波形

图 4 - 19　电路及波形图

4.5　使用集成运放的注意事项

1. 根据电路需要选择合适的集成运放

集成运算放大器的种类繁多，它们的性能也各不相同，有的具有高输入阻抗，有的具有低噪声特性，有的具有非常高的共模抑制比，等等，各自具有自己的特色。在实际应用中，我们不能单纯地追求性能指标，要根据具体电路的不同技术要求选择合适的集成运算放大器。

同时要提醒大家注意的是：即使是同一类型的集成运算放大器，其性能参数也可能存

在较大的差异，在选择使用前一定要搞清楚主要的性能参数，在条件允许的情况下最好对一些主要参数进行测试。

2. 集成运放的保护措施

集成运放在使用过程中如果出现电源电压过高、电源极性错误、输入电压过高、输出端短路或输出过载等，均有可能造成集成运放的损坏，为了使集成运放能安全地工作，必须采取一定的保护措施。

1）输入保护

为了防止输入电压过高而损坏集成运放，常常在集成运放两输入端之间反向并接两只硅二极管进行钳位，以限制集成运放的输入信号幅度，无论输入信号的极性是正是负，只要超过硅二极管的正向导通电压(0.7 V)，总有一只二极管因正偏而导通，将两输入端之间的电压限制在 0.7 V 以内，从而保护了集成运放的输入端。

2）输出保护

在集成运放的输出端反向串接两只性能一致的稳压二极管，当输出电压在正向或负向出现过压时，总有一只稳压二极管导通，而另一只稳压二极管工作在稳压状态，从而将输出电压幅度稳定在一定范围内，使集成运放的输出端不会因输出电压过高而损坏。为了不影响集成运放的正常输出，两只稳压二极管的稳定电压值应略高于集成运放的最大允许输出电压。

3. 集成运放的调零

由于集成运放的输入端不同程度地存在输入失调电压和输入失调电流，影响集成运放的正常工作，因此要对集成运放进行调零，以消除由于输入失调电压和输入失调电流产生的影响。集成运放的调零分为内部调整和外部调整，在使用时要根据不同情况进行相应的调整。

4. 消除自激

由于集成运放的高电压增益和内部元件的参数影响，容易引起自激，造成电路工作的不稳定。消除自激的办法是在集成运放的外电路接入消振电容或 RC 反馈网络，以消除自激，使集成运放的工作状态稳定。

4.6　集成电路的使用知识及技能训练项目

实验项目 8　集成运放的线性应用

一、实验目的

(1) 研究由集成运放组成的比例和积分基本运算电路的功能。

(2) 了解运放在实际应用时考虑的一些问题。

(3) 巩固电子仪器的基本使用方法，提高实际调整与测试能力。

二、实验设备与器材

(1) 双路直流稳压电源　　　　1台;

(2) 函数信号发生器　　　　　1台;

(3) 双踪示波器　　　　　　　1台;

(4) 交流毫伏表　　　　　　　1只;

(5) 万用表　　　　　　　　　1只;

(6) 实训电路板　　　　　　　1块;

(7) 集成运放(μF741)　　　　1只;

(8) 元器件　　　　　　　　　若干。

三、实验电路

反相比例运算电路如实验图 4-1 所示。

积分运算电路如实验图 4-2 所示。

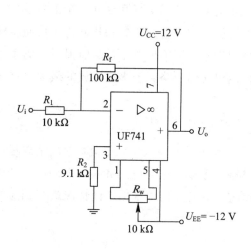

实验图 4-1　反相比例运算电路

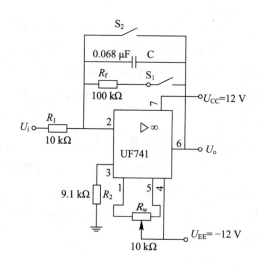

实验图 4-2　积分运算电路

四、实验原理

集成运放工作在线性区时,其输出电压与两个输入端的电压之间存在着线性关系。为使运放工作在线性区,通常引入深度负反馈。理想运放工作在线性区时有两个重要的特点:

(1) 理想运放的差模输入电压等于零(虚短);

(2) 理想运放的输入电流等于零(虚断)。

五、实验内容及步骤

1. 反相比例运算电路

(1) 安装连接电路。

检测各元器件和导线是否有损坏,在检查无误后按实训图 4-1 所示电路在实训电路板上装接反相比例运算电路。要求布局合理,平整美观,连线正确,接触可靠。切忌正、负电源极性反接及输出端短路等。

（2）集成运放调零。

开启双路直流稳压电源，用万用表测量电源电压输出值并调至＋12 V 和－12 V 接入电路。使输入端对地短路，调节电位器 R_w，使输出端的直流电压为零。

（3）反相比例运算电路的测试。

输入 $f = 100$ Hz，$u_i = 0.5$ V 的正弦信号，用毫伏表测量出输出电压的有效值 u_o，计算出 A_u。并用示波器观察 u_o 和 u_i 的相位关系，将所得数据记录于实验表 4 - 1 中。

实验表 4 - 1

u_i/V	u_o/V	A_u		u_i 和 u_o 的相位关系
		实测值	理论值	

2. 积分运算电路

（1）按实验图 4 - 2 所示电路在实训电路板上搭接线路。

（2）接通 ±12 V 电源，使输入端对地短路。打开 S_2，闭合 S_1，对集成运放进行调零。

（3）调零完成后，打开 S_1，闭合 S_2，使 $u_c(0) = 0$。

（4）打开 S_1 和 S_2，在输入端接入频率为 1 kHz、幅度为 4 V 的方波信号。用示波器观察 u_o 和 u_i 的波形并测出它们的幅度和周期。将所测数据记录于实验表 4 - 2 中。

实验表 4 - 2

	振幅	周期	波形
u_i/V			
u_o/V			

实验项目 9　集成运放的非线性应用

一、实验目的

（1）掌握集成运放的非线性应用电路之一的电压比较器的电路构成方法。

（2）学会测试电压比较器的方法。

二、实验设备与器材

（1）双路直流稳压电源	1 台；	（2）函数信号发生器	1 台；
（3）双踪示波器	1 台；	（4）交流毫伏表	1 只；
（5）万用表	1 只；	（6）实训电路板	1 块；
（7）集成运放（μF741）	1 只；	（8）元器件	若干。

三、实验电路

过零电压比较器如实验图 4 - 3 所示。

反相滞回比较器如实验图 4 - 4 所示。

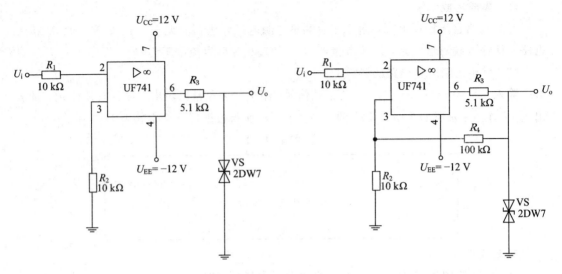

实验图 4－3　过零电压比较器　　　　　　　实验图 4－4　反相滞回比较器

四、实验原理

集成运放工作在非线性区时，运放处于开环或正反馈状态。理想运放工作在非线性区时也有两个重要的特点：

(1) 理想运放的输出电压的值只有两种可能，等于运放的正向最大输出电压 $+U_{OPP}$ 或等于其负向最大输出电压 $-U_{OPP}$；

(2) 理想运放的输入电流等于零(虚断)。

五、实验内容及步骤

1. 过零电压比较器

(1) 检测各元器件和导线是否有损坏，在检查无误后按实训图 4－3 所示电路在实训电路板上装接过零电压比较器。要求布局合理，平整美观，连线正确，接触可靠。切忌正、负电源极性反接及输出端短路等。

(2) 开启双路直流稳压电源，用万用表测量电源电压输出值并调至 ＋12 V 和 －12 V 接入电路。

(3) 测量 u_i 悬空时的输出电压 u_o。

(4) 输入 $f=500\ \text{Hz}$、$u_i=2\ \text{V}$ 的正弦信号，用示波器观察 u_o 和 u_i 的波形并测出它们的幅度。将所测数据记录于实验表 4－3 中。

(5) 绘制出过零电压比较器的传输特性曲线。

实验表 4－3

	u_o 波形	u_o 幅值/V
u_i 悬空		
$u_i=2\ \text{V}$		

2. 反相滞回比较器

(1) 按实验图 4－4 所示电路在实训电路板上搭接线路。

（2）u_i 接 +5 V 可调直流电源，测出 u_o 由 $+u_{omax}$ 至 $-u_{omax}$ 时 u_i 的临界值。

（3）同上，测出 u_o 由 $-u_{omax}$ 至 $+u_{omax}$ 时 u_i 的临界值。

（4）输入频率为 500 Hz、峰值为 2 V 的正弦信号，用示波器观察 u_o 和 u_i 的波形。将所测数据和波形记录于实验表 4－4 中。

（5）绘制出反相滞回比较器的传输特性曲线。

实验表 4－4

u_i/V	u_o		波形
	$+u_{omax}$	$-u_{omax}$	
+5 V 可调直流电源			
正弦信号			

本 章 小 结

（1）直流放大器不仅能放大直流信号，也可以放大交流信号，它采用直接耦合方式。因此，多级直流放大器存在两个特殊问题：一是前后级静态工作点相互牵制的问题；二是零点漂移现象。解决这两个问题的办法是：第一，可以采用在后级放大器三极管的发射极接发射极电阻、二极管、稳压二极管的办法调整直流电位，也可以用 NPN 管和 PNP 管配合使用的办法使静态工作点相互配合；第二，采用差动放大器作为输入级解决零点漂移的问题。

（2）差动放大器的主要性能有：第一，对差模信号具有极强的放大能力；第二，对共模信号具有较强的抑制作用；第三，由于电路的对称性可以有效地抑制零点漂移的产生。

（3）集成运算放大器由输入级、中间级、输出级和偏置电路四部分组成。为了有效地抑制"零漂"，输入级一般都采用差动放大器。理想集成运放的两输入端电位相等，称之为"虚短"；两输入端输入电流为零，称之为"虚断"。因而应用中常把集成运算放大器特性理想化，即 $A_{ud} \to \infty$，$R_{id} \to \infty$，$R_o \to 0$，$K_{KMR} \to \infty$。

（4）基本集成运算放大电路中的反相比例运算放大器和同相比例运算放大器是集成运算放大器的两种基本电路形式。反相比例运算放大器的闭环电压放大倍数为负，输出电压与输入电压反相；而同相比例运算放大器的闭环电压放大倍数为正，输出电压与输入电压同相。其闭环电压放大倍数分别为

反相比例运算放大器：

$$A_{uf} = -\frac{R_f}{R_1}$$

同相比例运算放大器：

$$A_{uf} = 1 + \frac{R_f}{R_1} = \frac{R_f}{R_2}$$

另外，根据电路要求的不同，集成运放还可以组成其他不同形式的电路，以满足电路的不同需求。

（5）用集成运放可以构成比例、加法、减法、微分、积分等基本运算电路。基本运算电路中反馈电路必须接到反相输入端以构成负反馈，使集成运放工作在线性状态。

（6）在集成运算放大器的使用过程中，要根据电路的不同要求，合理地选择集成运放的各项参数，同时要注意对集成运放调零、消除自激和保护，防止因各种意外因素的发生而损坏集成运放。

思考与练习四

一、填空题

（1）直接耦合放大器又叫_____放大器，它不仅可以放大_____信号，也可以放大_____信号。

（2）集成运算放大器由_____、_____、_____和_____四部分组成。

（3）比例运算放大器的闭环电压放大倍数只与_____有关，而与_____无关。其中反相比例运算放大器的闭环电压放大倍数为_____，而同相比例运算放大器的闭环电压放大倍数为_____。

（4）理想集成运算放大器的输入电流为_____，而输入电阻为_____，它的开环差模电压放大倍数为_____，共模抑制比为_____。

二、判断题

（1）直流放大器是专门用来放大直流信号的。　　　　　　　　　　（　　）

（2）差动放大器只能放大差模信号，不能放大共模信号。　　　　　（　　）

（3）集成运算放大器主要用于运算电路，所以称为运算放大器。　　（　　）

（4）在实际应用中，一般都可以将集成运算放大器看成是理想运算放大器进行分析。

　　　　　　　　　　　　　　　　　　　　　　　　　　　　　　（　　）

（5）在同相比例运算放大器中，如果反馈电阻 $R_f = 0$，此时电路的闭环电压放大倍数 $A_{uf} = 1$，此时该电路称为电压跟随器。　　　　　　　　　（　　）

三、选择题

（1）在同等条件下，阻容耦合放大器的零点漂移（　　　）。

A. 比直接耦合电路小　　　　　　B. 与直接耦合电路相同

C. 比直接耦合电路大　　　　　　D. 不能确定

（2）在实际应用时必须解决"零漂"问题的放大器是（　　　）。

A. 交流放大器　　　　　　　　　B. 直流放大器

C. 阻容耦合放大器　　　　　　　D. 调谐放大器

（3）集成运算放大器的输入级一般都采用（　　　）。

A. 选频放大电路　　　　　　　　B. 振荡电路

C. 功率放大电路　　　　　　　　D. 差动放大电路

（4）反相比例运算放大器的闭环电压放大倍数为（　　　）。

A. $A_{uf} = \dfrac{R_f}{R_1}$　　　　　　　B. $A_{uf} = -\dfrac{R_f}{R_1}$

C. $A_{uf} = 1 + \dfrac{R_f}{R_1}$　　　　　D. $A_{uf} = -\left(1 + \dfrac{R_f}{R_1}\right)$

（5）同相比例运算放大器的闭环电压放大倍数为（　　）。

A. $A_{uf} = \dfrac{R_f}{R_1}$　　　　　　　B. $A_{uf} = -\dfrac{R_f}{R_1}$

C. $A_{uf} = 1 + \dfrac{R_f}{R_1}$　　　　　D. $A_{uf} = -\left(1 + \dfrac{R_f}{R_1}\right)$

四、简答题

（1）集成运算放大器的主要参数有哪些？

（2）理想集成运算放大器应满足哪些条件？

（3）集成运算放大器在使用过程中应采取哪些保护措施？

五、作图与分析

（1）画出由集成运算放大器组成的加法和减法运算电路图。

（2）试用理想运放设计一个能实现 $u_o = 3u_{i1} + 2u_{i2} - 4u_{i3}$ 运算的电路。

（3）画出输出电压 u_o 与输入电压 u_i 符合下列关系式的集成运算放大电路：

① $\dfrac{u_o}{u_i} = 1$；② $\dfrac{u_o}{u_i} = -10$；③ $\dfrac{u_o}{u_{i1} + u_{i2} + u_{i3}} = -10$。

六、分析与计算

（1）集成运算放大器电路如习题图 4-1 所示，试分别求出各电路的输出电压的大小。

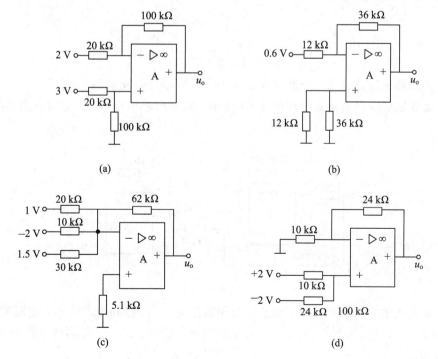

习题图 4-1

（2）集成运放应用电路如习题图 4 - 2 所示，试分别求出各电路输出电压的大小。

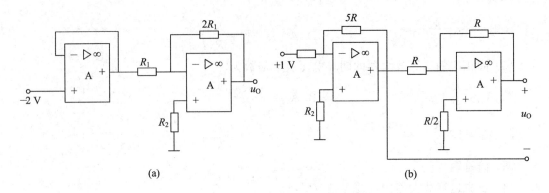

(a)　　　　　　　　　　　　(b)

习题图 4 - 2

（3）写出习题图 4 - 3 所示各电路的名称，试分别计算它们的电压放大倍数和输入电阻。

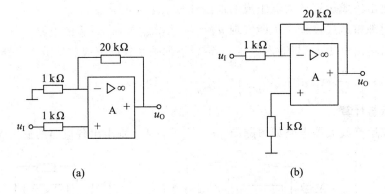

(a)　　　　　　　　　　　　(b)

习题图 4 - 3

（4）试用理想运放设计一个能实现 $u_o = 3u_{i1} + 2u_{i2} - 4u_{i3}$ 运算的电路。

（5）集成运放应用电路如习题图 4 - 4 所示，试写出输出电压 u_O 与输入电压 u_I 的关系式。

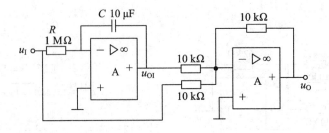

习题图 4 - 4

（6）如习题图 4 - 5(a)、(b)所示的积分和微分电路中，已知输入电压的波形如图 4 - 5 (c)所示，且 $t = 0$ 时，$u_C = 0$，集成运放最大输出电压为 ±15 V，试分别画出各个电路的输出电压波形。

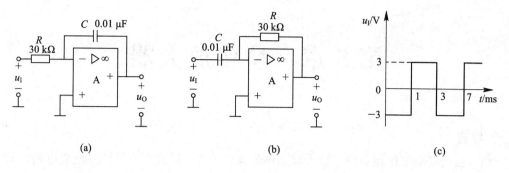

习题图 4 - 5

（7）如习题图 4 - 6 所示电路中，当 $t=0$ 时，$u_C=0$，试写出输出电压 u_O 与输入电压 u_{I1}、u_{I2} 之间的关系式。

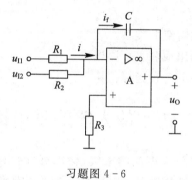

习题图 4 - 6

第 5 章 功率放大器

☞ 导言

功率放大器是工作在大信号放大状态的放大器，其分析方法与小信号放大电路所有不同，本章首先讨论功率放大电路的特点和类型，然后讨论功率放大电路的组成、特点，最后重点讨论复合管互补对称功率放大电路的组成、静态工作点的设置、性能分析及其集成电路功率放大器应用。

☞ 教学目标

(1) 了解功率放大电路的特点和类型。

(2) 熟悉功率放大电路的组成和工作原理。

(3) 掌握功率放大电路中的各种指标估算。

5.1 功率放大器的基本概念

在实际应用中，往往要求放大电路的末级(输出级)输出足够大的信号功率以驱动负载，如收音机、扩音机和电视机的伴音系统都要用功放电路推动扬声器发出声音；在自动控制系统中，功放电路要推动电机旋转或使继电器动作等。这就要求电路有较大的功率输出，即不仅要输出足够大的信号电压，也要输出足够大的信号电流。能够向负载提供足够信号功率的放大电路称为功率放大电路，简称功放，而前面介绍的电压放大电路，以放大信号电压为目的。在多级放大电路中，电压放大电路总是作为输入级或中间级，工作在小信号情况下；而功率放大电路则以向负载电阻输出功率为主要目的，工作于大信号状态，通常处于末级或末前级。为此，功放电路必须向负载提供足够大的功率。

5.1.1 对功率放大器的要求

1. 有足够大的输出功率

功率放大器的输出电压与输出电流的乘积就是它的输出功率，功率放大器的最大输出功率受到元件参数的限制，为了得到足够大的输出功率，功率放大器使用元件的参数要能满足最大输出功率的要求。

2. 效率高

功率放大器与其他放大电路一样，是一种能量转换电路，它将直流电源的电能转换成按输入信号变化的交流输出信号。输出信号功率 P_O 与电源提供的功率 P_E 之比称为效率，用 η 表示，即 $\eta = \dfrac{P_O}{P_E} \times 100\%$。在功放电路中要求尽可能地提高效率。

3. 非线性失真小

功率放大器工作在大信号状态，电压、电流的变化幅度较大，有可能超出晶体管允许的动态范围，产生非线性失真。因此，功率放大器要求功放管要工作在线性放大区域，使放大器的非线性失真尽量的小。

4. 散热性能好

由于功率放大器工作在大信号状态，电压高电流大，工作时将产生较大的热量，使功放管的温度升高。因此必须要有较好的散热性能，否则功放管容易损坏。

5.1.2　功率放大器的种类

按照功率放大器的工作状态的不同可分为甲类功率放大器、乙类功率放大器和甲乙类功率放大器，如图 5-1 所示。

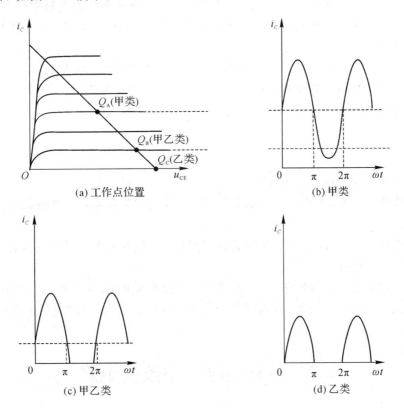

图 5-1　各类功率放大器工作点位置及波形图

1. 甲类功率放大器

在甲类功率放大器中，功放管的静态工作点设在放大区的中间（如图 5-1(b)所示），功放管在信号的整个周期内都对信号进行放大。但甲类功放的效率低，不到 50%。

2. 乙类功率放大器

乙类功率放大器功放管的静态工作点设在放大区与截止区的交界处（如图 5-1(d)所示），功放管的静态工作电流为零，功放管只在信号的半个周期内对信号进行放大。由于乙类功放的静态工作电流为零，因此电路会产生交越失真，但其电路效率较高，可达到80％左右。

3. 甲乙类功率放大器

甲乙类功率放大器功放管的静态工作点介于甲类和乙类之间（如图 5-1(c)所示），给功放管加上较小的静态偏置，使功放管在信号的大半个周期内对信号进行放大。这种功率放大器可以克服乙类功率放大器的交越失真，效率与乙类功放相同，可达到80％左右。

另外还有丙类、丁类、戊类等功放。

在上述各类放大器中，甲类功放的优点是波形失真小，但静态工作点电流大，故管耗大，放大电路效率低，主要应用于小功率放大电路中。前面所讨论的放大电路主要用于增大电压幅度（常称为电压放大电路），一般输入、输出信号幅度都比较小，故均采用甲类功放。

乙类与甲乙类功放由于管耗小，放大电路效率高，在功率放大电路中获得广泛应用。由于乙类与甲乙类功放输出波形失真严重，所以在实际电路中均采用两管轮流导通的推挽电路来减小失真。

除了按功放管的静态工作点状态分类，还可以按放大信号的频率不同，将功率放大电路分为低频功放电路和高频功放电路。低频功率放大电路常采用甲类、乙类、甲乙类，高频功率放大电路和某些振荡电路中常采用丙类等功放。

5.1.3 功率放大器的电路形式

功率放大器常见的电路形式有三种。

（1）单管功率放大器：由一个功放管组成，工作在甲类状态，一般都采用变压器耦合输入、输出。

（2）推挽功率放大器：由两只功放管配对组成，工作在乙类或甲乙类状态，一般采用变压器耦合输入、输出。

（3）互补对称式推挽功率放大器：由两只功放管配对组成，工作在乙类或甲乙类状态，此类功率放大器无输出变压器，故将该电路称为 OTL 电路，是目前应用比较广泛的一种功放电路。

5.2 互补对称功率放大电路

单管变压器耦合的甲类功率放大器由于电路本身的局限性已很少使用，目前小功率放大器一般都采用集成功放，而大功率放大器一般都采用 OTL（无输出变压器）功放和 OCL（无输出电容）功放。因此，下面重点介绍 OTL、OCL 和集成功放。

5.2.1 单电源互补对称功放电路（OTL 电路）

1. 基本电路组成

单电源互补对称功放基本电路如图 5-2 所示。图中 V_1、V_2 是两只互补的功放管，主要起功率放大作用；C 是输出耦合电容，它不仅担负耦合输出信号的任务，还要在输入信号负半周为功放管 V_2 提供电源；$+U_{CC}$ 是直流电源，为整个电路提供电能；R_L 是电路的负载。要求图中 V_1、V_2 的参数要对称。

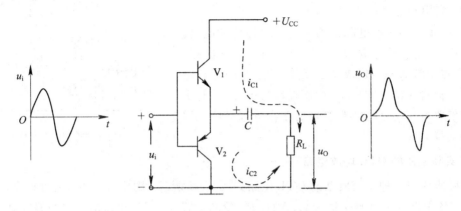

图 5-2　单电源互补对称功放电路

2. 工作原理

当输入信号正半周时，功放管 V_1 发射结正偏处于放大状态，V_2 发射结反偏处于截止状态。信号电流 i_{C1} 由电源 $+U_{CC}$ 提供，经 V_1 的集电极 → 发射极到电容 C 输出到负载 R_L 上，负载 R_L 上获得正半周输出信号。与此同时，电源 $+U_{CC}$ 对电容 C 充电，使电容 C 上得到左正右负 $U_{CC}/2$ 的电压，为 V_2 放大时供电作准备。

当输入信号负半周时：功放管 V_2 发射结正偏处于放大状态，V_1 发射结反偏处于截止状态。信号电流 i_{C2} 由电容 C 上充得的电压提供，经 V_2 的发射极 → 集电极输出到负载 R_L 上，负载 R_L 上获得负半周输出信号。在此过程中，电容 C 既起到信号耦合作用，又起到了电源的作用，因此要求电容 C 的容量要足够大，以保证能给 V_2 提供足够的能量。

3. 两种典型的单电源互补对称功率放大电路

如图 5-3 所示，这类电路的输出端接有一个大容量的电容器 C。为使 V_1、V_2 管工作状态对称，要求它们发射极 E 点静态时电位为电源电压的一半，当取 $R_1 \approx R_2$ 就可以使得基极电压为

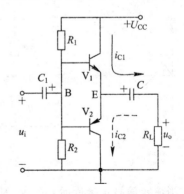

$$U_{BQ} \approx \frac{U_{CC}R_2}{R_1 + R_2} = \frac{U_{CC}}{2}$$

这样，静态电容器 C 被充电，使其两端电压等于 $U_{CC}/2$，三极管 V_1、V_2 均处于零偏置，$I_{CQ1} = I_{CQ2} = 0$，所以，工作在乙类状态。

图 5-3　单电源乙类互补对称功率放大电路

当输入正弦信号 u_i 时，在正半周，V_1 导电，有电流通过负载 R_L，同时向 C 充电，由于电容上有 $U_{CC}/2$ 的直流压降，因此 V_1 管的工作电压实际上为 $U_{CC}/2$。在信号的负半周，V_2 导电，则已充电的电容器 C 起着负电源（$-U_{CC}/2$）的作用，通过负载 R_L 放电。只要选择时间常数 $R_L C$ 足够大（比信号的最长周期大得多），就可以保证电容 C 上的直流压降变化不大。

OTL 电路中有关输出功率、效率、管耗等指标的计算与 OCL 电路相同，但 OTL 电路中每只晶体管的工作电压仅为 $U_{CC}/2$，因此在应用 OCL 电路中的有关公式时，应用 $U_{CC}/2$ 取代 U_{CC}。

图 5-4 所示为单电源甲乙类互补对称放大电路，图中，V_3、R_{B1}、R_{B2}、R_E、R_C 等组成前置放大电路，R_{B1} 接至输出端 E 点，构成了负反馈。V_3 管的静态电流流过二极管 VD_4、VD_5，产生压降作为 V_1、V_2 管小的正向偏置电压，使两管静态均处于微导通状态，用以减小交越失真。

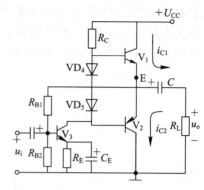

图 5-4　单电源甲乙类互补对称放大电路

4. 实际应用的 OTL 功放电路

实际应用中一种比较典型的 OTL 电路如图 5-5 所示，图中 V_2、V_3 是功放管，V_1 是激励管，该电路为了克服交越失真，VD、R_{P2} 给功放管 V_2、V_3 提供的一定的偏置电压，使功放管工作在甲乙类状态。同时 VD、R_{P2} 与 R_3 作为 V_1 的集电极负载，提供集电极电流通路。C_2 为输出耦合电容，同时为 V_3 提供电源。图中 A 点是一个关键测试点，该点电压称为中点电压，可以通过调节 R_{P2} 调节中点电压，正常时应该是 $\frac{1}{2}U_{CC}$，否则电路的静态工作点不正常。R_{P1}、R_1、R_2 是 V_1 的偏置电路，同时也兼有负反馈作用，稳定 V_1 的静态工作点。C_4、R_4 组成自举升压电路。

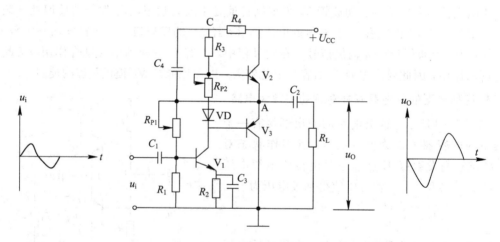

图 5-5　实际应用的 OTL 功放电路

当输入信号正半周时，经 V_1 放大倒相后在集电极输出负半周信号，此时 V_2 反偏而截止，V_3 正偏而处于放大状态。信号经 V_3 放大后从发射极输出，经耦合电容 C_2 将负半周信号输出到负载 R_L 上。

当输入信号负半周时，经 V_1 放大倒相后在集电极输出正半周信号，此时 V_2 正偏而处于放大状态，V_3 反偏而截止。信号经 V_2 放大后从发射极输出，经耦合电容 C_2 将正半周信号输出到负载 R_L 上。

从以上过程可知，输入信号经 V_1 放大倒相后，正负两个半周分别由 V_2、V_3 推挽放大输出，使负载 R_L 上得到完整的输出信号。

需要指出的是：图中 C_4、R_4 组成的自举升压电路主要是为了提高电路的功率增益而引入的。

5.2.2　双电源互补对称功放电路（OCL 电路）

1. 基本电路组成

双电源互补对称功放基本电路如图 5-6 所示。图中 V_1、V_2 是两只互补的功放管，主要起功率放大作用；$+U_{CC}$ 和 $-U_{CC}$ 是两个直流电源，在输入信号的正负半周分别为 V_1 和 V_2 提供电能；R_L 是电路的负载。图中要求 V_1、V_2 的参数要对称。

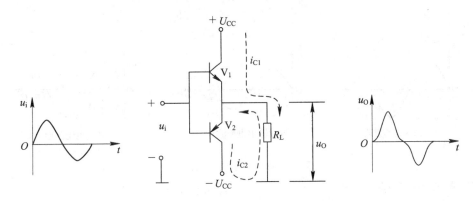

图 5-6　双电源互补对称功放电路

2. 工作原理

当输入信号正半周时，功放管 V_1 发射结正偏处于放大状态，V_2 发射结反偏处于截止状态。信号电流 i_{C1} 由电源 $+U_{CC}$ 提供，经 V_1 的集电极→发射极输出到负载 R_L 上，负载 R_L 上获得正半周输出信号。

当输入信号负半周时，功放管 V_2 发射结正偏处于放大状态，V_1 发射结反偏处于截止状态。信号电流 i_{C2} 由电源 $+U_{CC}$ 提供，经 V_2 的发射极→集电极，输出到负载 R_L 上，负载 R_L 上获得负半周输出信号。

需要注意的是：无论是单电源互补对称功放电路还是双电源互补对称功放电路，虽然每只功放管只工作了半个周期，但由于两管的互补性，负载 R_L 上可得到完整的输出信号。另外，由于两种电路都没有加直流偏置电压，因此都存在严重的交越失真，在实际应用中必须解决这个问题。

3. 乙类双电源互补对称功率放大电路的功率和效率

1）输出功率

输出电流 i_o 和输出电压 u_o 有效值的乘积，就是功率放大电路的输出功率。由图 5-7 可得

$$P_o = \frac{I_{CM}}{\sqrt{2}}\frac{U_{om}}{\sqrt{2}} = \frac{1}{2}I_{CM}U_{om} \qquad (5-2-1)$$

由于 $I_{CM} = U_{om}/R_L$，所以公式（5-2-1）也可改写为

$$P_o = \frac{U_{om}^2}{2R_L} = \frac{1}{2}I_{CM}^2 R_L \qquad (5-2-2)$$

由图 5-2 可知，乙类互补对称功率放大电路最大不失真输出电压的振幅为

$$U_{omm} = U_{CC} - U_{CES} \approx U_{CC} \qquad (5-2-3)$$

式中，U_{CES} 为三极管的饱和压降，通常很小，可以略去。

最大不失真输出电流的振幅为

$$I_{cmm} = \frac{U_{omm}}{R_L} \approx \frac{U_{CC}}{R_L} \qquad (5-2-4)$$

所以，放大器最大不失真输出功率为

$$P_{om} = \frac{U_{omm}}{\sqrt{2}} \frac{I_{omm}}{\sqrt{2}} \approx \frac{U_{CC}^2}{2R_L} \qquad (5-2-5)$$

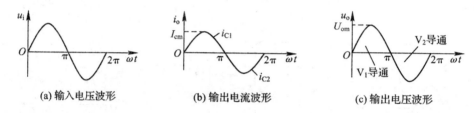

(a) 输入电压波形　　　(b) 输出电流波形　　　(c) 输出电压波形

图 5-7　乙类互补对称功率放大电路电流、电压波形

2）直流电源的供给功率

由于两个管子轮流工作半个周期，每个管子的集电极电流的平均值为

$$I_{C1(AV)} = I_{C2(AV)} = \frac{1}{2\pi}\int_0^\pi I_{cm}\sin\omega t\, d(\omega t) = \frac{I_{cm}}{\pi} \qquad (5-2-6)$$

因为每个电源只提供半周期的电流，所以两个电源供给的总功率为

$$P_D = I_{C1(AV)}U_{CC} + I_{C2(AV)}U_{CC} = 2I_{C1(AV)}U_{CC} = 2U_{CC}\frac{I_{cm}}{\pi} \qquad (5-2-7)$$

将式(5-2-4)代入式(5-2-7)，得最大输出功率时，直流电源供给功率为

$$P_{Dm} = \frac{2U_{CC}^2}{\pi R_L} \qquad (5-2-8)$$

3）效率

效率是负载获得的信号功率 P_o 与直流电源供给功率 P_D 之比，一般情况下的效率可由式(5-2-2)与式(5-2-7)相比求出，即

$$\eta = \frac{P_o}{P_D} = \frac{\pi}{4}\frac{U_{om}}{U_{CC}} \qquad (5-2-9)$$

可见，η 与 U_{om} 有关，当 $U_{om}=0$ 时，$\eta=0$；当 $U_{om}=U_{omm}\approx U_{CC}$ 时，可得乙类互补对称功放电路的最高效率为

$$\eta_m = \frac{\pi}{4}\frac{U_{omm}}{U_{CC}} \approx \frac{\pi}{4} = 78.5\% \qquad (5-2-10)$$

实用中，放大电路很难达到最大效率，考虑到饱和压降及元件损耗，乙类推挽放大电路效率仅能达到 60% 左右。

4) 管耗

直流电源提供的功率除了负载获得的功率外便为 V_1、V_2 管消耗的功率，即管耗，用 P_C 表示。由式(5 - 2 - 7)和式(5 - 2 - 2)可得每个晶体管的管耗为

$$P_{C1} = P_{C2} = \frac{1}{2}(P_D - P_o) = \frac{1}{2}\left(\frac{2U_{CC}U_{om}}{\pi R_L} - \frac{U_{om}^2}{2R_L}\right) = \frac{U_{om}}{R_L}\left(\frac{U_{CC}}{\pi} - \frac{U_{om}}{4}\right) \quad (5 - 2 - 11)$$

可见，管耗 P_C 与输出信号幅值 U_{om} 有关。为求管耗最大值与输出电压幅值的关系，令 $dP_{C1}/dU_{om} = 0$ 则得

$$\frac{dP_{C1}}{dU_{om}} = \frac{U_{CC}}{\pi R_L} - \frac{U_{om}}{2R_L} = 0$$

由此可见，当 $U_{om} = 2U_{CC}/\pi \approx 0.6U_{CC}$ 时，P_{C1} 达到最大值，由式(5 - 2 - 9)可得此时的效率 $\eta = 50\%$。输出功率为最大时，管耗却不是最大，这一点必须注意。将此关系代入式(5 - 2 - 11)每管的最大管耗为

$$P_{C1m} = \frac{U_{CC}^2}{\pi^2 R_L} \quad (5 - 2 - 12)$$

由于 $P_{om} = \frac{1}{2}\frac{U_{CC}^2}{R_L}$，所以最大管耗和最大输出功率的关系为

$$P_{C1m} = \frac{2}{\pi^2}P_{om} \approx 0.2P_{om} \quad (5 - 2 - 13)$$

由此可见，每管的最大管耗约为最大输出功率的 1/5。因此，在选择功放管时最大管耗不应超过晶体管的最大允许管耗，即

$$P_{C1m} = 0.2P_{om} < P_{CM} \quad (5 - 2 - 14)$$

由于上面的计算是在理想情况下进行的，所以应用式(5 - 2 - 14)选管子时，还需留有充分的余量。

例 5.2.1 已知互补对称功率放大电路如图 5 - 6 所示，$U_{CC} = 24$ V，$R_L = 8$ Ω，试估算该放大电路最大输出功率 P_{om} 及此时的电源供给功率 P_D 和管耗 P_{C1}，并说明该功放对功率管的要求。

解 （1）忽略三极管饱和压降，最大不失真输出电压振幅 $U_{omm} \approx U_{CC} = 24$ V，所以最大输出功率为

$$P_{om} = \frac{U_{omm}^2}{R_L} = \frac{24^2}{2 \times 8}W = 36 \text{ W}$$

电源供给功率为

$$P_D = \frac{2U_{CC}^2}{\pi R_L} = \frac{2 \times 24^2}{\pi \times 8} \text{ W} = 45.9 \text{ W}$$

每管的管耗为

$$P_{C1} = \frac{1}{2}(45.9 - 36) \text{ W} = 4.9 \text{ W}$$

（2）功率管的选择：

该功放晶体管实际承受的最大管耗 P_{C1m} 为

$$P_{C1m} = 0.2P_{om} = 0.2 \times 36 \text{ W} = 7.2 \text{ W}$$

因此，为了保证功率管不损坏，则要求功率管的集电极最大允许损耗功率 P_{CM}

$$P_{CM} > 0.2P_{om} = 7.2 \text{ W}$$

由于乙类互补对称功率放大电路中一只晶体管导通时，另一只晶体管截止，由图 5-2 (a)可知，当输出电压 u_o 达到最大不失真输出幅度时，截止管子所承受的反向电压为最大，且近似等于 $2U_{CC}$。为了保证功率管不致被反向电压所击穿，因此要求三极管的

$$U_{(BR)CEO} > 2U_{CC} = 2 \times 24 \text{ V} = 48 \text{ V}$$

放大电路在最大功率输出状态时，集电极电流幅度达最大值 I_{cmm}，为使放大电路失真不致太大，则要求功率管最大允许集电极电流 I_{CM} 满足

$$I_{CM} > I_{cmm} = \frac{U_{CC}}{R_L} = 3 \text{ A}$$

5.2.3　甲乙类互补对称功率放大电路

在乙类互补对称功率放大器中，由于 V_1、V_2 管没有基极偏流，静态时 $U_{BEQ1} = U_{BEQ2} = 0$，当输入信号小于晶体管的死区电压时，管子仍处于截止状态。因此，在输入信号的一个周期内，V_1、V_2 轮流导通时形成的基极电流波形在过零点附近区域内出现失真，从而使输出电流和电压出现同样的失真，这种失真称为"交越失真"，如图 5-8 所示。

为了消除交越失真，可分别给两只晶体管的发射结加很小的正偏压，即使两管在静态时均处于微导通状态，两管轮流导通时，交替得比较平滑，从而减小了交越失真，但此时管子已工作在甲乙类放大状态。实际电路中，静态电流通常取得很小，所以这种电路仍可以用乙类互补对称电路的有关公式近似估算输出功率和效率等指标。

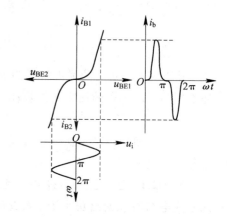

图 5-8　乙类互补对称功率放大电路的交越失真

图 5-9(a)所示电路在 V_1、V_2 基极间串入二极管 V_3、V_4，利用 V_5 管的静态电流流过 V_3、V_4，产生的压降作为 V_1、V_2 管的静态偏置电压。这种偏置的方法有一定的温度补偿作用，因为这里的二极管都是将三极管基极和集电极短接而成，当 V_1、V_2 两管的 u_{BE} 随温度升高而减小时，V_3、V_4 两管的发射极电压降也随温度的升高相应减小。

图 5-9(a)所示电路偏置电压不易调整，而在图 5-9(b)中，设流入 V_4 的基极电流远小于流过 R_1、R_2 的电流，则由图可求出

$$U_{CE4} \approx \frac{U_{BE4}}{R_2}(R_1 + R_2) \tag{5-2-15}$$

U_{CE4} 用以供给 V_1、V_2 两管的偏置电压。由于 U_{BE4} 基本为一固定值（0.6～0.7 V），只要适当调节 R_1、R_2 的比值，就可改变 V_1、V_2 两管的偏压值。

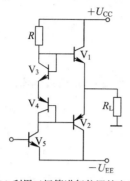 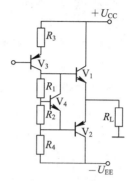

(a) 利用二极管进行偏置的电路　　(b) 利用 U_{BE} 扩大电路进行偏置的电路

图 5-9　甲乙类互补对称功率放大电路

5.2.4　复合管 OTL 功放电路

1. 复合管

输出功率较大的电路应采用较大功率的功率管，但是大功率管的电流放大系数 β 往往较小，且选用特性一致的互补管也比较困难。在实际应用中，往往采用复合管来解决这两个问题。互补对称放大电路要求输出管为一对特性相同的异型管，往往很难实现，在实际电路中常采用复合管来实现异型管的配对。复合管又称达林顿管，就是由两只或两只以上的三极管按照一定的连接方式，组成一只等效的三极管。复合管的类型与组合该复合管的第一只三极管相同，而其输出电流、饱和压降等基本特性，主要由最后的输出三极管决定。图 5-10 所示为由两只三极管组成复合管的四种情况，图 5-10(a)、(b)为同型复合，图 5-10(c)、(d)为异型复合，可见，复合后的管型与第一只三极管相同。

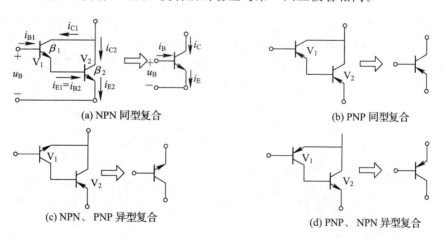

(a) NPN 同型复合　　　　　　　　(b) PNP 同型复合

(c) NPN、PNP 异型复合　　　　　(d) PNP、NPN 异型复合

图 5-10　复合管的接法

1) 组成复合管须遵循的两个原则

在组成复合管时必须遵循以下两个原则：

第一，保证参与复合的每一只三极管的三个电极电流都按各自的正确方向流动，且不

相互抵触。(为了保证这一点,一般前一只三极管的 C、E 极应与后一只三极管的 B、C 极相连。)

第二,复合后等效的三极管类型取决于前一只三极管的类型。

2)复合管的电流放大系数

复合管的电流放大系数等于参与复合的所有三极管电流放大系数的乘积。即

$$\beta = \beta_1 \times \beta_2 \times \cdots \times \beta_n$$

由图 5-10(a)可得

$$\beta = \frac{i_C}{i_B} = \frac{i_{C1} + i_{C2}}{i_{B1}} = \frac{\beta_1 i_{B1} + \beta_2 i_{B2}}{i_{B1}} = \frac{\beta_1 i_{B1} + \beta_2 (1 + \beta_1) i_{B1}}{i_{B1}}$$

$$= \beta_1 + \beta_2 + \beta_1 \beta_2 \approx \beta_1 \beta_2 \qquad (5-2-16)$$

由图 5-10(a)可得

$$r_{BE} = \frac{u_B}{i_B} = \frac{i_{B1} r_{BE1} + i_{B2} r_{BE2}}{i_{B1}} = r_{BE1} + (1 + \beta_1) r_{BE2} \qquad (5-2-17)$$

而异型复合管的输入电阻由图 5-10(c)、(d)可见,它与第一只三极管的输入电阻相同,即

$$r_{BE} = r_{BE1} \qquad (5-2-18)$$

复合管虽有电流放大倍数高的优点,但它的穿透电流较大,且高频特性变差。这是因为复合管中第一只晶体管的穿透电流会进入下级晶体管放大,致使总的穿透电流比单管穿透电流大得多。为了减小穿透电流的影响,常在两只晶体管之间并接一个泄放电阻 R,如图 5-11 所示。R 将 V_1 管的穿透电流分流,R 越小分流作用越大,总的穿透电流越小,当然 R 的接入同样会使复合管的电流放大倍数下降。

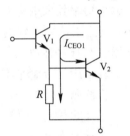

图 5-11 接有泄放电阻的复合管

需要指出的是复合管在提高电流放大系数的同时,也会使穿透电流增大,使复合管的热稳定性变差。实际应用中为了克服这一缺点,可以在后一只三极管的基极接分流电阻,使流入后一只三极管基极的穿透电流减小,从而减小复合管总的穿透电流,提高复合管的热稳定性,如图 5-12 所示。

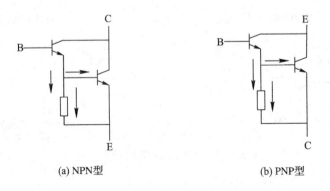

(a) NPN型

(b) PNP型

图 5-12 复合管减小穿透电流

综上所述,复合管具有如下特点:

（1）复合管的类型取决于前一只管子，即 i_B 向管内流者等效为 NPN 管，如图 5-10 中的(a)、(c)所示。i_B 向管外流者等效为 PNP 管，如图 5-10 中的(b)、(d)所示。

（2）复合管的电流放大系数约等于两只管子电流放大系数之积，即 $\beta \approx \beta_1 \beta_2$。

（3）复合管的各管各极电流必须符合电流一致性原则，即各极电流流向必须一致：串接点处电流方向一致，并接点处必须保证总电流为两管输出电流之和。

2. 复合管互补对称放大电路举例

图 5-13 是由复合管组成的甲乙类互补对称放大电路。图中 V_1、V_3 同型复合等效为 NPN 型管，V_2、V_4 异型复合等效为 PNP 型管。由于 V_1、V_2 是同一类的 NPN 管，它们的输出特性可以很好地对称，通常把这种复合管互补电路称为准互补对称放大电路。图中 V_5、V_6、V_7、V_P 构成输出级偏置电路，用以克服交越失真。V_1 与 V_2 管发射极电阻 R_{E1}、R_{E2}，一般为 $0.1\ \Omega \sim 0.5\ \Omega$，它除了具有负反馈作用，提高电路工作的稳定性外，还具有过流保护作用。V_4 管发射极所接电阻 R_4 是 V_3、V_4 管的平衡电阻，可保证 V_3、V_4 管的输入电阻对称。R_3、R_5 为穿透电流的泄放电阻，用以减小复合管的穿透电流，提高复合管的温度稳定性。V_8、R_{B1}、R_{B2}、R_1 等组成前置电压放大级，R_{B1} 接至输出端 E 点，构成直流负反馈，可提高电路静态工作点的稳定性。例如，某种原因使得 U_E 升高，则

$$U_E \uparrow \ \rightarrow U_{B8} \uparrow \ \rightarrow I_{B8} \uparrow \ \rightarrow I_{C8} \uparrow \ \rightarrow U_{B3} \downarrow \ \rightarrow U_E \downarrow$$

可见，引入负反馈可使 U_E 趋于稳定。同时通过 R_{B1} 也引入了交流负反馈，使放大电路的动态性能指标得到改善。

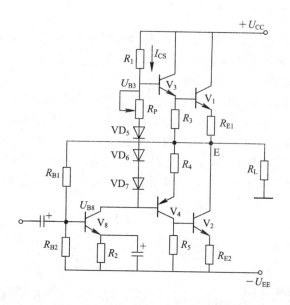

图 5-13 复合管互补对称放大电路

图 5-13 所示为单电源甲乙类互补对称放大电路，图中，V_3、R_{B1}、R_{B2}、R_E、R_C 等组成前置放大电路，R_{B1} 接至输出端 E 点，构成了负反馈。V_3 管的静态电流流过二极管 V_4、V_5，产生压降作为 V_1、V_2 管小的正向偏置电压，使两管静态均处于微导通状态，用以减小交越失真。

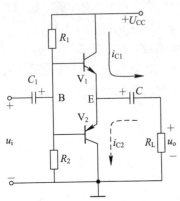

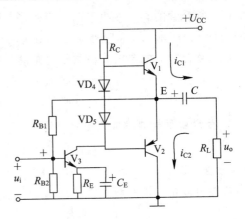

图 5-14 单电源乙类互补对称功率放大电路　　　图 5-15 单电源甲乙类互补对称放大电路

5.3 功放管的使用常识

在功放电路中，功放管是在接近极限参数、高电压状态下工作的功率管，由于设计不当或使用条件的变化而易损坏。因此，在功率放大实用电路中，应采用保护措施，以保证功放管的安全运行。

5.3.1 功放管的二次击穿及其保护

如第 2 章中所述，当三极管集电结上的反偏电压过大时，三极管将被击穿，这时集电极电流迅速增大，出现一次击穿，且 I_B 越大，击穿电压越低，称为"一次击穿"。如图 5-16(a) 中曲线 AB 段所示，A 点就是一次击穿点。这时只要外电路限制击穿后的电流，使管子的功耗不超过额定值，就不会造成管子的损坏，因此一次击穿是可逆的。

三极管一次击穿后，集电极电流会骤然增大。若电流不加限制，则它的工作点增大到临界点（如图 5-16 中 B 点）时，三极管的工作点以毫秒乃至微秒级高速移向 C 点。这时三极管的管压降 u_{CE} 突然减小，电流 i_C 急剧增大，如图中的 CD 段所示，称为二次击穿。二次击穿点 B 随 i_B 的不同而改变，通常把这些点连起来的曲线叫做二次击穿临界线，简称 S/B 曲线，如图 5-16(b) 中所示。

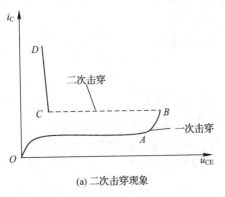

(a) 二次击穿现象

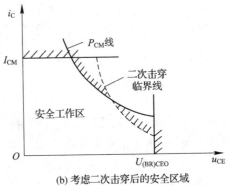

(b) 考虑二次击穿后的安全区域

图 5-16 二次击穿及安全工作区

产生二次击穿的原因较复杂，它是一种与电流、电压、功率和结温都有关系的效应。一般认为，由于制造工艺的缺陷，使流过管内结面的电流不均匀，造成结局部高温(称为热斑)而产生局部的热击穿，出现三极管尚未发烫就损坏的现象。二次击穿是不可逆的，经二次击穿后，性能明显下降，甚至造成永久性损坏。

考虑到二次击穿后，功放管的安全工作范围将变小，它除了受 I_{CM}、P_{CM} 和 $U_{(BR)CEO}$ 的限制外，还要受二次击穿临界线的限制，其安全工作区如图 5-16(b)所示。

为了保证功放管安全工作，应注意在设计电路时，要使功放管工作在安全区域内，而且还应留有一定的余量；要有良好的散热条件，功放管的结温不可过高；避免突然加强信号和负载突然短路，也要避免管子突然截止和负载突然开路；要消除电路中的寄生振荡，少用电抗元件，适当引入负反馈；在电路中采用过流、过压和过热等保护措施等。

5.3.2 功放管的散热

1. 热击穿现象

功放管损坏的重要原因是其实际功率超过额定功耗 P_{CM}。三极管的耗散功率取决于内部的 PN 结(主要是集电结)温度 T_j，当 T_j 超过手册中规定的最高允许结温 T_{jM} 时，集电极电流将急剧增大而使管子损坏，这种现象称为"热致击穿"或"热崩"。硅管的允许结温值为 $120\sim180\,℃$，锗管允许结温值为 $85\,℃$ 左右。

散热条件越好，对于相同结温下所允许的管耗就越大，使功放电路有较大功率输出而不损坏管子。如大功率管 3AD50，手册中规定 $T_{jM}=90\,℃$，不加散热器时，极限功耗 $P_{CM}=1\,W$。如果采用手册中规定尺寸为 $120\,mm\times120\,mm\times4\,mm$ 的散热板进行散热，极限功耗可提高到 $P_{CM}=10\,W$。为了在相同散热面积下减小散热器所占空间，可采用如图 5-17所示的几种常用散热器，分别为齿轮形、指形和翼形。所加散热器面积大小的要求，可参考大功率管产品手册上的规定尺寸。除上述散热器商品外，还可用铝板自制平板散热器。

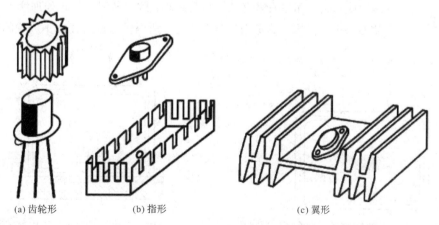

(a) 齿轮形　　　　　(b) 指形　　　　　　　(c) 翼形

图 5-17　散热器的几种形状

2. 晶体管的散热

功放管极限功耗的大小与管子的环境温度、散热途径和散热状况有关。功放管正常工作时，它的集电结向周围空间散发热量所遇到的阻力，称为热阻 R_{th}。R_{th} 越小，表示管子集电结的热量越容易散发。热阻的单位为℃/W，其物理意义为集电极每耗散 1 W 的功率所引起结温升高的度数。它类似于电流流过导体时存在电阻对电流的阻力。热源相当于电源，热阻相当于电阻，温度差相当于电位差。因集电结耗散功率 P_c 引起结温升高至 T_j 而产生的热量，首先由集电结传导至管壳，使管壳温度升到 T_c，其热阻为 $R_{(th)jc}$，然后由管壳以辐射和对流的形式将热量散发到环境温度为 T_a 的环境 A 中，其热阻为 $R_{(th)ca}$。要想使散热过程能顺利进行，需满足条件：$T_j > T_c > T_a$。图 5-18 为单靠管壳散热的热传输途径示意图，其总热阻为

$$R_{th} = R_{(th)jc} + R_{(th)ca} \qquad (5-3-1)$$

式中，$R_{(th)jc}$ 为晶体管的内热阻，它取决于管子的结构和材料，可从手册中查出。$R_{(th)ca}$ 为管壳热阻，它主要取决于管壳外形尺寸和材料。

由于管壳的热阻很大，当晶体管耗散功率较大、单靠管壳自身不能将热量及时散发出去时，就需要加装散热器帮助散热。

晶体管装上散热器后，由集电结传给管壳 C 的热量有两条途径向环境散发。除了由热阻为 $R_{(th)ca}$ 的管壳直接向外散热外，最主要是由管壳传导到热阻为 $R_{(th)ca}$ 的散热器 S，再由散热器以辐射或对流的形式向热阻为 $R_{(th)sa}$ 的 A 环境散热。图 5-19 就是装散热器后的热传输途径示意图。由于通过管壳直接散热远小于散热器散热，即 $R_{(th)cs} + R_{(th)sa} \ll R_{(th)ca}$，管壳的热阻 $R_{(th)ca}$ 可忽略不计。所以，装散热器后的总热阻为

$$R_{(th)} \approx R_{(th)cs} + R_{(th)sa} + R_{(th)jc} \qquad (5-3-2)$$

式中，$R_{(th)cs}$ 为界面热阻，它一般包括接触热阻和绝缘层热阻两部分。由于晶体管和散热器用紧固件连接在一起，两者之间一般隔有绝缘材料以避免短路。因此，$R_{(th)cs}$ 除与绝缘层厚度、材料性质有关外，还与散热装置和晶体管接触面的紧固程度有关。增大接触面积、使接触面光滑或涂以导热硅脂、增大接触压力、减小绝缘层厚度，都能使 $R_{(th)cs}$ 降低。一般，$R_{(th)cs} = 0.1 \sim 3$℃/W。$R_{(th)sa}$ 为散热器热阻，它主要取决于散热装置的表面积、厚度、材料的性质、颜色、形状和放置位置。散热面积越大，热阻越小；散热装置经氧化处理涂黑后，可使其热辐射加强，热阻也可减小；因垂直放置空气对流好，所以垂直放置比水平放置的热阻小。

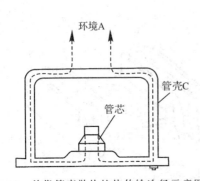
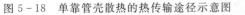

图 5-18　单靠管壳散热的热传输途径示意图

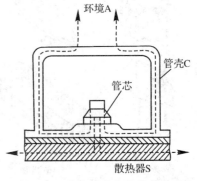

图 5-19　有散热器散热的热传输途径示意图

功率放大电路工作时，如果功放管散热器（或无散热器时的管壳）上的温度较高，手感烫手，易引起功放管的损坏，这时应立即分析检查。如果原正常使用的功放电路，功放管突然发热，应检查和排除电路中的故障。如果属于新设计功放电路，在调试时功放管有发

烫现象，这时除了需要调整电路参数或排除故障外，还应检查设计是否合理、管子选型和散热条件是否存在问题。

5.4　集成功率放大器

随着集成技术工艺的不断发展和完善，目前大量采用集成功率放大电路。由于集成功放电路具有结构简单、工作稳定、维修方便等优点，现已得到广泛的应用。下面就对集成功放作简单的介绍。

5.4.1　4100 系列集成功率放大器

4100 是一种 OTL 集成功率放大器，常用在小功率的音频功率放大电路中。其电路组成如图 5 - 20 所示。

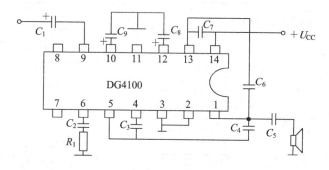

图 5 - 20　4100 典型应用电路

4100 是一种带散热片的 14 脚双列直插式封装的集成电路，各引出脚的功能如下：

1 脚是输出端；2、3 脚是空脚；4、5 脚是消振脚；6 脚是反馈脚；7、8 脚是空脚；9 脚是输入端；10、12 脚是电源滤波；11 脚是空脚；13 脚是自举脚；14 脚是电源输入。

图中各元件的作用如下：

C_1、C_5 分别为输入、输出耦合电容；C_3、C_7 为消振电容，用于抑制可能产生的高频寄生振荡；C_4 为交流负反馈电容，也有消振的作用；C_6 为自举电容，用于自举升压；C_8、C_9 为退耦滤波电容；R_1、C_2 与内电路中的元件构成交流负反馈网络，提高电路的稳定性，调节 R_1 的大小，可调节负反馈的深度，控制功放电路的增益。

5.4.2　TA7240P/AP 双声道音频功率放大器

1. TA7240P/AP 简介

TA7240P/AP 是一种使用比较普遍的道 OTL 集成功放器，它是日本东芝公司的产品，内部含有两个声道的音频功放电路和保护电路。该集成电路具有输出功率大、失真小且噪声低的特点，因此，在音响设备中得到了广泛应用。国内同型号产品有 D7240P/AP。

TA7240P/AP 的电源实用范围为 9～18 V，在 13 V 电源和 4 Ω 负载时，每个声道的输出功率为 5.5 W 左右。它内部含有静噪电路和保护电路，具有对负载的短路和过压等保护作用。TA7240P/AP 为 12 脚单列直插式封装结果,各脚功能为:①是右声道输入端;②是右声道负反馈脚;③是滤波脚;④地;⑤是左声道负反馈脚;⑥是左声道输入端;⑦地;⑧是左声道功放输出端;⑨是左声道自举脚;⑩是电源输入脚;⑪是右声道自举脚;⑫是右声道功放输出脚。

2. TA7240P/AP 典型应用电路

TA7240P/AP 的典型应用电路如图 5-21 所示。在右声道(R)中,C_4 为输入耦合电容,C_5 为防止自激振荡的电容,R_2、C_6 组成负反馈网络,C_7 是滤波电容,C_{13} 为输出耦合电容,C_{12} 是自举电容,C_{11} 可以防止高频寄生振荡,C_{14} 是电源退耦电容。左声道(L)中,元件作用与右声道(R)中对应位置元件的作用相同。

左、右声道信号分别经 C_1、C_4 耦合输入到⑥脚和①脚,内部两个功放将信号放大后,分别由⑧脚和⑫脚输出,经 C_{10}、C_{13} 耦合输出到扬声器。

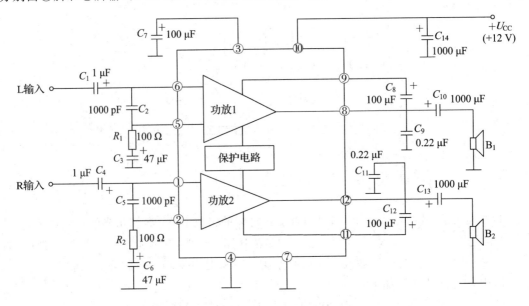

图 5-21 TA7240P/AP 典型应用电路

5.5 功放电路的使用知识及技能训练项目

实验项目 10 互补对称 OTL 功率放大电路

一、实验目的

(1)熟悉 OTL 功放的工作原理,学会静态工作点的调整和基本参数的测试方法。

(2)通过实验,观察自举电路对改善放大器性能的影响。

二、实验仪器与器件

(1)示波器 1 台;　　　　　　　　　　(2)毫伏表 1 只;

（3）函数信号发生器 1 台；　　　　（4）万用表 1 只；

（5）直流稳压电源 1 台；　　　　　（6）二极管 1N4148 2 只；

（7）S9013（β＝50～100）、3DG12、3CG12 晶体管、电阻和电容若干。

三、实验原理

实验原理图如实验图 5-1 所示。

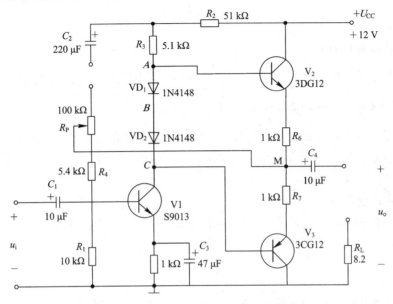

实验图 5-1　互补对称 OTL 功率放大电路

其中晶体管 V_1 组成推动级（也称前置放大级），V_2、V_3 是一对参数对称的 NPN 和 PNP 型晶体管，它们组成互补对称推挽 OTL 功率放大器电路。由于每一个晶体管都接成射极输出器形式，因此具有输出电阻低，负载能力强等优点，适合作功率输出级。V_1 管工作于甲类状态，它的集电极电流 I_{C1} 由电位器 R_P 进行调节，VD_1、VD_2 保证 V_2、V_3 静态时处于甲乙类工作状态，克服电路产生交越失真，同时还能起到温度补偿作用。R_2、C_2 组成自举电路，增大 V2 输出信号的动态范围，提高放大器的不失真功率。静态时要求输出端中点 M 的电位 $U_M = \frac{1}{2} U_{CC}$，可以通过调节 R_P 来实现，又由于 R_P 的一端接在 M 点，因此在电路中引入交、直流电压并联负反馈，一方面能够稳定放大电路的静态工作点，同时也改善了非线性失真。C_4 是输出耦合电容，它又充当 V_3 回路的电源。R_3、VD_1、VD_2 是 V_1 的集电极负载电阻。R_5 是 V_1 射极电阻，稳定静态工作点。C_3 是 R_5 的交流旁路电容。R_6、R_7 是射极负反馈电阻，稳定静态工作点。

当输入正弦交流信号 u_i 时，经 V_1 放大、反相后同时作用于 V_2、V_3 的基极，在 u_i 的负半周时，信号经 V_1 反相放大后使 V_2 导通，V_3 截止，V_2 的集电极电流对电容 C_2 充电，并使负载获得经放大的交流信号；当输入信号 u_i 的正半周时，经 V_1 反相放大后使 V_3 导通 V_2 截止，电源 U_{CC} 不能向 V_3 供电，这时电容 C_2 充当电源角色，向 V_3 提供电源，对负载放电，使负载获得另一半波形的交流输出信号。

1. 最大不失真输出功率 P_{omax}

在理想情况下，在实验中可通过测量输出端的电压（最大不失真）有效值 U_o 求得实际

的 $P_{\text{omax}} = U_o^2 / R_L$。

2. 输入功率 P_D

$$P_D = U_{CC} \times I_{co}$$

I_{co} 为电源供给的平均电流。

3. 效率 η

$$\eta_{\max} = \frac{P_{\text{omax}}}{P_o}$$

四、实验内容及方法

(1) 在电路板上将实验图 5-1 接成无自举功放，电容 C_2 不接，电源接 +12 V。

(2) 调节静态工作点，即调节 R_P 使 $U_M = \frac{1}{2} U_{CC}$。

(3) 输入频率 1 kHz 正弦交流信号 u_i，输出端接负载和示波器。逐渐增大 u_i 的幅度，用示波器观察输出最大不失真波形。用毫伏表测出输出电压 u_o 的有效值 U_o，则最大不失真输出功率 $P_{\text{omax}} = U_o^2 / R_L$。

(4) 电源供给功率 P_D。

测出电源供给的平均电流 I_{co} 和电源电压 U_{CC}，从而得到 $P_D = U_{CC} \times I_{co}$。

(5) 计算效率 $\eta_{\max}$。

$$\eta_{\max} = \frac{P_{\text{omax}}}{P_D}$$

(6) 接自举电路，电容 C_2 接入，测试方法同上，将上面的测试结果记入实验表 5-1 中。

实验表 5-1

	测量值			计算值	
	U_{CC}/V	I_{co}/mA	U_{om}/V	P_{om}/W	η
不加自举					
加自举					

(7) 短路 VD_1 或 VD_2，或 VD_1、VD_2 同时短接，用示波器观察输出波形情况（交越失真）。

五、实验报告

(1) 整理测试数据，计算结果。

(2) 观察记录交越失真波形。

(3) 分析自举电路的作用。

实验项目 11　集成功率放大电路

一、实验目的

(1) 熟悉集成功率放大器的工作原理和特点。

（2）掌握集成功率放大器的主要性能指标及测量方法。

二、实验仪器与器件

（1）示波器 1 台；　　　（2）毫伏表 1 只；　　　（3）函数信号发生器 1 台；

（4）万用表 1 只；　　　（5）直流稳压电源 1 台；　　　（6）集成功放 LM386 1 台；

（7）S9013（$\beta=50\sim100$）、电阻和电容若干。

Ω

三、实验原理

实验电路由 LM386 与外围元件组成，该芯片是目前市场上使用较多的电路芯片，有放大倍数可调、外围电路少、电源范围宽、静态功耗小等特点。LM386 是单电源低电压供电的互补对称集成功率放大电路，该电路内部包括由 V_1 构成的射极输出级，V_2、V_3 构成的差动放大电路，V_5、V_6 构成的镜像电流源（BG3 构成有源负载）以及由 V_8、V_9、V_{10} 组成的互补对称电路构成的输出级。为了使电路工作在甲乙类放大状态，利用 VD_1、VD_2 提供偏置电压。该电路静态工作电流很小，约 $4\sim8$ mA。输入电阻较高约 50 kΩ 左右，故可以获得很高的电压增益，由于 V_1、V_2 采用截止频率较低的横向 PNP 管，几十赫兹以下的低频噪声很小。该电路内部原理图如实验图 5-2 所示。

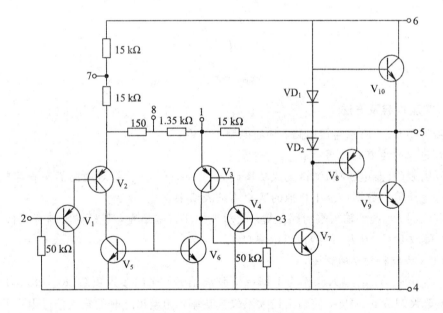

实验图 5-2　LM386 的内部原理图

实际 LM386 集成应用电路如实验图 5-3 所示。其 LM386 的 8 脚为增益设定端，电路增益可通过改变 1、8 脚元件参数实现。当 1、8 脚断开时 $A_u=20$；接入 10 μF 电容时 $A_u=200$；若接入 $R_1=1.2$ kΩ、$C_1=10$ μF 的串联电路，则 $A_u=50$；C_2 为防自激电容，C_4 为电源退耦电容。R_2、C_3 组成容性负载，抵消扬声器部分的感性负载，防止信号突变时扬声器上呈现较高的瞬时高压而遭到损坏。

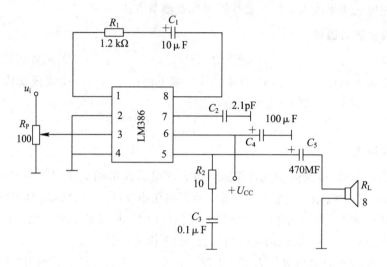

实验图 5-3　集成功率放大器应用电路图

实际测量时,可通过测量最大不失真的输出电压 U_o 和电源供给电流 I_{co},即可求最大不失真输出功率 P_{omax},直流电源供给功率 P_D 和效率 η_{max}。

$$P_{omax} = \frac{U_o^2}{R_L}$$

$$P_D = U_{CC} \times I_{co}$$

$$\eta_{max} = \frac{P_{omax}}{P_D}$$

四、实验内容及方法

按实验图 5-3 所示连接电路,接通电源+9 V。

1. 静态工作电压的测量

用万用表(直流电压挡)测试集成功率放大器 LM386 各管脚对地的静态直流电压值和电源供电电流值。数据记录于自拟的实验测试表格中。

将电位器 R_P 调到输入端短路位置,把示波器接在输出端,观察输出端有无自激现象,若有,则可改变 C_3 或 R_2 的数值以消除自激。

2. 输出功率和效率的测量

(1) 断开 1、8,u_i 输入频率为 1 kHz 正弦波信号,输出接入负载($R_L = 8.2\ \Omega$)和示波器,由小至大调节 u_i 幅度,使输出最大不失真功率,测量出此时的输入信号电压 U_i、输出电压 U_o 和电源供给电流 I_{co},测试结果记入实验表 5-2 中。

实验表 5-2

	U_i/V	U_o/V	I_{co}/mA	P_{omax}	P_D	η_{max}
1、8 脚断开						
1、8 脚接入 $C_1 = 10\ \mu F$ 电容						
1、8 脚接入 $R_1 = 1.2\ k\Omega$、$C_1 = 10\ \mu F$						

（2）1、8 脚接入 $C_1 = 10\ \mu F$ 电容，重复（1）的测试内容，测试结果记入实验表 5 - 2 中。

（3）1、8 脚接入 $R_1 = 1.2\ k\Omega$、$C_1 = 10\ \mu F$ 电容，重复（1）的测试内容，测试结果记入表 5 - 2 中。

3. 频率特性的测量

按图 5 - 2 所示电路，调节信号频率 $f = 1\ kHz$，适当调整输入信号电压 u_i 的幅度，使输出信号 u_o 波形最大不失真，测出此时的 U_i、U_o，并计算出此时的电压放大倍数 A_u；保持 u_i 的幅度不变，改变信号源频率，测量出 $0.707A_u$ 时对应的上限频率 f_H 和下限频率 f_L，计算出通频带 $BW_{0.7}$，数据记入实验表 5 - 3 中。

实验表 5 - 3

测量值				计算值	
U_i/V	U_o/V	f_L/Hz	f_H/Hz	A_u	$BW_{0.7}$

五、实验报告

整理实验数据，分析实验结果，说明产生误差的原因。

本　章　小　结

（1）功率放大器要求输出功率大、效率高、失真小，并且要有良好的散热措施。按功放管的工作状态，功率放大器可分为：甲类、乙类、甲乙类，甲类功放失真小效率低，效率只有 40% 左右；乙类功放有交越失真，但效率较高，可达 80% 左右；为避免产生交越失真，功放电路常采用甲乙类的互补对称双管推挽电路。甲乙类功放克服了交越失真，效率在甲类和乙类之间。

（2）功放管可采用复合管的形式提高大功率管的电流放大系数，实现互补配对，复合后的管型与第一只三极管的管型相同。

为使自行组成的复合管行之有效，必须符合电流一致性原则。其复合后的放大倍数为：$\beta \approx \beta_1 \beta_2$。

（3）甲乙类互补对称功率放大电路由于其电路简单、输出功率大、效率高、频率特性好和适于集成化等优点而被广泛应用。

（4）为保证功率放大电路安全工作，必须合理选择器件，增强功率管的散热效果，防止二次击穿并根据需要选择保护电路。

（5）集成功率放大器因具有电路简单、调试方便、电路稳定性好等优点而被广泛应用，在使用时要注意对集成功放的参数选择，并确定各引出脚的功能。

思考与练习五

一、填空题

(1) 功率放大器要求_____、_____、_____、并有良好的功放管装置。

(2) 根据功放管的工作状态不同,功率放大器可分为_____类、_____类和_____类几种。

(3) 典型的 OTL 功放采用_____电源供电,电路工作在_____类状态,能放大整个周期的信号,且无_____现象。

(4) 集成功率放大器具有_____小_____轻,_____可靠和_____方便的优点。

二、判断题

(1) 功放管采用复合管可以提高电流放大系数,提高功放的输出能力。 ( )

(2) 自举电路中,隔离电阻主要用于隔离功放管 C 极与自举电容,以免互相影响。

( )

(3) OTL 电路输出端的耦合电容,可为功放电路放大正半周信号提供电源。 ( )

(4) 由两只三极管组成的复合管,其导电类型由电流决定。 ( )

三、选择题

(1) 互补式 OTL 功放电路完成对交流信号的倒相是在( )。

A. 激励级　　　　B. NPN 功放管　　　　C. PNP 功放管　　　　D. 输出耦合电容

(2) 习题图 5-1 中所示的波形为( )。

A. 饱和失真　　　　　　B. 截止失真

C. 交越失真　　　　　　D. 削顶失真

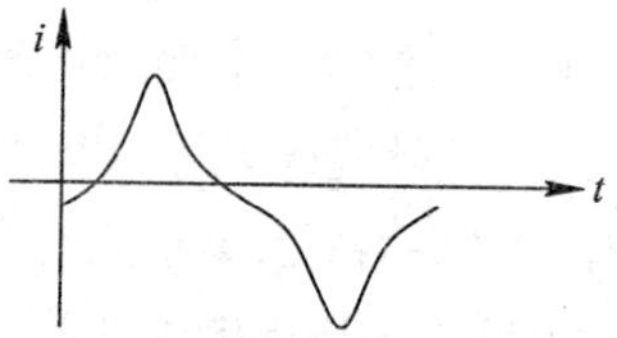

(3) 关于功率放大器的作用,下列说法正确的是( )。

A. 将小的输入功率放大成大的输出功率

B. 通过功放管的电流控制作用,将电源供给功放管 C 极的直流功率转换成交流功率

C. 通过功放管的电流控制作用,将电源供给功放管 C 极的交流功率转换成直流功率

D. 以上说法都不正确

习题图 5-1

(4) 引起功放级输出波形交越失真的原因是( )。

A. 输入信号太弱　　　　　　　　B. 温度漂移

C. 功放管静态电流过大　　　　　C. 晶体管电流放大系数太小

四、简答题

(1) 简述功率放大器与电压放大器的主要区别。

(2) 如何区分三极管工作在甲类、乙类、甲乙类?功率放大电路采用甲乙类工作状态的目的是什么?

(3) 试判断下列说法是否正确,并说明理由。

① 乙类互补对称功率放大电路输出功率越大,功率管的损耗也越大,所以放大器效率

也越小。

② 由于 OCL 电路最大输出功率 $P_{om} \approx U_{CC}^2 / 2R_L$，可见其最大输出功率仅与电源电压 U_{CC} 和负载电阻 R_L 有关，故与管子的参数无关。

③ OCL 电路中输入信号越大，交越失真也越大。

（4）OCL 电路为什么具有较强的负载能力？其电压增益为多大？

（5）OTL 电路与 OCL 电路有哪些主要区别？使用中应注意哪些问题？

五、分析与计算

（1）电路如习题图 5 - 2 所示，其中 $R_L = 16\,\Omega$，C_L 容量很大。

① 若 $U_{CC} = 12\,\mathrm{V}$，$U_{CE(sat)}$ 可忽略不计，试求 P_{om} 和 P_{cm1}。

② 若 $P_{om} = 2\,\mathrm{W}$，$U_{CE(sat)} = 1\,\mathrm{V}$，求 U_{CC} 最小值并确定管子参数 P_{CM}、I_{CM1} 和 $U_{(BR)CEO}$。

（2）OTL 电路如习题图 5 - 3 所示，$R_L = 8\,\Omega$，$U_{CC} = 12\,\mathrm{V}$，C_1、C_2 容量很大。

① 静态时电容 C_L 两端电压应是多少？调整哪个电阻能满足这一要求？

② 动态时，若 u_o 出现交越失真，应调整哪个电阻？是增大还是减小？

③ 若两管的 $U_{CE(sat)}$ 皆可忽略，求 P_{om}。

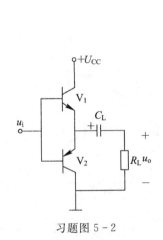

习题图 5 - 2

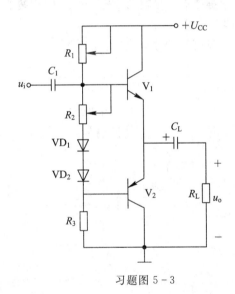

习题图 5 - 3

（3）现有一台用 OTL 电路作功率输出级的录音机，最大输出功率为 20 W。机内扬声器（阻抗 8 Ω）已损坏，为了提高放音质量，拟改接音箱。现只有 10 W、16 Ω 和 20 W、4 Ω 两种规格的音箱出售，选用哪种好？

（4）已知习题图 5 - 4 所示电路中 V_1 和 V_2 管的饱和管压降 $|U_{CES}| = 2\,\mathrm{V}$，导通时的 $|U_{BE}| = 7\,\mathrm{V}$，输入电压足够大。

① A、B、C、D 点的静态电位各为多少？

② 为了保证 V_2 和 V_4 管工作在放大状态，管压降 $|U_{BE}| \geqslant 3\,\mathrm{V}$，电路的最大输出功率 P_{omax} 和效率 η 各为多少？

（5）电路如习题图 5 - 5 所示，试求：

① V_4、V_5 管起何作用？

② 静态时，V_3 管的集电极电位应调到多少伏？设各管的 U_{BE} 均为 0.7 V。

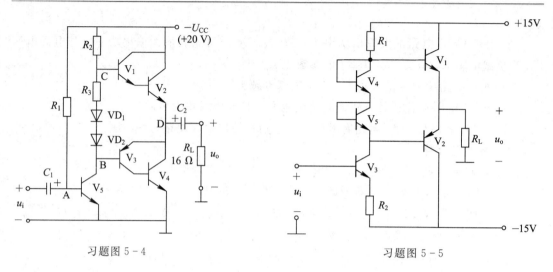

习题图 5 - 4   习题图 5 - 5

(6) 在习题图 5 - 6 中，三极管 $\beta_1 = \beta_2 = 50$，$U_{BE1} = U_{BE2} = 0.7$ V。

① 求静态时，习题图 5 - 6(a)、(b)中复合管的 I_C、I_B、U_{CE}，并说明复合管各属于何种类型的三极管。

② 求复合管的 β。

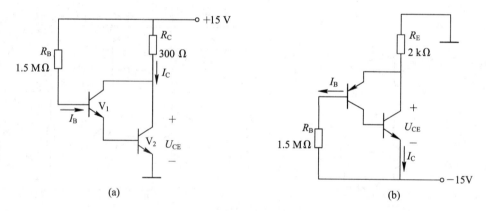

        (a)   (b)

习题图 5 - 6

第 6 章　调谐放大器与正弦波振荡器

导言

调谐放大器在无线电技术应用中十分重要,而正弦波振荡器是信号产生电路的基础。信号产生电路不需要外接输入信号就能将直流电能转换成具有一定频率、一定幅度的正弦波或非正弦波信号,这种电路通常称为振荡电路,它在测量、控制、通信和电视等系统中有着广泛的应用。

目前,信号产生电路广泛采用集成电路来构成,这样组成的信号产生电路性能可靠,使用方便。但在高频电路中由于工作频率高,晶体管 LC 振荡电路仍然应用广泛。

本章首先讨论正弦波振荡电路的类型、性能指标,然后重点讨论各类振荡电路的组成及振荡条件、工作原理、常用正弦波振荡电路及其应用。

教学目标

(1) 了解调谐的种类及结构,熟悉调谐原理。

(2) 了解反馈式振荡器的基本工作原理。

(3) 理解常用的几种正弦波振荡器的基本工作原理,学会估算其振荡频率。

(4) 熟悉非正弦波振荡器的基本工作原理及振荡频率的计算。

6.1　调　谐　放　大　器

在收音机和电视机中,放大器要放大极其微弱的有用信号,同时需要抑制很多杂波干扰信号,用前面所分析的阻容耦合、变压器耦合、直接耦合等放大器都不能满足需要。本节所分析的调谐放大器能够实现对某一频率附近的信号进行放大,而将其余频率信号衰减,实现有选择放大的功能。

6.1.1　单调谐放大器

1. 单调谐放大器的组成

单调谐放大器也叫单 LC 选频放大器,如图 6-1 所示,R_{B1}、R_{B2}、R_E 构成分压式稳定工作点偏置电路,C_B、C_E 分别是基极、射极旁路电容,并联 LC 回路构成 V_1 的集电极负载,由于该放大器是利用调节 LC 回路谐振实现选频放大的,因此叫调谐放大器。

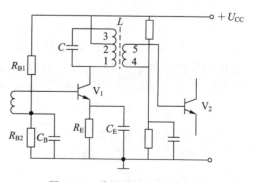

图 6-1　单调谐放大器电路

2. LC 并联回路的选频特性

图 6-2 为电感 L 和电容 C 所组成的 LC 并联回路，由信号源供给工作信号，电感支路的 R 是线圈不能忽略的等效损耗电阻。

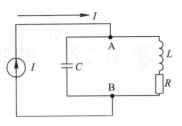

图 6-2　LC 选频回路

1）LC 回路的阻抗频率特性

在电工基础的学习中知道，在 LC 并联回路中，随着输入信号频率的变化，回路阻抗 Z 将跟着变化。感抗 $X_L = 2\pi f L$，容抗 $X_C = 1/(2\pi f C)$，因两条支路并联，当 $X_L = X_C$ 时，电路发生并联谐振，其谐振频率为

$$f_0 = \frac{1}{2\pi\sqrt{LC}} \qquad (6-1-1)$$

并联谐振时，由于容抗与感抗相等，在回路内部抵消，使电路对输入信号电流 i 阻抗最大且呈电阻性。在以回路阻抗为纵坐标、信号频率为横坐标的直角坐标系中，可画出阻抗随频率变化的曲线，叫阻抗频率特性，如图 6-3 所示。在并联谐振状态，由于 $X_L = X_C$，则电感支路

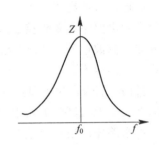

图 6-3　阻抗频率特性曲线

电流 i_L 与电容支路电流 i_C 大小相等，相位相反，从而在回路内部互相抵消，使外电路电流 i 为零。而 LC 回路两端加有信号源电压 u_i，电流又为零，则阻抗将呈无穷大趋势。由于 LC 回路不可避免地存在损耗（如线圈电阻损耗），使两条支路电流相位不完全相反，不能完全抵消，故总电流不为零，但数值很小，使阻抗 $Z = u_i/i$ 的数值很大。这可从图 6-3 中对应于谐振频率处阻抗出现峰值直接看出。

2）LC 回路的相位频率特性

随着信号频率 f 的变化，LC 并联回路两端电压与回路电流 i 之间的相位将发生变化。这种相位随信号频率变化的关系称为相位频率特性，简称相频特性，其曲线如图 6-4 所示。

从图 6-3 和图 6-4 可以看出，当信号频率 $f < f_0$ 时，$X_L < X_C$，$i_L > i_C$，电路呈感性，u_i 与 i 之间的相位差 φ 大于 0。而小于 90°的正角，如图 6-4 左半边曲线所示。随着频率降低，φ 角增大至 90°，阻抗越来越小。当 $f > f_0$ 时，$X_L < X_C$，$i_L > i_C$，电路呈容性，u_i 与 i 之间的相位差 φ 为 0°～ -90°之间的负角，且随着 f 的升高在负方向增大至 -90°，阻抗越来越

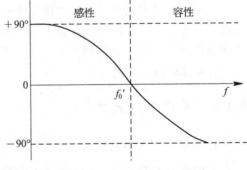

图 6-4　LC 回路的相频特性曲线

小。只有在 $f = f_0$ 时，$X_L = X_C$，电路发生并联谐振，呈电阻性，u_i 与 i 之间相位角为零。

3）LC 回路的品质因数 Q

从图 6-3 的阻抗频率特性可以看出，曲线越尖锐，回路的选频能力越强。为了定量表述 LC 回路的选频能力，引入了品质因数 Q，将它定义为 LC 回路谐振时感抗 X_L 或容抗 X_C 与回路等效损耗电阻 R 之比，即

$$Q = \frac{X_L}{R} = \frac{\omega_0 L}{R} = \frac{2\pi f_0 L}{R}$$

$$Q = \frac{1}{X_C} = \frac{1}{\omega_0 CR} = \frac{1}{2\pi f_0 C} \tag{6-1-2}$$

从上两式可以看出，回路的 Q 值与它的等效电阻 R 成反比，R 越小，Q 值越大。还可证明，Q 值越大，阻抗频率特性曲线幅度越大，且越尖锐（电压频率特性曲线与此相似），LC 并联谐振回路选择性越好，如图 6-5 所示。

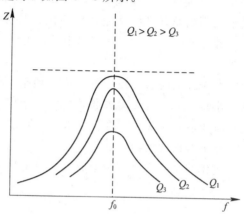

图 6-5　LC 回路的品质因素

综上所述，当 $f = f_0$ 时，LC 回路发生并联谐振，回路谐振阻抗最大，回路两端输出电压最高；对偏离频率 f_0 的信号，LC 回路所呈现的阻抗小，输出电压低，多被 LC 回路损耗掉。所以该回路可利用并联谐振，选择出频率为 f_0 的信号，而衰减 f_0 以外的其他频率信号，这就是 LC 回路的选频原理。

3. 选频放大原理

1）直流通路与交流通路

图 6-6 为单调谐放大器的直流通路与交流通路，(a) 图是分压式稳定工作点直流偏置电路，保证三极管的放大能力；(b) 图是用 LC 并联回路代替了集电极电阻 R_C 的共射极交流通路图，Z 为集电极等效负载。

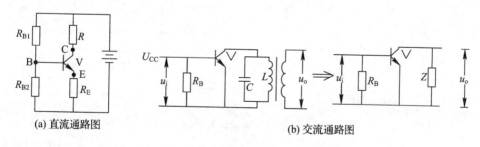

图 6-6　单调谐放大器的交、直流通路图

2）电压放大倍数

共射极放大器放大倍数为 $A_u = -\dfrac{\beta R_L}{r_{BE}}$，由此可得调谐放大器的放大倍数为

$$A_u = -\frac{\beta Z}{r_{BE}} \qquad\qquad (6-1-3)$$

当输入信号频率 $f=f_0$ 时，其谐振阻抗 Z 最大且为纯电阻，A_u 最大。

偏离 f_0 的其他信号，LC 回路的等效阻抗急剧下降且不为纯电阻，放大倍数将急剧减小。可见调谐放大器只对谐振频率附近的信号有选择性地放大，所以又称为选频放大器。

图 6-6 中，LC 并联谐振回路采用了电感抽头方式接入晶体管集电极回路，其目的是为了实现阻抗匹配以提高信号传输效率。事实上，由于集射极间等效电容和电阻的影响，晶体管集电极输出回路的输出阻抗低于 LC 回路谐振阻抗，采用电感线圈抽头接入方式，可利用自耦变压器阻抗变换作用来调节 LC 并联回路阻抗，实现与晶体管输出阻抗之间的匹配，从而提高了传输效率。

在实际应用中，调谐放大器放大的信号往往不是单一频率，而是一个频带，这就需要通频带与选择性二者兼顾。但应注意：放大器的通频带应大于信号频带，才能保证信号不被丢失，这就要求电压谐振曲线适当平缓，使通频带拓宽。但过宽的通频带又将使选择性变差，干扰信号容易进入。对单调谐放大器而言，要比较理想地兼顾通频带与选择性这一对矛盾着的两方面，是有一定困难的，所以单调谐放大器只适用于对通频带和选择性要求不高的场合。

6.1.2 双调谐放大器

由于单调谐放大器在解决通频带与选择性之间的矛盾方面受到限制，在对通频带和选择性要求较高的场合，应选用双调谐放大器。

1. 电路结构特点

双调谐放大器，一般有互感耦合与电容耦合两种形式，电路如图 6-7 所示。

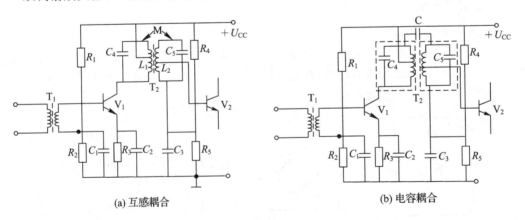

(a) 互感耦合   (b) 电容耦合

图 6-7 双调谐放大器

与单调谐放大器相比，不同点只在于双调谐回路用 LC 调谐回路代替了单调谐回路副边的耦合线圈。图 6-7(a) 是互感耦合，改变 L_1、L_2 之间的距离或磁芯位置，可以改变耦合的松紧程度，从而改善通频带与选择性。图 6-7(b) 是电容耦合，原副边线圈互相屏蔽，靠外接电容 C 完成两个调谐回路之间的信号耦合。调整 C 的大小，即可改变耦合程度、通频带和选择性。

2. 选频原理

下面以互感耦合为例分析双调谐放大器的选频原理。在图 6-7(a) 所示电路中，设 L_1C_4 与 L_2C_5 两个回路都谐振于信号频率，输入信号 u_i 经三极管 V_1 放大，其集电极交流信号电流在 L_1C_4 中发生并联谐振，线圈 L_1 中的谐振电流经互感耦合，在副边 L_2 中感应出电动势且频率等于谐振频率。谐振电动势与 L_2C_5 串联，在该回路中发生串联谐振，使回路电流达最大值。这个谐振电流在 L_2 抽头部分获得很高的电压加到 V_2 输入端。两个 LC 回路都采用电感抽头，是为了使 V_1 的输出阻抗与 V_2 的输入阻抗实现良好匹配。可以看出，在互感耦合的双调谐回路中，是利用原边回路 (L_1C_4) 的并联谐振和副边回路 (L_2C_5) 的串联谐振来实现选频的。

双调谐回路的谐振曲线形状取决于两个回路的耦合程度，如图 6-8 所示。当耦合较弱时，称为松耦合（或弱耦合），谐振曲线呈单峰；耦合紧时称为过耦合（或强耦合），谐振曲线呈双峰，且以谐振中心频率为对称轴。耦合越强，双峰之间距离越大，凹陷程度越深。若耦合程度界于单、双峰之间的过渡状态，称为临界耦合，此时谐振曲线虽呈单峰，但在中心频率附近较为平坦，使谐振曲线接近矩形。这种谐振曲线不但通频带宽、选择性好，且增益也较高。凡是进入通频带内的信号，放大倍数均接近相同。在通频带外的，将被大幅度衰减。可见，适当调节两个回路之间的耦合程度，即可使谐振曲线接近矩形，较好地兼顾了选择性和通频带。

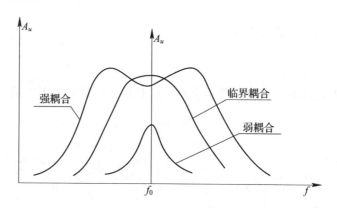

图 6-8　双调谐放大器的三种耦合状

6.1.3　调谐放大器的中和与稳定

1. 中和措施

调谐放大器多工作在频率较高、增益较高的场合。三极管集电结电容 C_{CB} 很容易将集电极输出电压反馈回基极，反馈极性与工作频率有关。在某种频率上，可能在基极形成正反馈，使电路工作不稳定，严重时将造成自激。克服的办法是在调谐回路的空端与基极之间接入中和电容 C_N，如图 6-9 所

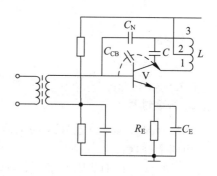

图 6-9　调谐放大器的中和措施

示。在该图的 LC 回路中，电感 L 抽头通过电源交流接地，交流电位为零。对抽头"2"而言，"1"点与"3"点电压极性相反，只要 C_N 调整得当，则可使 C_N 与 C_{CB} 反馈信号极性相反、大小相等而互相抵消。

2. 稳定电路的其他措施

调谐放大器除中和措施外，还可利用降低放大器增益的方法换取电路工作的稳定，其主要措施如下：

(1) 在 LC 回路中并联电阻(常称阻尼电阻)，降低 Q 值，降低增益，拓宽频带。

(2) 在三极管发射极串联电阻，引入负反馈，降低增益，拓宽频带。

(3) 适当降低放大器工作点，减小 I_C 和 β。

(4) 故意使调谐电路阻抗失配，降低 LC 回路 Q 值，可提高电路工作稳定性。

6.2　振荡的概念与原理

整流电路能够将交流电变成直流电。但是在实际应用的电子设备中有时需要一些特定频率的交流信号，要求把电源的直流电能转换成按信号规律变化的交流电能。本节研究的正弦波振荡器就可以在不需要外来信号的情况下直接将直流电能转换成具有一定频率、一定波形和一定振幅的交流电能，产生交流信号。

6.2.1　*LC* 回路中的自由振荡

1. 电路组成

将 LC 回路改接成图 6-10(a)所示电路，其中 R 是线圈的直流电阻。

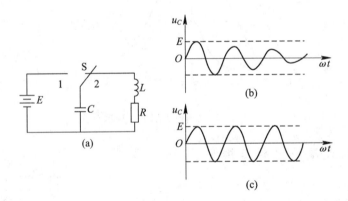

图 6-10　*LC* 自由振荡

2. 振荡过程

先将开关 S 搬于位置"1"，使电源对电容器充电到电源电压 E。再将 S 搬于"2"，要反复经历四个过程：

(1) 电容器 C 向线圈 L 放电，将电场能转换成磁场能储存于线圈中；

(2) 放电结束瞬间，线圈释放磁场能向电容器反充电，又将磁场能转换成电场能；

(3) 线圈放能结束后，电容器又向线圈反放电，将电场能转化成磁场能；

（4）反放电结束瞬间，线圈释放磁场能向电容器正充电，又将磁场能转换成电场能。

电场能与磁场能不断交替转换，LC 回路就形成了一个交变的电流，这一过程叫 LC 回路的自由振荡。由于电容器不是对纯电阻放电，线圈对电容器充电时也不是恒定电压，导致电容器的电压和流过回路的电流不是按指数规律变化，而是按正弦规律变化。因此 LC 回路的振荡是正弦波振荡。

其振荡频率为 LC 回路的固有频率，即

$$f_0 = \frac{1}{2\pi\sqrt{LC}}$$

由于 LC 回路存在着等效损耗电阻，在振荡中总会使部分能量转换成热能而损耗，所以电容电压的幅度总是越来越小，直至停振。LC 回路的自由振荡为减幅振荡，也叫阻尼振荡，其波形如图 6-10(b) 所示。

这种振荡是没有实用价值的，在技术上往往要求持续的等幅振荡。要使振荡幅度不会衰减，必须向 LC 回路供给能量，以补偿振荡中的能量损耗，产生如图 6-10(c) 所示的振荡波形。这种能量的补充需要一定的条件来维持才行。

6.2.2　自激振荡的条件

1. 自激振荡器的组成

振荡器是由基本放大器和具有选频特性的 LC 正反馈网络组合而成。放大电路的作用是将振荡中被衰减了的电流或电压进行放大，以弥补振荡回路的能量损耗，其电路如图 6-11 所示。

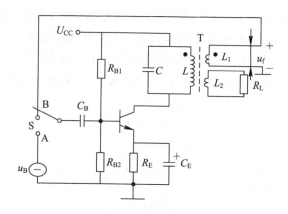

图 6-11　振荡器的组成

2. 自激振荡器的工作过程

1）振荡器起振

当电源接通瞬间，分压式偏置电路产生一个瞬间增大的基极电流 I_B，初级线圈 L 中将有 $I_C = \beta I_B$ 流过，线圈 L 将产生一个上"＋"下"－"的自感电动势阻碍电流的突变，线圈 L_1 获得上"＋"下"－"的互感电动势，该互感电动势通过 C_B 反馈回三极管的基极，通过 LC 选频放大，线圈 L_1 中某一频率的上"＋"下"－"的互感电动势 u_f 越来越大，线圈 L_2 向负载 R_L 输出的电压也越来越高，电路起振。

2）振荡器的稳幅振荡

随着振荡信号的加强，三极管基极电流 $i_B=i_f+I_B$ 增大，集电极 $i_C=\beta i_B$ 增大，会导致 β 下降，从而使 i_C 稳定，u_f 稳定，输出电压 u_o 稳定。

3）振荡器的振荡频率

只有频率 f 与 $f_0=1/(2\pi\sqrt{LC})$ 相等的信号被一次次反馈放大，其余频率信号被一次次抑制，最后振荡器的输出信号只有 $f_0=1/(2\pi\sqrt{LC})$ 的信号。因此振荡器的振荡频率由 LC 本身决定。振荡频率为

$$f=\frac{1}{2\pi\sqrt{LC}} \tag{6-2-1}$$

3. 自激振荡的两个条件

分析振荡器的振荡过程可以看出，自激振荡电路必须具有（选频）放大功能，同时反馈信号使净输入一次次加强，因此反馈是（选频）正反馈。自激振荡需满足两个条件：相位平衡条件和幅度平衡条件。

1）相位平衡条件

相位平衡条件是指放大器的反馈信号 u_f 必须与假定输入信号 u_s 同相位，即两者的相位差 φ 是 2π 的整数倍。即

$$\varphi=2n\pi \tag{6-2-2}$$

式中，φ 为反馈电压 u_f 与信号电压 u_s 之间的相位差，n 可取 1、2、3、…。

相位平衡条件的判断方法采用瞬时极性法。

2）幅度平衡条件

幅度平衡条件指反馈信号的幅度必须满足一定数值，才能补偿振荡中的能量损耗。在振荡建立的初期，反馈电压 u_f 应大于输入电压 u_s，使振荡逐渐增强，振幅越来越大，最后趋于稳定。即使达到稳定状态，其反馈信号也不能小于原输入信号，才能保持等幅振荡。

设输入信号电压为 u_s，放大器电压放大倍数为 A_u，输出电压为 u_o。反馈电压为 u_f，反馈系数为 F，则

$$
\begin{aligned}
u_o &= A_u \cdot u_s \\
u_f &= F \cdot u_o \\
u_f &= F \cdot A_u \cdot u_s
\end{aligned}
\tag{6-2-3}
$$

为了保证 $u_f>u_s$，应使

$$A_u \cdot F \geqslant 1 \tag{6-2-4}$$

这就是幅度平衡条件的表达式。在正弦波振荡器中，起振阶段 $A_u \cdot F>1$；稳幅振荡阶段 $A_u \cdot F=1$。

综上所述，必须同时满足相位平衡条件和幅度平衡条件才能维持自激振荡的稳定。为了获得某个单一频率的正弦波振荡，振荡器还应具有选频特性。

6.3　LC 振荡器

LC 振荡器是由电感 L 和电容 C 组成的选频网络的振荡电路。常用的 LC 振荡器有变

压器反馈式、电感反馈式、电容反馈式三种。

6.3.1　变压器反馈式振荡器

1. 电路结构

变压器反馈式振荡器电路结构如图 6-12(a)所示。由 R_{B1}、R_{B2}、R_E 组成分压式稳定工作点直流电路，保证放大器的放大能力。LC 选频回路将反馈信号返回三极管的发射极，C_B 使放大器基极交流接地，构成共基极 LC 振荡器。

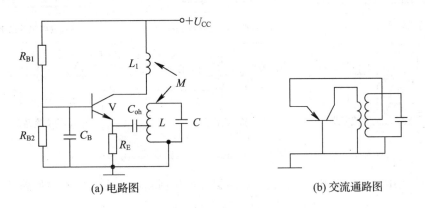

(a) 电路图　　　　　　　　　　　　(b) 交流通路图

图 6-12　变压器反馈式 LC 振荡器

2. 工作原理

1）相位平衡条件

该振荡器的放大器为共基极放大器，反馈信号由射极和基极馈入，其交流通路如图 6-12(b)所示，由瞬时极性法可知：当三极管射极加一正信号，集电极与射极同相，获得正信号，线圈 L_1 自感电动势上负下正，线圈 L 产生的互感电动势上正下负，反馈信号也是上正下负，与输入瞬时极性同相，满足相位平衡条件：$\varphi = 2n\pi$。

其流程如下：$u_E + \rightarrow u_C + \rightarrow u_L$ 上＋下－$\rightarrow u_f +$

2）幅度平衡条件

只要三极管 β 和变压器匝数比选择恰当，即可满足幅度平衡条件

$$A_u \cdot F \geqslant 1 \tag{6-3-1}$$

3）振荡频率

电路的振荡频率为

$$f = \frac{1}{2\pi\sqrt{LC}} \tag{6-3-2}$$

3. 变压器反馈振荡电路的其他形式

上面分析的变压器反馈式振荡器，图 6-13(a)属于共射集电极调谐电路，即放大器接成共射组态，LC 调谐回路在集电极；图 6-13(b)属于共基集电极振荡电路，即放大器接成共基组态，LC 调谐回路在集电极。图 6-13(a)的交流通路如图 6-13(d)所示，它属于

共射调基极式电路，其名称含义与共射集电极调谐电路相似。

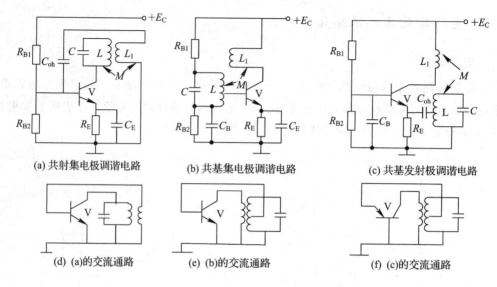

(a) 共射集电极调谐电路　(b) 共基集电极调谐电路　(c) 共基发射极调谐电路

(d) (a)的交流通路　　(e) (b)的交流通路　　(f) (c)的交流通路

图 6-13　几种 *LC* 电路形式

实际应用中，为了实现阻抗匹配，相对提高谐振回路的 *Q* 值，将调谐回路的 *L* 用抽头形式分别并接在基极与地之间或发射极与地之间，如图 6-14 所示。

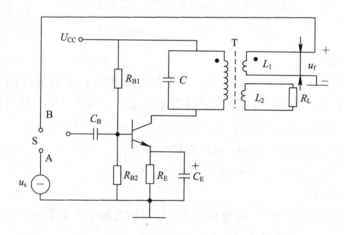

图 6-14　变压器反馈式振荡器的组成

4. 变压器反馈式振荡器的特点

变压器反馈式振荡器的优点是电路容易起振。因对三极管要求不高，反馈绕组匝数也易于调节而满足幅度平衡条件。反馈绕组只要同名端接法正确即能满足相位平衡条件。

但它的缺点是波形较差，频率较低。由于变压器分布参数的限制，变压器反馈式振荡器的振荡频率不可能太高，一般只有几千赫到几兆赫，常用于超外差收音机本机振荡器等电路。

6.3.2 电感反馈式振荡器

1. 电路结构

电感反馈式振荡器电路图如图 6 - 15(a)所示。除 R_{B1}、R_{B2}、R_E、C_E等元件作用与在放大器中相同外，它的电路结构特点是：从交流通路看，三极管的三个电极分别与 LC 回路中 L 的三个端点连接，如图 6 - 15(b)所示，故又称为电感三点式振荡器。从图中可以看出，反馈线圈不用互感耦合而用中间抽头的自耦变压器形式，集电极电源从线圈抽头注入，通过部分绕组 L_1 送到集电极。

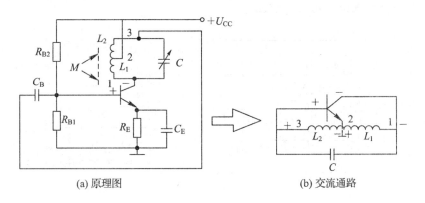

(a) 原理图   (b) 交流通路

图 6 - 15 电感反馈式振荡电路

2. 工作原理

1）相位平衡条件

从交流通路图 6 - 15(b)可以看出，运用瞬时极性法，三极管基极为正，集电极为负，线圈 1 端为负，3 端为正，反馈信号取自 L_2，3 端高于 2 端，反馈信号为正，与瞬时输入同相，即满足：$\varphi = 2n\pi$。

2）幅度平衡条件

只要电感抽头位置适当，幅度平衡条件 $A_u \cdot F \geqslant 1$ 容易满足。

3）振荡频率

电路的振荡频率为

$$f_0 = \frac{1}{2\pi\sqrt{(L_1 + L_2 + 2M)C}}$$

(6 - 3 - 3)

式中，M 为线圈 L_1 与 L_2 之间的互感系数。

3. 电感反馈式振荡器的特点

电感反馈式振荡器的优点是：由于 L_1 与 L_2 耦合很紧，振荡幅度大不仅容易起振，而且振荡频率可达几十 MHz。

电感反馈式振荡器的缺点是：由于反馈电压取自于 L_1 与 L_2，对高次谐波阻抗大因而反馈强，使输出的振荡信号中含有较多高次谐波，导致输出波形失真。

因此这种振荡器只适于对波形要求不高的电路中。

6.3.3 电容反馈式振荡器

1. 电路结构

这种振荡器又称为电容三点式振荡器或考毕兹振荡器，如图 6-16 所示。在电路结构上与电感反馈式的区别有两点：

(1) 在 LC 回路中，将电感支路与电容支路对调，且在电容支路将电容 C_1、C_2 接成串联分压形式，通过 C_2 将电压反馈到基极。

(2) 在集电极加接电阻 R_C，用以提供集电极直流电流通路和作为与电源之间的隔离电阻，防止 C_1 上的振荡电压被电源短路。

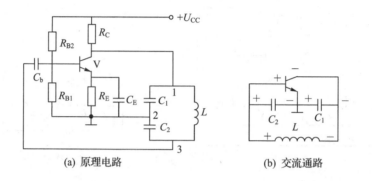

(a) 原理电路   (b) 交流通路

图 6-16 电容三点式振荡电路

从图 6-16(b)所示的交流通路中可以看出，三极管的三个电极与电容支路的三个点交流相接，电容三点式由此而得名。因为三极管发射极交流接地，所以属于共射电路，调谐回路在基极。

2. 工作原理

1) 相位平衡条件

如果基极电位瞬时极性为正，则集电极为负，LC 回路"1"端为负，电路 C_1、C_2 中间为零，LC 回路的另一端"3"为正，C_2 上的电压反馈到基极为正，与原假设信号相位相同，满足相位平衡条件：$\varphi = 2n\pi$。

2) 幅度平衡条件

从图 6-16 可以看出，反馈信号取自 C_2，适当调节 C_1、C_2 比值，能调整反馈量的大小，能满足幅度平衡条件：$A_u \cdot F \geqslant 1$。

3) 振荡频率

电路的振荡频率为

$$f_0 = \frac{1}{2\pi\sqrt{L\,\dfrac{C_1 C_2}{C_1 + C_2}}} \qquad\qquad (6-3-4)$$

3. 电容反馈式振荡器的特点

电容反馈式振荡器的优点是：与电感反馈式振荡器相比，它的反馈信号取自 C_2，对高次谐波阻抗小，将高次谐波短路。所以在输出信号中高次谐波很少，输出波形好。又由于

C_1、C_2 可以选得很小，振荡频率很高，一般可达 100 MHz 以上。

电容反馈式振荡器的缺点是：在改变电容容量以调节振荡频率时，会改变反馈信号的大小，容易停振；频率调节范围也小。

因而这种振荡器适用于对波形要求高、振荡频率高和频率固定的电路。

6.3.4 改进型电容反馈式振荡器(克拉波振荡器)

1. 电路结构

从电容反馈式振荡器的结构可以看出：三极管极间电容等效地并联于 LC 谐振回路两端，构成了振荡电容的一部分。但这部分电容会随着温度的变化或更换管子等因素发生改变，造成振荡频率的不稳定。

改进的措施是在 LC 回路的电感支路串入小容量电容 C，如图 6-17 所示。这样可使该回路的总电容为 C_1、C_2 和 C 的串联等效电容。由于 $C \ll C_1$，$C \ll C_2$，这会使三个电容串联的等效电容近似等于 C。该 LC 回路的谐振频率为

$$f_0 = \frac{1}{2\pi\sqrt{LC}} \qquad\qquad (6-3-5)$$

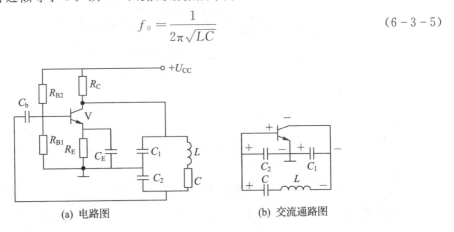

图 6-17 改进型电容三点式振荡器

2. 电路特点

从式(6-3-5)可以看出，电路的振荡频率基本与 C_1、C_2 无关，因为，该电路的 C_1、C_2 容量较大，因此相对削弱了三极管极间电容的影响。其回路的谐振频率取决于 C，在改变 C_1、C_2 的比例以调节反馈电压时，对振荡频率影响很小。因而这种电路振荡波形好，频率比较稳定。这就是该振荡器的优点。由于 C 的容量很小，振荡电压大部分降落在 C 上，使 C_2 的反馈电压减小，起振较困难；其次，通过改变 C 的容量来调整振荡频率时，也将改变反馈电压的大小，C 越小，反馈越弱，振荡器越不容易起振。所以，此电路用作频率可调振荡器时，输出幅度随频率升高而下降。

6.4 RC 振荡器

LC 振荡器一般用来产生频率为几千赫兹到几百兆赫兹的振荡信号。如果要产生几百赫兹或更低频率的振荡信号时，L 和 C 的取值就会相当大，而大电感、大电容的制作比较

困难，这种情况下用 RC 振荡器则显得方便而经济。

RC 振荡器是用 RC 选频电路来代替 LC 振荡器的 LC 选频回路，其工作原理是相似的，都是利用了放大器的正反馈。本节简单介绍 RC 振荡器中常用的 RC 选频振荡器和 RC 移相式振荡器。

6.4.1 *RC* 选频振荡器

1. 电路结构

广泛使用的 RC 选频振荡器是文氏电桥振荡器，电路由 RC 串、并联选频反馈网络和两级阻容耦合放大器组成，如图 6-18 所示。

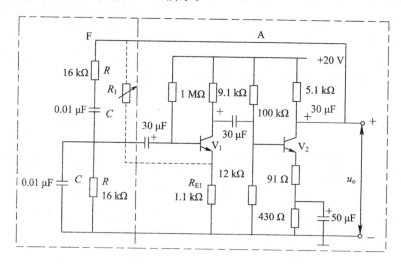

图 6-18　*RC* 选频振荡器

2. 工作原理

1) RC 串、并联回路的选频特性

将图 6-18 中的 RC 串、并联回路单独画出，如图 6-19 所示。假定幅度恒定的正弦信号电压 u_1 从 RC 串、并联回路 A、C 两端输入，经选频后的电压 u_2 从 B、C 两端输出。下面分析这种电路的幅频特性与相频特性。

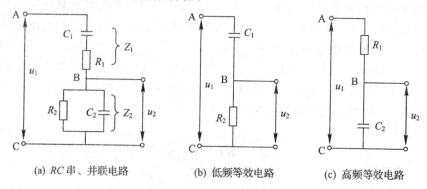

(a) *RC* 串、并联电路　　　(b) 低频等效电路　　　(c) 高频等效电路

图 6-19　*RC* 串、并联电路及等效电路

（1）输出电压 u_2 的幅频特性。

在 RC 串、并联回路中，当输入信号频率较低时，C_1、C_2 的容抗均很大。在 R_1、C_1 串联部分，$\frac{1}{2\pi f C_1} \gg R_1$，因此在 C_1 上的分压大得多，R_1 上的分压可忽略；在 R_2、C_2 并联部分，$\frac{1}{2\pi f C_2} \gg R_2$，因此 R_2 支路的分流量比 C_2 支路大得多，C_2 上的分流量可忽略。这时的串、并联网络等效为图 6-19(b)。从该图可以看出，频率越低，C_1 容抗越大，R_2 分压越少，u_2 幅度越小。

当输出信号频率较高时，C_1、C_2 容抗均很小。在 R_1、C_1 串联部分，$R_1 \gg \frac{1}{2\pi f C_1}$，$C_1$ 的串联分压作用可以忽略；在 R_2、C_2 并联部分，$R_2 \gg \frac{1}{2\pi f C_2}$，$R_2$ 分流作用可以忽略，此时的 RC 串、并联等效电路如图 6-19(c)所示。从图中可以看出 f 越高，C_2 容抗越小，输出电压幅度越低。

RC 串并联电路的幅频特性曲线如图 6-20(a)所示。从图中可以看出，只有在谐振频率 f_0 上，输出电压幅度最大。偏离这个频率，输出电压幅度迅速减小，这就是 RC 串、并联网络的选频特性。

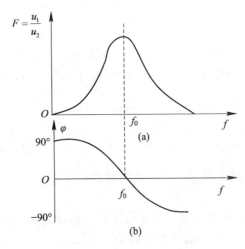

图 6-20　RC 串并联电路的幅频特性

（2）u_2 与 u_1 的相频特性。

在上面的分析中，当信号频率低到接近于零时，C_1、C_2 容抗很大，C_2 对 R_2 而言，相当于开路，输入信号流经 R_1、R_2、C_1 组成等效串联电路，在这个串联电路中 $\frac{1}{2\pi f C_1} \gg (R_1+R_2)$，故该串联电路接近于纯电容电路，电流的相位比 u_1 超前 90°。由于 $u_2 = i \cdot R_2$，所以 u_2 的相位也比 u_1 超前 90°。但随着信号频率的升高，RC 串、并联电路将从纯电容电路过渡到容性电路，u_2 超前于 u_1 的相位角将相应减小，升高到谐振频率 f_0 时，相位角 φ 减小到零，u_2 与 u_1 同相位。如果信号频率上升到接近于无穷大时，C_1、C_2 容抗极小，相当于短路。LC 串、并联回路只有 R_1 起作用，所以电流 i 与 u_1 同相。但在 R_2、

C_2 的并联回路中，由于 $R_2 \gg \dfrac{1}{2\pi fC_2}$，使该并联电路接近于纯电容电路，电流超前 u_2 90°，即 u_2 滞后于 u_1 90°。随着信号频率的降低，u_2 与 u_1 的相位角 φ 越来越小，当 f 降低到等于谐振频率 f_0 时，相位角 $\varphi=0$，u_2 与 u_1 同相位。这种 u_2 与 u_1 之间相位随频率的变化关系，称为 RC 电路的相频特性。其相频特性曲线如图 6-20(b)所示。

从上述分析可以得出结论：当信号频率等于 RC 回路的选频频率 f_0 时，输出电压 u_2 幅度最大，且与输入信号 u_1 同相，这就是 RC 串、并联回路的选频原理。

理论和实践证明，当 $R_1=R_2=R$，$C_1=C_2=C$ 时，RC 串、并联选频回路的选频频率为

$$f_0 = \frac{1}{2\pi RC} \tag{6-4-1}$$

将输出电压与输入电压之比称为传输系数，用 F 表示，即

$$F = \frac{u_2}{u_1} \tag{6-4-2}$$

理论计算证明，当信号频率 $f=f_0=\dfrac{1}{2\pi RC}$ 时，幅频特性曲线达最高点，为 $\dfrac{1}{3}$，相频特性曲线通过零点。即

$$F = \frac{u_2}{u_1} = \frac{1}{3} \quad \text{或} \quad u_2 = \frac{1}{3}u_1 \tag{6-4-3}$$

（3）相位平衡条件。

在图 6-18 所示中，运用瞬时极性法，V_1 基极为正，集电极为负，V_2 基极为负，V_2 集电极为正，RC 串、并联输入为正，输出为正，整个电路输入与输出同相，满足：$\varphi=2n\pi$。

2）振幅平衡条件

在 RC 串、并联选频电路中，由 $u_2=\dfrac{1}{3}u_1$ 可以看出，只要该放大器的开环电压放大倍数 $A_u>3$，起振的幅度平衡条件 $A_u \cdot F \geqslant 1$ 非常容易满足。

3）文氏电桥振荡电路

图 6-18 中，如果 A_u 选得过大，将使信号振荡幅度进入三极管非线性区域而造成波形失真。此外，环境温度变化，调换管子或管子参数变化等，都会影响波形质量和稳定性。为了克服这些缺点，常采取在放大器中引入负反馈的方法，将输出电压的一部分通过反馈网络 R_f 反馈回放大器的输入端，形成电压串联负反馈，由此通过减小放大倍数换得减小波形失真和提高电路的稳定性，提高输入电阻，减小输出电阻，从而减小了放大器对 RC 选频性能的影响，增加了电路带负载的能力。

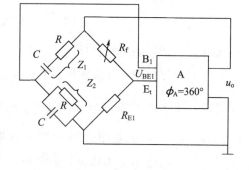

图 6-21　文氏电桥振荡器

将图 6-18 中的 RC 选频网络和负反馈网络的 R_f、R_E 单独画出，可组成如图 6-21 所示的电桥电路，所以这种 RC 振荡器又名文氏电桥振荡器。

在文氏电桥振荡器中，若选择电阻 $R_1 = R_2 = R$，电容 $C_1 = C_2 = C$ 时，则频率 $f = \dfrac{1}{2\pi RC}$。

6.4.2　RC 移相式振荡器

1. 电路结构

RC 移相式振荡电路如图 6-22 所示，它由三阶 RC 移相电路和一级基本放大电路两部分组成。其中三阶 RC 移相电路由 R_1C_1、R_2C_2 及放大器输入电阻 r_i 和 C_3 组成。

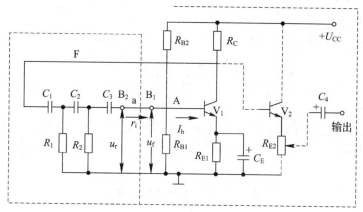

图 6-22　RC 移相振荡电路

2. 工作原理

1）RC 移相电路的频率特性

在图 6-23 所示的 RC 移相电路中，输出电压 u_o 与输入电压地之间的相位差 φ 与振荡频率的高低有着直接关系。当频率很低接近于零时，容抗 $\dfrac{1}{2\pi fC} \gg R$，使 RC 电路趋于纯电容性。电流 i 超前 u_i 90°，即 $\varphi = 90°$，而输出电压在电阻 R 上获得，有 $u_2 = i \cdot R$，u_o 与 i 同相，所以 u_o 与 u_2 相差 90°。由于 $\dfrac{1}{2\pi fC} \gg R$，R 上分压很少，u_o 也很小且接近零。当 u_i 频率很高时，电容容抗很小，使 $\dfrac{1}{2\pi fC} \ll R$，RC 电路接近于纯电阻性，u_i 与 u_o 同相位，即 $\varphi = 0$。可以看出，随着频率的不同，一节 RC 电路的相移可以在 0°～90°之间变化。

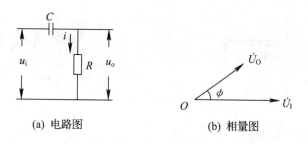

(a) 电路图　　　　　　(b) 相量图

图 6-23　RC 电路移相特性

2）相位平衡条件

由于共射放大电路将输入信号电压倒相180°，只要 RC 移相电路能对某一特定频率的信号再移相180°，即可在放大器输入端形成正反馈而满足相位平衡条件。对某一特定频率，一阶 RC 移相电路移相，$0°<\varphi<90°$，要移相180°，至少需要三阶 RC 移相电路才能满足。图6-22中，R_1C_1，R_2C_2 及放大器输入电阻 r_1 和 C_3 组成三阶 RC 移相电路，能够满足相位平衡条件：$\varphi=2\pi n$。

3）振幅平衡条件

RC 电路中由于串联分压，反馈电压逐节衰减，只要放大器放大倍数足够，一样能满足幅度平衡条件：$A_u \cdot F \geqslant 1$。

4）振荡器的振荡频率

当 $R_1=R_2=r_{BE}=R$，$C_1=C_2=C_3=C$ 时，理论计算指出，这种振荡器的振荡频率为

$$f_0 = \frac{1}{2\pi\sqrt{6}RC}$$

3. 电路特点

该电路的优点是结构简单，但工作不稳定、波形差、频率难以调节，只能用于频率固定且要求不高的场合。

6.5 石英晶体振荡器

振荡器的振荡频率是由它的选频网络的 L、C 参数来决定的。由于环境温度变化或电源电压波动等因素的影响，将导致 L、C 参数的变化。因此，无论是 LC 振荡器还是 RC 振荡器，其振荡频率都是不够稳定的。在要求振荡频率稳定度高的电子电路设备中，就需要一种高 Q 值、高稳定度的振荡器，它就是本节介绍的石英晶体振荡器。

6.5.1 石英晶体的电压特性与等效电路

1. 结构、符号、外形

天然石英是二氧化硅晶体，将它按一定的方位角切成薄片，称为石英晶体。在晶片的两个相对表面镀上金属层作为极板，焊上引线作电极，再加上金属壳、玻壳或胶壳封装即制成石英晶体振荡器。石英晶体振荡器的符号、内部结构、外形封装如图6-24所示。

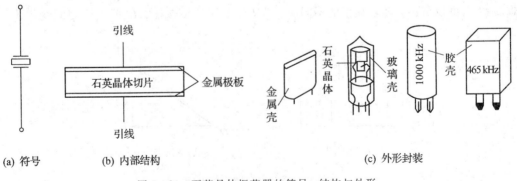

(a) 符号   (b) 内部结构   (c) 外形封装

图6-24 石英晶体振荡器的符号、结构与外形

2. 石英晶体的特性

1）压电效应

若在石英晶体两电极加上电压，晶片将产生机械形变；反过来，如在晶片上施加机械压力使其发生形变，则将在相应方向上产生电压，这种物理现象称为压电效应。如果在晶体两边加上交变电压，则晶片将产生相应的机械振动。这个机械振动又会在原加电压方向产生附加电压，从而引起新的机械振动，由此产生电压-机械振动的往复循环，最后达到稳定。

2）压电谐振

在一般情况下，机械振动的振幅和交变电压的振幅都很微小，如果外加交变电压的频率与晶体固有频率相等时，机械振动振幅剧增，由此产生的交变电压振幅剧增，这就是晶体的压电谐振。产生谐振的频率称为石英晶体的谐振频率。

3. 等效电路及谐振频率

1）等效电路

石英晶体振荡器的等效电路和频率特性如图 6-25 所示。图中：C_0 为晶体极板间电容；C 为晶体内部等效电容；L 为晶体等效电感；R 为晶体等效电阻。

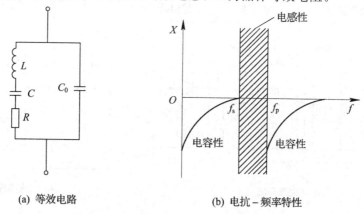

(a) 等效电路　　　　　　　　　　　(b) 电抗-频率特性

图 6-25　石英晶体振荡器等效电路与频率特性

2）串联谐振频率

对于石英晶体振荡器的等效电路，可以产生两个谐振频率：串联谐振频率和并联谐振频率。

当 R、L、C 支路发生串联谐振时，等效于纯电阻 R，阻抗最小，其串联谐振频率为

$$f_s = \frac{1}{2\pi\sqrt{LC}}$$

3）并联谐振频率

当外加信号频率高于 f_s 时，X_L 增大，X_C 减小，R、L、C 串联支路呈感性，可与 C_0 所在电容支路发生并联谐振，其并联谐振频率为

$$f_p = \frac{1}{2\pi\sqrt{L\dfrac{CC_0}{C+C_0}}} = \frac{1}{2\pi\sqrt{LC}}\sqrt{1+\frac{C}{C_0}} = f_0\sqrt{1+\frac{C}{C_0}}$$

石英晶体的电抗-频率特性如图 6-24(b)所示。从图中可以看出，凡信号频率低于串联谐振频率 f_s 或高于并联谐振频率 f_p 时，石英晶体均显电容性。只有信号频率在 f_s 和 f_p 之间才显电感性。在电感性区域，振荡频率稳定度极高。

6.5.2 石英晶体振荡电路

在实际应用中，石英晶体振荡器可分为两大类。其中一类为并联型，晶体工作在 f_s 和 f_p 之间，起电感作用；第二类为串联型，晶体工作在串联谐振频率 f_s 上，阻抗最小，组成正反馈网络并形成选频振荡器。

1. 并联型石英晶体振荡器

1）电路结构

图 6-26 所示为 ZXB-1 型石英晶体振荡器。图(a)中 V_1 与石英晶体组成并联型石英晶体振荡器，V_2 与晶体组成共射放大电路放大振荡信号，V_3 与前级电路组成射极输出器输出振荡信号。

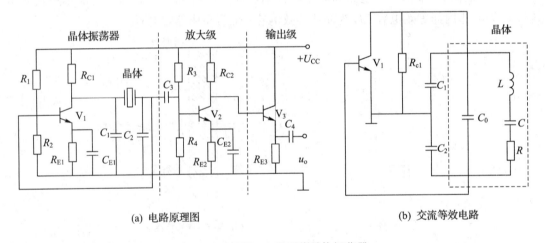

(a) 电路原理图   (b) 交流等效电路

图 6-26 ZXB-1 型石英晶体振荡器

2）工作原理

(1) 相位平衡条件。

图 6-27(b)是(a)的交流通路，从图中可以看出，石英晶体是放大器 V_1 的负载，对应于频率为 f_p 的信号，它处于谐振状态，可获得很高的谐振电压，该电压经 C_1、C_2 分压后，C_2 上电压正反馈回 V_1 基极，形成改进型电容反馈式振荡电路。

(2) 振幅平衡条件。

调节 C_1、C_2 的容量，调节反馈系数 F，容易满足幅度平衡条件：$A_u \cdot F \geqslant 1$。

(3) 电路振荡频率。

由于 C_1、C_2 比 C_0 大得多，C_0 又比 C 大得多，电路的谐振频率主要由 L 和 C 决定，电路工作频率为：$f_p < f < f_s$，其值接近于石英晶体固有频率，即

$$f \approx f_0 = \frac{1}{2\pi\sqrt{LC}}$$

2. 串联型石英晶体振荡器

1）电路结构

该振荡器如图 6 - 27 所示。图中石英晶体接在由 V_1、V_2 组成的两级放大器的正反馈网络中。放大器 V_1 设计为共基极电路，放大器 V_2 设计成射极输出器。

2）工作原理

（1）相位平衡条件。

当振荡频率等于晶体的串联谐振频率时，石英晶体呈纯电阻性，阻抗最小，正反馈最强，相移为 0°，当 V_1 射极为正，集电极为正，V_2 基极为正，射极为正，电路满足自激振荡相位条件 $\varphi = 2\pi$。对于谐振频率 f_s 以外的其他频率，石英晶体阻抗大，且不为纯电阻性，相移亦不为 0°，不具备振荡条件，电路不会起振。

（2）振幅平衡与稳定。

由于共基极放大器有足够的电压放大能力，适当调整 R_s 的大小，容易满足幅度平衡条件：$A_u \cdot F \geqslant 1$。在正反馈电路中串入电阻 R_s，目的在于调节反馈量的大小，使电路容易起振，而且稳定。R_s 过大，则反馈量小，电路不易起振；R_s 过小，则反馈量过大，会导致严重的波形失真。

（3）电路振荡频率。

石英晶体工作在串联谐振状态时，满足相位平衡条件与振幅平衡条件，因此电路工作频率为 $f = f_s = \dfrac{1}{2\pi\sqrt{LC}}$。

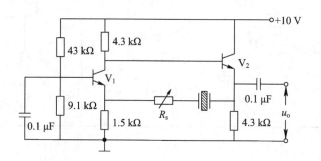

图 6 - 27　串联型石英晶体振荡器

6.6　调谐放大器与正弦波振荡器的使用知识及技能训练项目

实验项目 12　RC 正弦波振荡器

一、实验目的

（1）加深理解 RC 串并联正弦波振荡器的组成和工作原理。

（2）验证 RC 振荡器的幅值平衡条件。

（3）掌握振荡电路的调整和测试频率的方法。

二、实验仪器与器件

(1) 示波器 1 台；　　　　　　　　(2) 毫伏表 1 只；

(3) 函数信号发生器 1 台；　　　　　(4) 万用表 1 台；

(5) 直流稳压电源 1 台；　　　　　　(6) S9013($\beta=50\sim100$)电阻和电容若干。

三、实验原理

RC 正弦波振荡器包括 RC 选频振荡器、移相式振荡器。

1. 振荡条件和电路的工作原理

RC 正弦波振荡器产生正弦波的起振条件为

相位条件：

$$\varphi_A + \varphi_F = 2n\pi \quad (n=0,1,2,3,\cdots)$$

幅值条件：

$$|AF| \geqslant 1$$

实验图 6-1 中 RC 串并联为选频网络。图中 $R_1=R_2=R$，$C_1=C_2=C$。

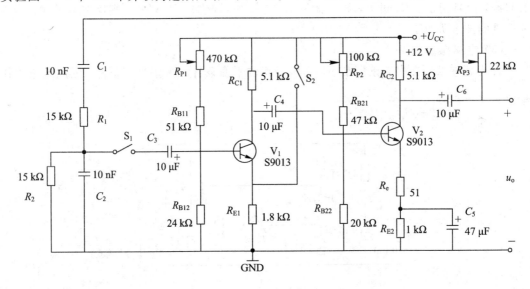

实验图 6-1　RC 正弦波振荡器

由 RC 串并联网络的频率特性可知，当 $f=f_0=\dfrac{1}{2\pi RC}$ 时，该网络 $\varphi_F=0°$，$|F|=\dfrac{1}{3}$，因此，只需要一个同相放大器与选频网络配合，且同相放大器的电压放大倍数 $A_{uf}\geqslant3$，这样所组成的电路即可满足起振的幅值和相位条件，从而产生正弦波振荡。

实验图 6-1 为分立元件组成的 RC 选频振荡电路，它具有振荡频率和输出信号幅度稳定性高、波形失真小、频率调节方便等优点。

V_1、V_2 组成两级阻容耦合放大器，用以将正反馈信号放大，在电路输出和输入之间接有正反馈网络并兼选频网络，使整个电路振荡在一个固有频率上。电路中引入电压串联负反馈 R_{P3}、R_{E1}，不仅可以降低放大器的放大倍数，提高放大器的稳定性，还能提高电路的输入电阻，降低输出电阻，并起稳幅的作用。

2. 频率的测量方法

测量频率常用的方法有两种：频率计测量法和示波器测量法。

（1）频率计测量法。

直接将振荡器的输出连接到频率计的输入端，从频率计的读数便知所测频率的大小。

（2）示波器测量法。

利用测量时间的方法在示波器上读出被测信号的周期 T，再取倒数，便可得频率 $f = 1/T$。

四、实验内容及方法

调整稳压电源，使其输出为 $+12\text{ V}$，连接如图 6-1 所示的电路中。

（1）接通 S_1、S_2，调整 R_{P1}、R_{P2}，使电路产生不失真的稳幅的正弦波振荡波形，测量出输出电压 u_o 的幅值。

（2）测量振荡频率 f。

① 用数字频率计测量振荡信号的频率。

② 用示波器直接测量振荡信号的周期 T，然后转换成频率 $f = 1/T$。

（3）测量放大倍数，验证起振的幅值条件。

使振荡器保持幅值稳定的振荡，然后断开 S_1，在放大器的输入端加正弦信号，信号的频率与振荡器的频率相同，并使放大器输出电压幅值与振荡器输出电压幅值相等，测量出此时对应 u_i 的值，计算出放大器的放大倍数。

（4）观察电压串联负反馈对振荡器输出波形的影响。

接通开关 S_1、S_2，分别使 R_{P1} 在最小、正中、最大三个位置上，观察负反馈深度对振荡的输出波形的影响，并同时观察记录波形的变化情况。

分别断开 S_1、S_2，观察输出波形的变化情况并记录下来。

（5）改变几组选频网络中的 R 或 C 值，测试相应的振荡频率，并与理论计算值比较。

（6）RC 串并联选频网络幅频特性的观察（选做）。

将 RC 串并联网络与放大器断开，由函数信号发生器输入正弦信号，并用双踪示波器同时观察 RC 串并联网络的输入、输出波形，再保持输入幅度不变，从低到高改变输入信号频率，当信号源达到某一频率时，RC 串并联网络输出达到最大值，且输入、输出同相位，记录此时的信号源频率。

五、实验报告

（1）整理实验数据，画出振荡器输出波形。

（2）改变串并联网络参数，用示波器观察输出波形幅度及频率，并记录。

（3）连接成不平衡的串并联网络，观察记录输出波形。

（1）调谐放大器与一般放大器的区别在于：它的集电极负载不是 R_C，而是 LC 并联谐振回路，它只放大谐振频率为 f_0 及左右两旁很窄的频率范围内的信号，适用于选频放大。

它的增益、通频带和选择性在很大程度上取决于 LC 回路的特性。

（2）正弦波振荡器主要由放大器和具有选频特性的正反馈选频网络组成。使这种振荡器起振，必须满足相位平衡条件和幅度平衡条件，即

$$\begin{cases} \varphi_A + \varphi_F = 2n\pi & n = 0, 1, 2, 3, \cdots \\ A_u F \geqslant 1 \end{cases}$$

（3）LC 振荡器常用的有变压器反馈式、电感反馈式和电容反馈式三种，其反馈信号都是从输出回路通过变压器、电感或电容反馈回放大器三极管基极。其相位平衡条件可用瞬时极性法判断；幅度平衡条件与三极管 β 和反馈元件的分压值有关。

（4）常用的 RC 振荡器有 RC 选频振荡器和 RC 移相振荡器两类，其振荡频率与 RC 乘积成反比。前者用 RC 串、并联网络选频，后者用三阶以上 RC 移相电路选频。

（5）石英晶体振荡器相当于一个 Q 值很高、频率稳定度很高的谐振回路，它有 f_s 和 f_p 两个谐振频率。石英晶体振荡器应用电路有并联型和串联型两类。并联型石英晶体振荡器工作频率在 f_s 和 f_p 之间，石英晶体等效于电感；串联型石英晶体振荡器振荡频率等于 f_s，石英晶体作为串联谐振回路接于放大器的正反馈网络中实现选频及正反馈。

思考与练习六

一、填空题

（1）调谐放大器中用_____代替集电极负载电阻。

（2）调谐放大器兼有_____和_____功能。

（3）使正弦波振荡器振荡必须满足_____平衡条件和_____平衡条件。

（4）正弦波振荡器的振荡频率由_____而定。

（5）LC 分为_____、_____、_____。

（6）串联型晶体振荡器的振荡频率为_____。

（7）晶体振荡器的优点是_____、_____。

二、判断题

（1）从结构上看，正弦波振荡器是一个没有输入信号的带选频网络的正反馈放大器。

（　　）

（2）只要有正反馈，电路就一定能产生正弦波振荡。（　　）

（3）放大器必须同时满足相位平衡条件和振幅平衡条件才能产生自激振荡。（　　）

（4）电感反馈式振荡器的输出波形比电容反馈式振荡器的输出波形好。（　　）

（5）两节 RC 最大也能产生 $180°$ 的相移。（　　）

三、选择题

（1）LC 并联谐振回路的品质因数 Q 值越高，则选频能力（　　）。

A. 越强　　　　B. 越弱　　　　C. 不变　　　　D. 不一定

（2）调谐放大器中采用的电容的作用是（　　）。

A. 提高放大倍数　　　　B. 提高选择性

C. 提高通频带　　　　　　D. 防止自激

（3）LC 正弦波振荡电路如习题图 6-1 所示，（　　）。

A. 由于放大器不能正常工作，故不能振荡

B. 不满足相位平衡条件，故不能振荡

C. 没有选频网络，故不能振荡

D. 电路能振荡

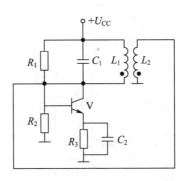

习题图 6-1

（4）并联型石英晶体振荡器的工作频率是（　　）。

A. f_s　　　　　　　　　　B. f_p

C. $f_s < f < f_p$　　　　　　D. 不一定

（5）串、并联 RC 选频振荡器中，串、并联 RC 的相移是（　　）。

A. 0°　　　　B. 90°　　　　C. 180°　　　　D. 270°

四、作图题

（1）在习题图 6-2 中，完成外电容耦合的双调谐放大电路。

（2）在习题图 6-3 中，完成收音机的本机振荡电路：变压器反馈式振荡电路。

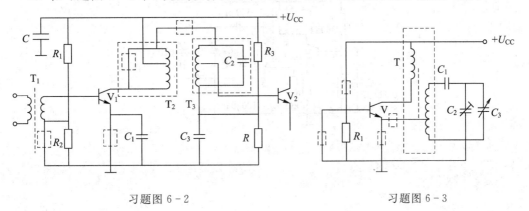

习题图 6-2　　　　　　　　　　　　　　习题图 6-3

五、电路分析题

（1）试用瞬时极性法判断习题图 6-4 所示各电路是否满足相位平衡条件？并说明判断过程。如不能起振，加以改正。

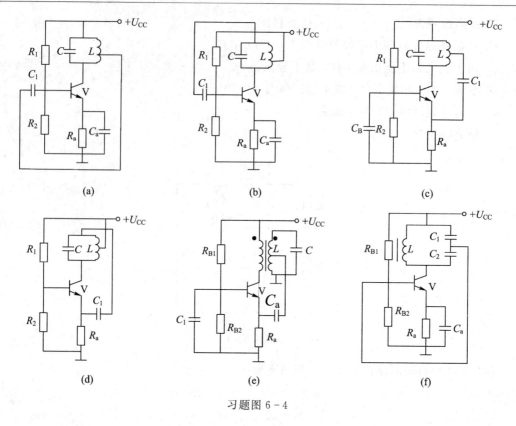

习题图 6 - 4

（2）习题图 6 - 5 所示为晶体管超外差收音机的本机振荡器。

① 在图中标出振荡线圈原、副边绕组的同名端；

② 若将 L_{2-3} 的匝数减少，会对振荡器造成什么影响？

③ 试计算 $C_4 = 10$ pF 时，在 C_5 的最大变化范围内振荡频率的可调范围。

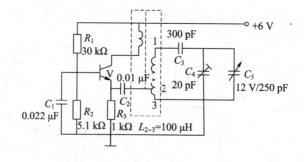

习题图 6 - 5

第 7 章 直流稳压电源

☞ **导言**

任何一种电子设备都需要平滑稳定的直流电源。小功率的直流电源一般是线性串联型直流稳压电源，它采用 220 V、50 Hz 单相交流供电，这种直流电源一般由电源变压器、整流电路、滤波电路和稳压电路四部分组成，适用于电子设备要求不太高的场合。而功率较大的直流电源多采用开关稳压电源，它仍采用 220 V、50 Hz 单相交流供电，但这种电源不需要电源变压器变压，而是直接将 220 V、50 Hz 的交流电进行整流、滤波、稳压。

本章首先介绍直流稳压电源的组成，然后讨论并联型稳压电路的电路组成和工作原理、晶体管串联稳压电路及三端集成稳压器的应用，最后介绍直流稳压电源的使用知识及技能训练项目。

☞ **教学目标**

（1）了解直流电源的组成和稳压原理。

（2）掌握常用的串联型稳压电路的组成及工作原理。

（3）掌握集成稳压器的特点和电路工作原理。

功率较小的直流电源大多数都是将交流电经过整流、滤波和稳压后获得。整流电路用来将交流电压变换为单向脉动的直流电压；滤波电路用来滤除整流后单向脉动电压中的交流成分，使之成为平滑的直流电压；稳压电路用来在输入交流电源电压波动、负载和温度变化时，维持输出直流电压的稳定。

根据直流电源的不同组成，下面将分别介绍直流稳压电源的工作原理、性能指标等内容。

7.1 直流稳压电源的组成

一般地，将有稳定电压装置的直流电源称为直流稳压电源。直流稳压电源的作用是将交流电转化成为平滑的、稳定的直流电，并且功率输出符合一定的设计要求。常用的直流稳压电源由电源变压器、整流电路、滤波电路和稳压电路组成，如图 7-1 所示。

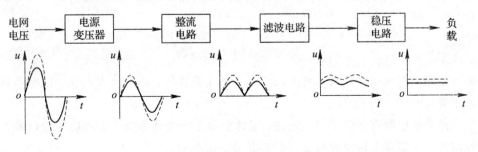

图 7-1 直流稳压电源的组成

直流稳压电源各组成部分的作用如下：

（1）由于所需的直流电压与电网的交流电压在数值上相差比较大，因此电源变压器用于将交流市电电压转换成符合整流电路所要求的交流电压。

（2）整流电路是利用某些整流器件的单向导电性能，将交流电压整流成为具有单向脉动的直流电压。但这种直流电幅值变化很大，若作为电源去供给电子电路时，电路的工作状态也会随之变化而影响性能。我们把这种直流电称为脉动大的直流电。

（3）滤波电路用于将单向脉动的直流电压纹波分量滤除掉，保留其直流分量部分，使其转化成为更加平滑的直流电压。

（4）稳压电路是一种自动调节电路，其作用是当电网电压波动或负载变化时，通过该电路的自动调节功能使直流输出电压稳定。

7.2 稳压电路

7.2.1 稳压电路的各种指标

经过整流、滤波所得到的直流电压较平滑，纹波也较小，但输出的直流电压并不稳定，会因交流电网电压的波动、负载的变化和温度变化等因素，使输出电压随之变化。显然这种电源在要求较高的场合如对电源电压稳定性要求较高的电子设备和电子电路中是不适用的。所以，电子设备中的直流电源和电子电路的供电电源，一般在滤波电路和负载之间加接稳压电路，以达到稳压供电使电子设备和电子电路稳定可靠工作的目的。通常用内阻和稳压系数两个主要指标来衡量稳压电路的质量。

1. 内阻 R_O

稳压电路内阻的定义为，输入到稳压电路的直流电压 U_I 不变时，稳压电路的输出电压变化量 ΔU_O 与输出电流变化量 ΔI_O 之比，即

$$R_O = \frac{\Delta U_O}{\Delta I_O}\mid_{U_I=常数} \tag{7-2-1}$$

2. 稳压系数 S_r

稳压系数的定义是当负载不变时，稳压电路输出电压的相对变化量与输入电压的相对变化量之比，即

$$S_r = \frac{\Delta U_O/U_O}{\Delta U_I/U_I}\mid_{R_L=常数} \tag{7-2-2}$$

稳压电路的其他指标还有：电压调整率、电流调整率、最大纹波电压、温度系数以及噪声电压等。

常用的稳压电路有并联型稳压电路、晶体管串联型稳压电路、集成稳压器以及开关型稳压电路等。本节首先讨论比较简单的并联型稳压电路。

7.2.2　并联型稳压电路的电路组成和工作原理

1. 并联型稳压电路的组成与工作原理

并联型稳压电路原理图如图 7 - 2 所示。整流滤波后得到的直流电压作为稳压电路的输入电压 U_I，稳压管 VS 与负载电阻 R_L 并联。为了保证工作在反向击穿区，稳压管作为一个二极管，要处于反向接法。限流电阻 R 也是稳压电路必不可少的组成元件，当电网电压波动或负载电流发生变化时，通过调节 R 上的压降来保持输出电压的基本不变。

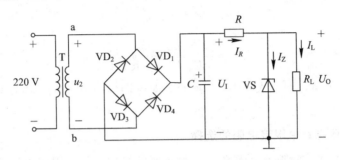

图 7 - 2　并联型稳压电路原理图

（1）假设稳压电路的输入电压 U_I 保持不变，当负载电阻 R_L 减小，负载电流 I_L 增大时，由于电流在电阻 R 上的压降升高，输出电压 U_O 将下降。而稳压管并联在输出端，由图中稳压管的伏安特性可见，当稳压管两端的电压有一个很小的下降时，稳压管的电流将减小很多。由于 $I_R = I_Z + I_L$，因此 I_R 也有减小的趋势。实际上，利用 I_Z 的减小来补偿 I_L 的增大，使 I_R 基本保持不变，可使输出电压也保持基本稳定。

（2）假设负载电阻 R_L 保持不变，当电网电压升高而使 U_I 升高时，输出电压 U_O 也将随之上升。但是，由稳压管的伏安特性可知，此时稳压管的电流 I_Z 将急剧增大，于是电阻 R 上的压降增大，以此来抵消 U_I 的升高，从而使输出电压基本保持不变。

2. 并联稳压电路的参数

1）内阻 R_O

根据定义，估算电路的内阻时，应将负载电阻 R_L 开路。又因为 U_I 不变，所以其变化量 $\Delta U_I = 0$。此时图 7 - 2 中的稳压管稳压电路的交流等效电路图将为图 7 - 3 所示。图中 r_Z 为稳压管的动态内阻。

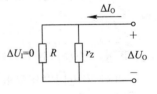

图 7 - 3　估算稳压电路 R_O 的等效电路

由图可得

$$R_O = \frac{\Delta U_O}{\Delta I_O} = r_Z \mathbin{/\mkern-5mu/} R$$

由于一般情况下能够满足条件 $r_Z \ll R$，故上式可简化为

$$R_O \approx r_Z \tag{7-2-3}$$

由此可知，硅稳压管稳压电路的内阻近似等于稳压管的动态内阻。r_Z 愈小，则稳压电路的内阻也愈小，当负载变化时，稳压电路的稳压性能愈好。

2）稳压系数 S_r

估算稳压系数的等效电路如图 7-4 所示。

由图可得

$$\Delta U_O = \frac{r_Z \mathbin{/\mkern-5mu/} R_L}{(r_Z \mathbin{/\mkern-5mu/} R_L) + R} \Delta U_I$$

当满足条件 $r_Z \ll R_L$，$r_Z \ll R$ 时，上式可简化为

$$\Delta U_O \approx \frac{r_Z}{R} \Delta U_I$$

所以得到

$$S_r = \frac{\Delta U_O / U_O}{\Delta U_I / U_I} \approx \frac{r_Z}{R} \cdot \frac{U_I}{U_O} \tag{7-2-4}$$

由上式可知，r_Z 愈小，R 愈大，则 S_r 愈小，即电网电压波动时，稳压电路的稳压性能愈好。

3. 并联型稳压电路中限流电阻的选择

并联型稳压电路中的限流电阻是一个很重要的组成元件。限流电阻 R 的阻值必须选择适当，才能保证稳压电路很好地实现稳压作用。

在图 7-2 所示的并联型稳压电路中，如果限流电阻 R 的取值太大，则流过 R 的电流 I_R 很小，当 I_L 增大时，稳压管的电流可能减小到临界值以下，失去稳压作用；如果 R 的取值太小，则 I_R 很大，当 I_L 很大或开路时，I_R 流向稳压管，可能超过其允许定额而造成损坏。

设稳压管允许的最大工作电流为 I_{Zmax}，其最小工作电流为 I_{Zmin}；电网电压最高时的整流输出电压为 U_{Imax}，最低时为 U_{Imin}；负载电流的最小值为 I_{Lmin}，最大值为 I_{Lmax}。要使稳压管能够正常工作，必须满足下列关系：

（1）当电网电压最高和负载电流最小时，I_Z 的值最大，此时 I_Z 不应超过其最大值，即

$$R > \frac{U_{Imax} - U_Z}{I_{Zmax} + I_{Lmin}} \tag{7-2-5}$$

其中，U_Z 为稳压管的稳压值。

（2）当电网电压最低和负载电流最大时，I_Z 的值最小，此时 I_Z 不应低于其允许的最小值，即

$$R < \frac{U_{Imin} - U_Z}{I_{Zmin} + I_{Lmax}} \tag{7-2-6}$$

如果上两式不能同时满足要求，则说明在给定条件下已超出稳压管的工作范围，需限制输入电压 U_I 或负载电流 I_L 的变化范围，或选用更大容量的稳压管。

7.2.3　晶体管串联稳压电路

由于并联型稳压电路带负载的能力差、输出电压不可调等缺点，在电路应用中受到限制，本节将介绍一种稳压性能优异的晶体管串联稳压电路。

1. 简单的串联型稳压电路

1) 串联型稳压电路的基本原理

串联型稳压电路的基本原理电路由两个电阻 R 和 R_L 组成，如图 7 - 4(a)所示。其中 R 相当于一个调压电阻，用来调节输出电压 U_O，而 R_L 相当于一个负载。当输入电压 U_I 升高时，调大 R，可使输出电压 U_O 不变；当输入电压 U_I 降低时，调小 R，可使输出电压 U_O 不变。当负载电阻 R_L 变化引起输出电压变化时，同样可以通过调节 R 的大小使输出电压不变。

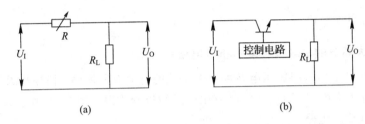

图 7 - 4　串联型稳压电路的基本原理电路

在实际应用中，我们必须找到一种可以代替电阻 R 根据输出电压 U_O 的变化自动调节大小的元件。从三极管的放大特性中可知，三极管的基极电流可以控制集电极和发射极之间的电阻 R_{CE} 大小，所以三极管可以代替可调节电阻 R 成为串联稳压电路的调节元件，如图 7 - 4(b)所示。

2) 最简单的三极管串联型稳压电路

最简单的三极管串联型稳压电路如图 7 - 5(a)所示。图中，V 为调整管，起可变电阻的作用，VS 为稳压二极管，作用是稳定三极管基极电压。

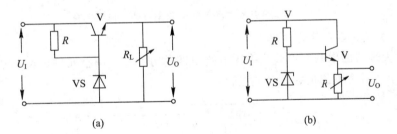

图 7 - 5　最简单的三极管串联型稳压电路

由图 7 - 5(a)可知：

$$U_{BE} + U_O = U_{VS}$$

即

$$U_{BE} = U_{VS} - U_O$$

从上式中可以看出：假若输出电压 U_O 由于某种原因升高时，因 U_{VS} 是稳定值，所以三极管的基极-发射极之间的电压 U_{BE} 将减小，使基极电流减小，基极电流的调整使集电极-发射极之间的等效电阻 R_{CE} 增大，集电极-发射极之间的电压 U_{CE} 增大。由于 $U_O = U_I - U_{CE}$，因而输出电压降低，U_O 趋于稳定。其稳压过程可以表示为

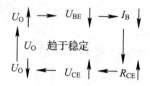

从而输出电压 U_O 趋于稳定。

将图 7-5(a)改画成图 7-5(b)的形式可以看出，稳压二极管接在调整管 V 的基极上，V 实际上被接成了射极输出器，因此稳压二极管上流过的电流是负载 R_L 上流过的电流的 $\frac{1}{1+\beta}$，保证 U_{VS} 更加稳定。

2. 具有放大环节的串联型可调式稳压电路

以上介绍的简单串联型稳压电路虽然带负载的能力有所增强，但稳压效果还是不够理想，而且输出电压不可调，因此在实际应用中必须进行改进。图 7-6 所示为具有放大环节的串联型可调式稳压电路。

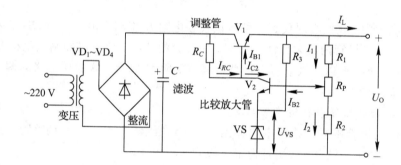

图 7-6　具有放大环节的串联型可调式稳压电路

1）电路组成及各元件的作用

具有放大环节的串联型可调式稳压电路由四部分组成：调整元件、取样电路、基准电压、比较放大，其方框组成如图 7-7 所示。

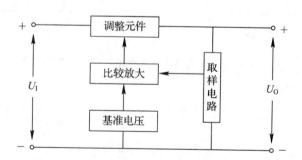

图 7-7　具有放大环节的串联型可调式稳压电路方框组成

电路中的调整元件主要是 V_1，它是该电路稳压的关键元件，它受比较放大管的控制，调整输出电压使其稳定；起比较放大作用的元件主要是 V_2，它将取样电压与基准电压进行比较，把误差电压进行放大，控制调整管的状态；基准电压主要是 VS，它与 R_3 配合为比较放大管提供基准电压；取样电路主要是 R_1、R_P、R_2，它将输出电压取样后送到比较放大管的基极。

2) 稳压原理

当电网电压升高(或 R_L 增大)时,输出电压 U_O 也升高,取样电路分得的电压 U_{R2} 升高。因 U_{VS} 不变,所以 U_{BE2} 增大,使 I_{C2} 增大、U_{C2} 下降,调整管 V_1 的基极电位降低,发射极正偏 U_{BE1} 下降,基极电流 I_{B1} 减小,使集电极电流 I_{C1} 也减小,调整管的集电极和发射极之间的等效电阻 R_{CE1} 增大,U_{CE1} 增大,输出电压 U_O 下降,输出电压的上升趋势受到限制,使输出电压 U_O 趋于稳定。其过程表示如下:

$$U_I\uparrow\ (或 R_L\uparrow)\ U_O\uparrow \longrightarrow U_{B2}\uparrow \longrightarrow U_{BE2}\uparrow \longrightarrow I_{B2}\uparrow \longrightarrow I_{C2}\uparrow \longrightarrow I_{B1}\downarrow \longrightarrow U_{BE1}\downarrow$$

$$U_O\downarrow \longleftarrow U_{CE1}\uparrow \longleftarrow R_{CE1}\uparrow \longleftarrow I_{B1}\downarrow \longleftarrow$$

当电网电压降低(或 R_L 减小)时,其稳压过程与上述过程相反,同样可以使输出电压趋于稳定。

3) 输出电压的调节原理

从图 7-6 中可知,按分压关系可以得到 U_O 的计算公式为

$$U_O = \frac{R_1 + R_2 + R_P}{R_2 + R_{P(下)}}(U_Z + U_{BE2}) \tag{7-2-7}$$

从上式中可以看出,只要改变 R_P 上下部分的大小就可以调整输出电压 U_O 的大小,从而实现调整输出电压的目的。

需要指出的是:当 R_P 向上滑动时,输出电压将降低;而当 R_P 向下滑动时,输出电压将升高。

4) 改进措施

提高串联稳压电路稳压性能的措施主要有以下几种:

(1)为了提高稳压电源的输出功率,调整管可采用复合管。

(2)为了提高稳压电源的稳定度,可采用辅助电源为比较放大管提供集电极电源。

(3)为了提高稳压电源的温度稳定性,可采用差动放大器作比较放大电路。

7.3　集成稳压器

随着集成技术的发展,稳压电路也迅速实现集成化,使集成稳压电源应用越来越广泛。目前,集成稳压器已经成为模拟集成电路的一个重要组成部分。集成稳压器具有体积小、可靠性高以及温度特性好等优点,而且使用灵活方便、价格低廉,被广泛应用于仪器、仪表及其他各种电子设备中。特别是其中的三端集成稳压器,芯片只引出三个端子,分别接输入端、输出端和公共端,基本上不需外接元件,芯片内却集成了各种保护电路,使用更加安全、可靠。下面介绍几种常用的三端集成稳压器。

三端集成稳压器有固定输出和可调输出两种不同的类型。其中固定输出集成稳压器又分为正输出和负输出两大类。本节以 CW7800 系列固定正输出三端集成稳压器为例,介绍电路的组成、主要参数以及它们的应用。

7.3.1 三端集成稳压器

三端集成稳压器的组成如图 7-8 所示。由图可见，电路内部实际上包括了串联型直流稳压电路的各个组成部分，另外加上保护电路和启动电路。

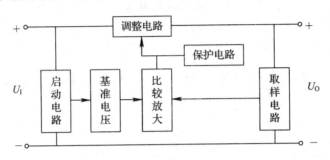

图 7-8 三端集成稳压器的组成

1. 调整电路

在 CW7800 系列三端集成稳压电路中，调整电路为由两个三极管组成的复合管。这种结构使放大电路用较小的电流即可驱动调整管发射极回路中较大的输出电流，而且提高了调整管的输入电阻。

2. 比较放大

在 CW7800 系列三端集成稳压器中，放大管也是复合管，电路组态为共射接法，并采用有源负载，可以获得较高的电压放大倍数。

3. 基准电压

在 CW7800 系列三端集成稳压器中，采用一种能带间隙式基准源，这种基准源具有低噪声、低温漂的特点，在单片式大电流集成稳压器中被广泛采用。

4. 取样电路

在 CW7800 系列三端集成稳压器中，取样电路由两个分压电阻组成，它对输出电压进行取样，并送到放大电路的输入端。

5. 启动电路

启动电路的作用是在刚接通直流输入电压时，使调整管、放大电路和基准电源等部分建立起各自的工作电流。当稳压电路正常工作后，启动电路被断开，以免影响稳压电路的性能。

6. 保护电路

在 CW7800 系列三端集成稳压器中，芯片内部集成了三种保护电路，它们是限流保护电路、过热保护电路和过压保护电路。

7.3.2 固定式三端集成稳压器

1. 外形与管脚排列

常用的固定式三端集成稳压器主要有 CW7800 系列和 CW7900 系列。CW7800 系列输出正电压, CW7900 系列输出负电压。其输出电压的高低由后两位数字表示, 如 CW7805 输出＋5 V 电压, CW7812 输出＋12 V 电压; CW7905 输出－5 V 电压, CW7912 输出－12 V 电压。其外形与管脚排列如图 7-9 所示。

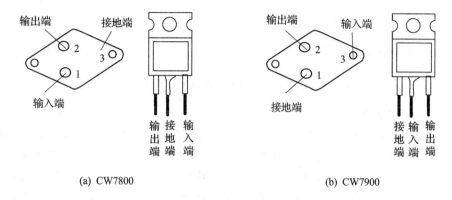

(a) CW7800 　　　　　　　　　　　　　　(b) CW7900

图 7-9　CW7800 和 CW7900 系列的外形与管脚排列

2. 主要性能参数

1）最大输入电压 U_{Imax}

最大输入电压是指稳压器正常工作时允许输入的最大电压。

2）输出电压 U_O

输出电压是指稳压器正常工作时, 能输出的额定电压。

3）最大输出电流 I_{Omax}

最大输出电流是指保证稳压器安全工作时允许输出的最大电流。

4）最小输入电压差值 $(U_I-U_O)_{\min}$

最小输入电压差值是指保证稳压器正常工作时允许的输入与输出电压的最小差值。

5）电压调整率 S_U

电压调整率是指输入电压每变化 1 V 时输出电压相对变化量 $\Delta U_O/U_O$ 的百分数。此值越小, 则稳压器的性能越好。其表达式为

$$S_U = \frac{\Delta U_O/U_O}{\Delta U_I} \times 100\%$$

6）输出电阻 R_O

输出电阻是指输入电压变化量 ΔU_I 等于零时, 输出电压变化量 ΔU_O 与输出电流变化量 ΔI_O 的比值, 即

$$R_O = \frac{\Delta U_O}{\Delta I_O}\bigg|_{\Delta U_I=0}$$

3. 典型应用电路

1）基本应用电路

（1）基本应用电路一。

图 7-10 是固定式三端稳压电路的基本应用电路。其中图（a）是 CW7800 系列的基本应用电路, 图（b）是 CW7900 系列的基本应用电路。

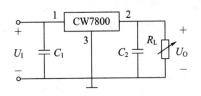

(a) CW7800 基本应用电路

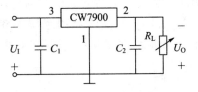

(b) CW7900 基本应用电路

图 7-10　固定式三端稳压电路的基本应用电路

（2）基本应用电路二。

图 7-11 所示为 CW7800 系列中一个集成稳压器的基本应用电路。由于输出电压决定于集成稳压器，所以图 7-11 输出电压为 +12 V，最大输出电流为 1.5 A。为使电路正常工作，要求输入电压 U_I 应至少大于 U_O 2.5～3 V。输入端电容 C_1 用以抵消输入端较长接线的电感效应，以防止自激振荡，还可抑制电源的高频脉冲干扰，一般取 0.1～1 μF 电容。输出端电容 C_2、C_3 用以改善负载的瞬态响应，消除电路的高频噪声，同时也具有消振作用。V 是保护二极管，用来防止在输入端短路时输出电容 C_3 上所存储的电荷通过稳压器放电而损坏器件。CW7900 系列接线与 CW7800 系列基本相同。

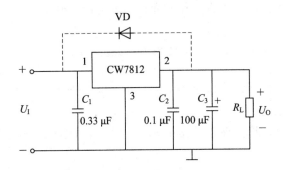

图 7-11　CW7800 系列的基本应用电路

2）具有正负电压输出的固定式三端稳压电路

（1）输出正、负电压的电路一。

当某些设备中同时需要正、负两种电源供电时，可以将 CW7800 系列和 CW7900 系列三端稳压器同时使用，组成正负对称输出的稳压电路，如图 7-12 所示。

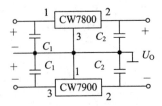

图 7-12　具有正负电压输出的固定式三端稳压电路一

（2）输出正、负电压的电路二。

图 7-13 所示为采用 CW7815 和 CW7915 三端集成稳压器各一块所组成的能够同时输

出＋15 V、－15 V 电压的稳压电路。

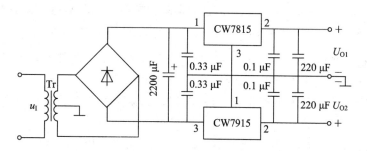

图 7-13 具有正负电压输出的固定式三端稳压电路二

3) 提高输出电压电路

提高输出电压的电路如图 7-14 所示。

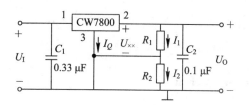

图 7-14 提高输出电压的电路

图中 I_Q 为稳压器的静态工作电流，一般为 5 mA，最大可达 8 mA；$U_{\times\times}$ 为稳压器的标称输出电压，要求 $I_1 = \dfrac{U_{\times\times}}{R_1} \geqslant 5 I_Q$。整个稳压器的输出电压 U_O 为

$$U_O = U_{\times\times} + (I_1 + I_Q) R_2 = U_{\times\times} + \left(\frac{U_{\times\times}}{R_1} + I_Q\right) R_2 = \left(1 + \frac{R_2}{R_1}\right) U_{\times\times} + I_Q R_2$$

$$(7-3-1)$$

若忽略 I_Q 的影响，则

$$U_O = \left(1 + \frac{R_2}{R_1}\right) U_{\times\times} \qquad (7-3-2)$$

由此可见，提高 R_2 与 R_1 的比值，可提高输出电压 U_O。这种接法的缺点是当输入电压变化时，I_Q 也变化，将降低稳压器的精度。

4) 恒流源电路

集成稳压器输出端串入阻值合适的电阻，就可以构成输出恒定电流的电源，如图 7-15 所示。图中，R_L 为输出负载电阻，电源输入电压 $U_I = 10$ V，CW7805 为金属封装，输出电压 $U_{23} = 5$ V，因此由图 7-15 可求得向 R_L 输出的电流 I_O 为

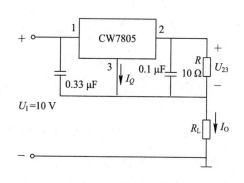

图 7-15 恒流源电路

$$I_O = \frac{U_{23}}{R} + I_Q \qquad (7-3-3)$$

式中，I_Q 是稳压器的静态工作电流，由于它受

U_I 及温度变化的影响,所以只有当 $U_{23}/R \gg I_Q$ 时,输出电流 I_O 才比较稳定。由图 7 - 15 可知 $U_{23}/R = 5V/10\Omega = 0.5$ A,显然比 I_Q 大得多,故 $I_O \approx 0.5$ A,受 I_Q 的影响很小。

4. 注意事项

尽管三端稳压器内部有较完善的保护电路,但任何保护电路都不是万无一失的。为了使稳压电路安全可靠地工作,使用中应注意以下一些问题:

(1) 稳压器的三个端子不能接错,特别是输入端和输出端不能接反,否则器件就会损坏。

(2) 稳压器的输入电压 U_I 不能过小,要求 U_I 比输出电压 U_O 至少大 2.5~3 V。但压差过大会使稳压器功耗增大,所以应注意不能使器件功耗超过规定值(塑料封装管加散热器最大功耗为 10 W,金属壳封装管加散热器最大功耗为 20 W)。

(3) 稳压器输出端接有大容量负载电容时,应在稳压器输入端与端出端之间加接保护二极管。

(4) 稳压器 GND 端不能开路,一旦 GND 开路,稳压器输出电压就会接近于输入电压,即 $U_O \approx U_I$,可能损坏负载电路中的元器件。

7.3.3 可调式三端集成稳压器

1. 可调式三端集成稳压器简介

可调式三端集成稳压器也称为第二代三端集成稳压器,输出电压可调范围为 1.2~37 V,最大输出电流为 1.5 A。CW317 就是其中的一种,它输出正电压;另外还有 CW337 可输出负电压。其外形和管脚排列如图 7 - 16 所示。图(a)为 CW317F - 1 和 F - 2 型,它的管脚排列为:1 是调整端,2 是输入端,3 是输出端;图(b)为 CW317S - 7 型,它的管脚排列为:1 是调整端,2 是输出端,3 是输入端。

可调式三端集成稳压器 CW117 的工作温度为 -55℃~150℃,CW117 系列为塑料直插式封装,引脚排列如图 7 - 17 所示。

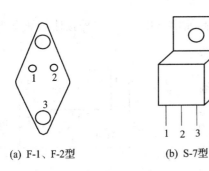

(a) F-1、F-2型   (b) S-7型

图 7 - 16   可调式三端集成稳压器

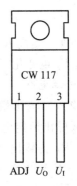

图 7 - 17   可调式三端集成稳压器

CW117 系列集成稳压器内部电路组成框图如图 7 - 18 所示。基准电路有专门引出端子 ADJ,称为电压调整端。因所有放大器和偏置电路的静态工作点电流都流到稳压器的输出端,所以没有单独引出接地端。当输入电压在 2~40 V 范围内变化时,电路均能正常工

作，输出端与调整端之间的电压等于基准电压 1.25 V。基准电源的工作电流 I_{REF} 很小，约为 50 μA，由一恒流特性很好的恒流源提供，所以它的大小不受供电电压的影响，非常稳定。可以看出，如果将电压调整端直接接地，在电路正常工作时，输出电压就等于基准电压 1.25 V。

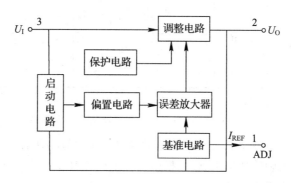

图 7 - 18　CW117 系列集成稳压器内部电路组成框图

2. 可调式三端集成稳压器的应用

1）典型应用电路一

CW317 可调式三端集成稳压器应用电路如图 7 - 19 所示。图中 1 是调整端、2 是输入端、3 是输出端。C_1 的作用是消除高频自激并减小纹波电压，C_2 的作用是消除高频噪声，C_3 的作用是对输出电压进行滤波，R_P 与 R_1 组成输出电压 U_O 调整电路，调节 R_P 可以调整输出电压的高低。

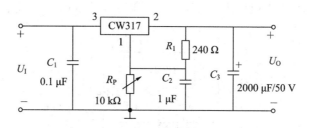

图 7 - 19　CW317 典型应用电路

2）典型电路应用二

图 7 - 20 为可调式三端集成稳压器的基本应用电路。VD_1 用于防止输入短路时 C_4 上存储的电荷产生很大的电流反向流入稳压器使之损坏。VD_2 用于防止输出短路时 C_2 通过调整端放电而损坏稳压器。R_1、R_P 构成取样电路，这样，实质上电路构成串联型稳压电路，调节 R_P 可改变取样比，即可调节输出电压 U_O 的大小。该电路的输出电压 U_O 为

$$U_O = \frac{U_{REF}}{R_1}(R_1 + R_2) + I_{REF}R_2$$

由于 $I_{REF} \approx 50$ μA，可以略去，又 $U_{REF} = 1.25$ V，所以

$$U_O \approx 1.25 \times \left(1 + \frac{R_2}{R_1}\right) \tag{7-3-4}$$

可见，当 $R_2 = 0$ 时，$U_O = 1.25$ V；当 $R_2 = 2.2$ kΩ 时，$U_O \approx 24$ V。

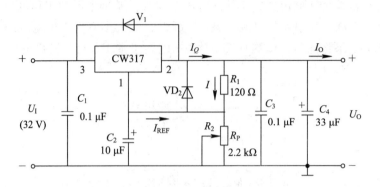

图 7-20　三端可调集成稳压器基本应用电路

考虑到器件内部电路绝大部分的静态工作电流 I_Q 由输出端流出，为保证负载开路时电路工作正常，必须正确选择电阻 R_1。根据内部电路设计 $I_Q = 5$ mA，由于器件参数的分散性，实际应用中可选用 $I_Q = 10$ mA，这样 R_1 的阻值定为

$$R_1 = \frac{U_{\text{REF}}}{I_Q} = \frac{1.25}{10 \times 10^{-3}} \Omega = 125 \ \Omega$$

取标称值 120 Ω。若 R_1 取值太大，会有一部分电流不能从输出端流出，影响内部电路正常工作，使输出电压偏高。如果负载固定，R_1 也可取大些，只要保证 $I + I_O \geqslant 10$ mA 即可。

3）典型电路应用三

图 7-21 所示为由 CW317 组成的输出电压 0～30 V 连续可调的稳压电路。图中 R_3、VS 组成稳压电路，使 A 点电位为 -1.25 V，这样当 $R_2 = 0$ 时，U_A 电位与 U_{REF} 相抵消，便可使 $U_O = 0$ V。

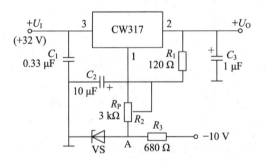

图 7-21　0～30V 连续可调稳压电路

7.4　开关型稳压电源

以上介绍的分立元件串联型稳压电路和集成稳压电路都属于线性稳压电路，虽然它们有很多优点，但都存在一些共同的缺点：这些稳压电路中的三极管都工作在放大状态，自身功耗大、效率低，这是无法克服的缺点，它们的稳压性能不能满足许多电路的要求，在很多地方的应用受到限制。下面介绍一种效率高、稳压性能好、自身功耗低，调整管工作

在开关状态的开关型稳压电源，它从根本上克服了前述缺点，使整个电路体积小、效率高、稳压范围大，已经广泛应用于现代电子设备中，成为主要的稳压电路形式。

1. 开关型稳压电源的基本结构

开关型稳压电源的电路形式很多，但根据电源的能量提供给电路的接法不同可分为两大类：并联型开关稳压电源和串联型开关稳压电源。

开关型稳压电源主要由开关调整管、储能电路、取样比较、基准电压、脉冲发生和脉冲调宽等几部分组成，如图 7 - 22 所示。

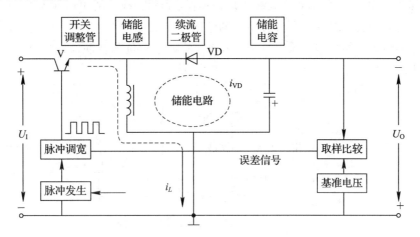

图 7 - 22　开关型稳压电源方框组成图

2. 开关型稳压电源的工作原理

当开关调整管基极脉冲上跳时，开关调整管 V 导通，输入电压 U_I 对储能电感 L 充电。电感 L 将产生上正下负的自感电动势，使续流二极管 VD 反偏而截止，储能电感 L 将电场能量转换为磁场能量储存在电感中。

当开关调整管基极脉冲下跳时，开关调整管 V 截止，输入电压 U_L 停止对储能电感 L 充电。电感 L 将产生上负下正的自感电动势，使续流二极管 VD 正偏而导通，储能电感释放能量向储能电容充电，将磁场能量转换成电场能量储存在储能电容中，同时也向负载提供能量。

当开关调整管基极脉冲再次上跳时重复以上过程。

7.5　直流稳压电路的使用知识及技能训练项目

实验项目 13　直流稳压电源的调整与测试

一、实验目的

（1）理解单相半波、桥式全波整流及滤波电路的工作原理。

（2）了解稳压的工作原理。

（3）掌握三端集成稳压器CW7800系列的使用方法及典型应用电路。

二、实验器材

（1）模拟电子实验系统1台；　　　（2）双踪示波器1台；

（3）电子毫伏表1台；　　　　　　（4）万用表1个。

三、实验原理

1. 半波整流、滤波电路

电路如实验图7-1所示，整流器件是二极管，利用二极管的单向导电性，即可把交流电变成直流电，经过半波整流在没有滤波的情况下得到 $U_o = 0.45 U_2$，U_2 为二次电压有效值。在有滤波电容的情况下，输出直流电压 U_o 的大小与负载及滤波电容有关，工程估算值为 $U_o \approx U_2$。

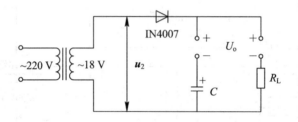

实验图7-1　半波整流、滤波电路图

2. 桥式整流、滤波电路

电路如实验图7-2所示。在无滤波的情况下，桥式整流电路的输出电压 $U_o = 0.9 U_2$。在有滤波电容的情况下，输出电压的工程估算值为 $U_o \approx 1.2 U_2$。当然，U_o 的大小也与负载及滤波电容有关。空载时，$U_o = 1.4 U_2$，接入负载后 U_o 下降。

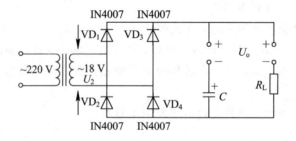

实验图7-2　单相桥式整流、滤波电路图

3. 桥式整流、滤波和稳压电路

电路如实验图7-3所示。电路中采用CW7812型三端集成稳压器，端子1为输入端，端子2为输出端，端子3为公共端。因集成稳压器的输入端一般距离整流滤波电路稍远，易产生纹波干扰，电路中加入电容 C_2 是为了抵消输入端较长接线的电感效应，避免"自激振荡"，如果距离整流滤波电路很近，则 C_2 可以省略。电容 C_3 的作用是改善输出的瞬态响应，并对电路中的高频干扰起抑制作用。

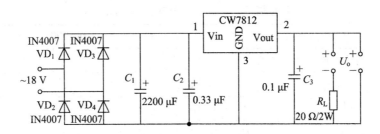

实验图 7-3　单相桥式整流、滤波和稳压电路

四、实验步骤

(1) 半波整流、滤波电路的测试。

① 按实验图 7-1 接线，将负载 $R_L = 200\ \Omega$ 接入电路，则电路构成单相半波整流电路。

② 开启交流电源，用示波器观察负载两端输出电压 U_o 的波形，用万用表交流电压挡测变压器二次电压有效值 U_2，用直流电压挡测输出电压 U_o，将测试结果分别记录在实验表 7-1 中。

③ 保持半波整流电路的连接，按实验表 7-1 的要求连接相应的阻容元件，分别将电路连接成单相半波整流 C_1 滤波和 C_2 滤波电路，并在相应的负载电阻 R_L 接入的情况下，分别测试输出电压 U_o 并观察 U_o 的波形，比较滤波输出 U_o 与 R_L、C 的关系，将结果记录于实验表 7-1 中。

实验表 7-1　单相半波整流与滤波

电路结构		输入波形	输出波形	U_2	U_o
半波整流($R_L = 200\ \Omega$)					
半波整流 C_1 滤波 ($C_1 = 2\ \mu F$)	$R_{L1} = 200\ \Omega$				
	$R_{L2} = 1\ k\Omega$				
半波整流 C_2 滤波 ($C_2 = 2200\ \mu F$)	$R_{L1} = 200\ \Omega$				
	$R_{L2} = 1\ k\Omega$				

(2) 桥式整流、滤波电路的测试。

① 按实验图 7-2 接线，将负载 $R_L = 200\ \Omega$ 接入电路，则电路构成单相桥式整流电路。

② 开启交流电源，用示波器观察输出电压 U_o 的波形，用万用表交流电压挡测 U_2，用直流电压挡测输出电压 U_o，将测试结果分别记录于实验表 7-2 中。

③ 保持桥式整流电路的连续，按实验表 7-2 的要求连接相应的阻容元件，分别测试输出电压 U_o 并观察 U_o 的波形，比较滤波输出 U_o 与 R_L、C 的关系，将结果记录于实验表 7-2 中。

(3) 桥式整流、滤波和稳压电路的测试。

按实验图 7-3 接线，空载时，开启交流电源，测量此时的电路输出端电压 U_o，观察此时的 U_o 波形，将结果记录于实验表 7-3 中；接入 20 Ω/2 W 负载，开启交流电源，快速测量相应的输出电压 U_o，观察此时的 U_o 波形(测完立即去掉负载，以免烧坏元件)，将结果记录于实验表 7-3 中。

实验表 7-2 单相桥式整流与滤波

电路结构		输入波形	输出波形	U_2	U_o
桥式整流($R_L=200\ \Omega$)					
桥式整流 C_1 滤波 ($C_1=20\ \mu F$)	$R_{L1}=200\ \Omega$				
	$R_{L2}=1\ k\Omega$				
桥式整流 C_2 滤波 ($C_2=2200\ \mu F$)	$R_{L1}=200\ \Omega$				
	$R_{L2}=1\ k\Omega$				

实验表 7-3 桥式整流、滤波和稳压

条件	U_o	U_o 波形
空载		
$R_{L2}=20\ \Omega/2\ W$		

五、实验报告

(1) 认真整理并分析数据。

(2) 比较理论值与测量值，总结两种电路的特点。

(3) 设计一个其他类型的稳压电路，拟定调整的测试内容、方法、步骤及记录表格。

实验项目 14 分立元件的串联型稳压电源的指标测试

一、实验目的

熟悉串联型稳压电源的工作原理，掌握常见故障现象的判断和维修方法。

二、实验电路

实验电路如实验图 7-4 所示。

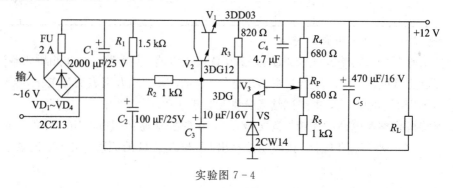

实验图 7-4

三、实验器材

(1) 万用表 2 只；

(2) 交流调压器 1 台；

(3) 学生示波器 1 台；

（4）如实验图 7-4 所示的实验用电路板 1 块。

四、实验步骤

（1）将实验电路按实验图 7-4 准确无误地连接好，并仔细检查电路连接有无错误。

（2）将交流调压器的输出调到最小，接通电源，用万用表测试交流调压器输出，慢慢调高输出电压至 16 V。

（3）用万用表检测串联稳压电源输出电压，调节 R_P 使输出电压为 12 V。

以上调节过程中如有故障应先检查电路，排除故障。

（4）稳压性能检测。

① 检测负载变化时的稳压性能。

保持交流输入电压 16 V 不变，稳压电源空载时将输出电压调至 12 V。然后分别在输出端接入 36 Ω、24 Ω、12 Ω 的负载电阻，用万用表检测输出电压，并将稳压性能按下列公式计算后一起填入实验表 7-4 中，观察稳压性能的变化。

$$稳压性能 = \frac{|输出电压 - 12|}{12} \times 100\%$$

实验表 7-4　稳压性能检测数据记录表（一）

输入交流电压/V	R_L 值/Ω	输出电压/V	稳压性能/(%)
16	∞	12	
	36		
	24		
	12		

② 检测输入电压变化时的稳压性能。

将负载固定为 24 Ω，用两只万用表分别检测交流 16 V 输入和稳压 12 V 输出，调节调压器和 R_P 使它们分别为交流 16 V 和直流 12 V。然后分别将调压器的交流输出调至 18 V 和 14 V，观察输出电压变化，并将稳压性能按公式计算后一起填入实验表 7-5 中，观察稳压性能的变化。

实验表 7-5　稳压性能检测数据记录表（二）

输入交流电压/V	R_L 值/Ω	输出电压/V	稳压性能/(%)
16	24	12	
18	24		
14	24		

（5）常见故障的检测。

将负载固定为 24 Ω，调节 R_P 使输出电压为 12 V。

① 将 VS 反接，模拟 VS 击穿的故障。用万用表检测输出电压的变化，并记录下数值。

② 将 R_P 的中点从电路中断开，模拟中点接触不好的故障。用万用表检测输出电压的变化，并记录下数值。

③ 将桥式整流电路中的四只整流二极管中的一只断开，模拟整流二极管烧毁的故障。用万用表检测输出电压的变化，并记录下数值。

④ 将示波器接入稳压电源的输出端，先观察正常的直流电压波形。依次断开 C_1、C_2、C_3、C_5，模拟 C_1、C_2、C_3、C_5 失效的故障，分别检测输出电压值，观察电压波形的变化，并记录下数值和波形的变化。

将以上检测的数据和观察到的现象一起写入实验报告中，熟悉常见故障现象和故障原因。

（1）稳压电路的任务是在电网电压波动或负载电流变化时，使输出电压保持基本稳定。

（2）串联型稳压电源主要由调整元件、取样电路、基准电压和比较放大四部分组成，其电路中的三极管均工作在放大状态。在电路需要电源提供大功率时，可采用复合管作稳压电源的调整管。

（3）集成稳压器是目前普遍使用的稳压器，其中应用最广泛的是集成三端稳压器。它又分为固定输出和可调输出两大类，固定式以 CW7800 系列（输出正电压）和 CW7900 系列（输出负电压）为代表；可调式以 CW317 系列为代表。

（4）集成稳压器由于其体积小、可靠性高以及温度特性好等优点，得到了广泛的应用，特别是三端集成稳压器，只有三个引出端，使用更加方便。三端集成稳压器的内部，实质上是将串联型直流稳压电路的各个组成部分，再加上保护电路和启动电路，全部集成在一个芯片上而做成的。

（5）为了克服串联型稳压电路的缺点，在高质量的电路中采用开关型稳压电源。开关型稳压电源由开关调整管、储能电路、取样比较、基准电压、脉冲发生和脉冲调宽等组成，它的调整管工作在开关状态下。开关型稳压电源可分为并联式和串联式两大类，由于它具有效率高、输出电压稳定性好、自身损耗小、体积小等优点，已成为性能优越的新一代稳压电源。

思考与练习七

一、填空题

（1）串联型稳压电源由_____、_____、_____、_____四部分组成。

（2）在电路要求电源输出大功率时，调整管多采用_____形式。

（3）三端集成稳压器分为_____和_____两大类。

（4）三端集成稳压器 W7805 的输出电压为_____伏，W7912 的输出电压为_____伏。

二、判断题

（1）开关型稳压电源和串联型稳压电源的调整管都工作在开关状态。　　　　（　　　）

（2）串联型稳压电路中的调整管一般采用大功率管，因为输出电流全部都要流过调整管。　　　　（　　　）

（3）直流稳压电源只能稳定输出电压，不能稳定电流，输出电流的大小由输出端负载的大小决定。　　　　（　　　）

（4）开关型稳压电源由储能电感、储能电容和续流二极管组成。　　　　（　　　）

三、选择题

（1）串联型稳压电路实质上是一个（　　　　）。

A. 放大电路　　　　B. 储能电路　　　　C. 电压负反馈电路　　　D. 都不是

(2) 串联型稳压电路中，最终对输出电压进行调整的是(　　)。

A. 取样电路　　　　B. 比较放大　　　　C. 调整管　　　　　D. 基准电压

(3) 并联式开关型稳压电源向负载提供能量的是(　　)。

A. 续流二极管　　　B. 脉冲发生器　　　C. 储能电感和储能电容　D. 脉冲调宽电路

(4) 调整串联型稳压电源的输出电压时，(　　)。

A. 比较放大管基极电压越高，输出电压越低

B. 比较放大管基极电压越高，输出电压越高

C. 比较放大管基极电压越低，输出电压越低

D. 以上说法都不正确

四、简答题

(1) 并联式开关型稳压电源由哪几部分组成？

(2) 当电网电压变化时，试分析图 7-6 电路的稳压过程。(用"↓"或"↑"表示)

五、作图与分析题

(1) 简述并联式开关型稳压电源的工作原理，画出并联式开关型稳压电源的方框组成图。

(2) 三极管串联型稳压电路如图 7-6 所示。已知，$R_1 = 1$ kΩ，$R_2 = 2$ kΩ，$R_P = 1$ kΩ，$R_L = 100$ Ω，$U_Z = 6$ V，$U_1 = 15$ V，试求输出电压的调节范围及输出电压为最小时调整管所承受的功耗。

(3) 电路如习题图 7-1 所示，试说明各元器件的作用，并指出电路在正常工作时的输出电压值。

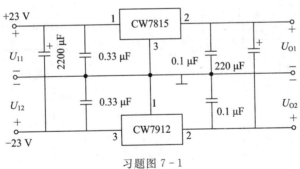

习题图 7-1

(4) 电路如习题图 7-2 所示，已知电流 $I_Q = 5$ mA，试求输出电压 U_O 的大小。

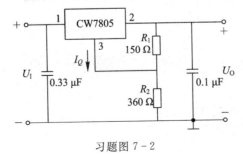

习题图 7-2

(5) 直流稳压电路如习题图 7-3 所示，试求输出电压 U_O 的大小。

（6）电路如习题图7-4所示，试求输出电压U_O的调节范围，并求输入电压U_I的最小值。

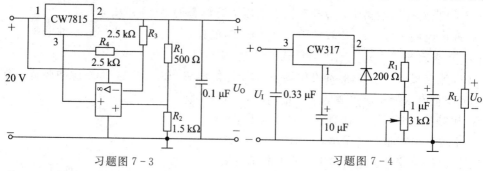

习题图7-3　　　　　　　　　　　　习题图7-4

（7）利用CW7805构成输出电压可调稳压电源，如习题图7-5所示。

① 计算输出电压可调范围；

② 要想得到1～10 V的可调输出电压，图中所示电路中电阻应如何变动？

（8）如习题图7-6所示电路，若$R_1 = 220\ \Omega$，为使输出电压1.2～37 V可调，计算R_2阻值。

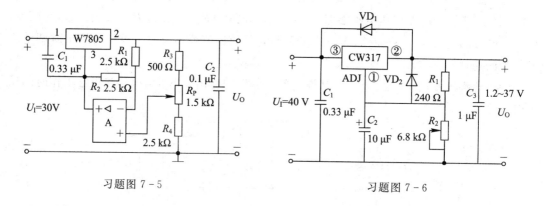

习题图7-5　　　　　　　　　　　　习题图7-6

第 8 章 放大电路的频率响应

👉 **导言**

学习了解放大电路的频率响应对后续专业课的学习起着至关重要的作用，因此，本章的学习应该紧紧抓住频率响应的基本概念、放大电路的幅频特性和相频特性，掌握共发射极放大电路的低频、中频和高频的频率响应的分析方法，熟悉集成运放器的频率补偿方法。

👉 **教学目标**

(1) 了解放大电路的频率响应概念。

(2) 掌握放大电路的频率响应的基本分析方法。

(3) 了解放大电路的高频响应、集成运放的频率补偿方法。

8.1 频率响应的基本概念

实际运用中，放大器的输入信号往往不是单一频率，而是一个频率范围内的各种频率的信号。如音响中的放大器放大的是 20~20 kHz 的音频信号；电视机中的视频放大器放大的是 0~6 MHz 的视频信号。理论和实践证明，放大器对不同频率的信号有不同的放大能力。只有放大器对某一范围内的各种频率信号具有相同的放大倍数，才能保证输出波形不失真。事实上放大器对不同频率信号的放大倍数是不一样的，这就造成了信号的失真，这种失真叫放大器的频率失真。

前面在分析共射放大电路的性能指标时，都将信号频率设定在中频范围，忽略了耦合电容、旁路电容和三极管极间电容及分布电容等因素的影响。实际上，由于这些因素的存在，使得输入信号的频率改变时，电路的放大倍数和输出波形的相位均会发生变化。所以，当放大电路输入不同频率的正弦波信号时，电路的放大倍数将有所不同，而成为频率的函数。这种函数关系称为放大器的幅频特性也叫放大器的频率响应。本节将讨论放大电路的频率特性。

8.1.1 幅频特性和相频特性

由于电抗性元件的作用，正弦波信号通过放大电路时，不仅信号的幅度得到放大，而且还将产生一个相位移。此时，电压放大倍数 A_u 可表示如下：

$$\dot{A}_u = |\dot{A}_u(f)| \angle \varphi(f) \qquad (8-1-1)$$

共射放大电路中，除了接有耦合电容 C_1、C_2 和射极旁路电容 C_E 之外，三极管还存在集电结电容 $C_{B'C}$、发射结电容 $C_{B'E}$。为了分析方便，把结电容近似看作极间电容 C_{BC} 和 $C_{B'E}$。这样，一个典型的单管共射放大电路的幅频特性和相频特性分别如图 8-1(a)、(b)

所示。

1. 幅频特性

1）概念

在式（8-1）中，$|\dot{A}_u(f)|$ 为电压放大倍数 A_u 的幅值或模，它表示放大倍数模值与频率之间的关系，称为幅频特性，即放大器对信号的放大倍数与频率的关系，称为放大器的幅频特性。

2）幅频特性曲线

放大器电压放大倍数 A_u 与频率 f 的关系曲线称为放大器的幅频特性曲线。

小信号中频放大器的幅频特性曲线如图 8-1(a)所示。图中按频率的高低将横坐标分成了低频区、中频区和高频区三个区域。

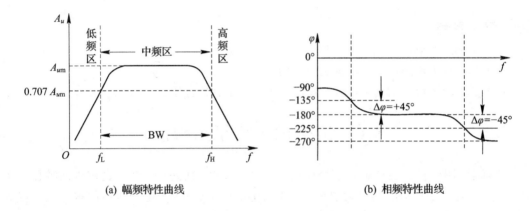

(a) 幅频特性曲线　　　　　　　(b) 相频特性曲线

图 8-1　单管共射放大电路的频率特性

2. 相频特性

在式（8-1-1）中，$\varphi(f)$ 是电压放大倍数 A_u 的相角，它表示电压放大倍数的相位与频率之间的关系，称为相频特性。

8.1.2　下限频率、上限频率和通频带

由图 8-1 可见，当输入信号频率改变时，放大电路的放大倍数会发生变化，输出波形的相位也会发生变化。放大电路在中频段的电压放大倍数通常称为中频电压放大倍数 A_{um}，而将电压放大倍数下降为 $0.707A_{um}$（即为 $A_{um}/\sqrt{2}$）时相应的低频频率和高频频率分别称为放大电路的下限频率 f_L 和上限频率 f_H，这时相应的附加相移 $\Delta\varphi$ 分别为 $+45°$ 和 $-45°$。f_L 和 f_H 二者之间的频率范围称为通频带 BW，即

$$BW = f_H - f_L$$

通频带的宽度表征放大电路对不同频率输入信号的响应能力，是放大电路的重要技术指标之一。现将图 8-1 中频率范围划分为三个区域进行讨论。

1. 中频区

中频区为特性曲线的平坦部分，在该区域内电压放大倍数为 A_{um}，相位差 φ 基本不随频率变化。这是由于在中频区范围内，C_1、C_2 和 C_E 的数值很大，相应的容抗很小，可视

为短路；而 C_{BC} 和 C_{BE} 的数值很小，相应的容抗很大，可视为开路，均对信号无影响。

2. 低频区

低于中频区的范围内，随信号频率的下降，C_{BC} 和 C_{BE} 的容抗增大，可视为开路。但 C_1、C_2 和 C_E 的容抗增大，损耗了一部分信号电压，因此电压放大倍数将随信号频率的下降而减小。相位差比中频区超前一个附加相位移 $+\Delta\varphi$，最大可达 $+90°$。

3. 高频区

高于中频区的范围内，随信号频率的升高，C_1、C_2 和 C_E 的容抗减小，可视为短路。但 C_{BC} 和 C_{BE} 的容抗减小，对信号电流起分流作用，因此电压放大倍数也将随频率的增加而减小。相位差比中频区滞后一个附加相位移 $-\Delta\varphi$，最大可达 $-90°$。

8.1.3　频率失真

如果放大电路的通频带 BW 不够宽，则信号中各种频率成分的放大倍数和附加相移将发生变化，使输出信号波形失真，统称为频率失真，如图 8-2 所示。它包括两种情况：由于放大电路对不同频率分量的放大倍数不同引起输出信号的波形失真，称为幅度失真；由于放大电路对不同频率分量的相移不同而造成输出信号的波形失真，称为相位失真。

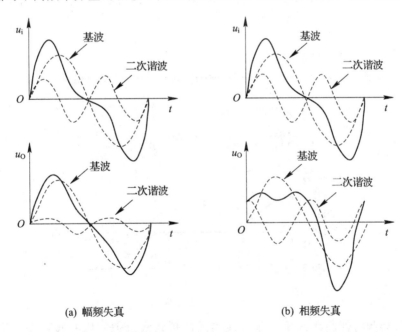

(a) 幅频失真　　　　　　　　(b) 相频失真

图 8-2　频率失真

设某输入信号由基波和二次谐波组成，若输出的二次谐波放大倍数小于基波放大倍数，则输出波形产生了幅度失真。若输出的二次谐波产生了附加相移 $\Delta\varphi$，则输出波形会产生相位失真。图 8-2(a)和图 8-2(b)中的输入电压 u_i 均包含基波和二次谐波。其中图 8-2(a)表示，由于放大电路对两个谐波成分的放大倍数的幅值不同，导致 u_O 的波形产生失真，这种失真称为幅频失真。图 8-2(b)表示，由于两个谐波通过放大电路后产生的相移不同而造成 u_O 波形产生失真，这种失真称为相频失真。

应当指出，频率失真与三极管特性非线性而产生的非线性失真是不同的。非线性失真是在输出波形中产生新的频率成分，而频率失真是由于不同频率成分有不同放大倍数和相移而造成的失真，它不产生新的频率分量，故属于线性失真。为避免频率失真，应使放大电路的上限截止频率 f_H 高于输入信号中的最高频率成分，下限截止频率 f_L 低于信号中的最低频率成分。

※8.1.4　波特图

根据电压放大倍数 A_u 与频率 f 之间关系的表达式，可以画出放大电路的频率特性曲线。图 8-1 给出了单管共射放大电路的频率特性曲线。不过，在实际工作中，应用比较广泛的是对数频率特性。为了在有限的坐标空间内完整地描述频率特性曲线，工程上将幅频特性和相频特性曲线的横坐标用对数作为刻度，以扩展频率范围。而纵坐标上的电压放大倍数用电压增益分贝数表示，相位差 φ 仍用线性刻度。这种对数频率特性曲线又称为波特图。

所谓对数频率特性，是指绘制频率特性时基本上采用对数坐标。如横坐标是频率，采用对数坐标，对数幅频特性的纵坐标是电压放大倍数幅值的对数 $20\lg|\dot{A}_u|$，即对数增益，单位是分贝(dB)，但对数相频特性的纵坐标是相角 φ，不取对数，如图 8-3 所示。因此，当 $|\dot{A}_u|=1$ 时，$20\lg|\dot{A}_u|=0$；当 $|\dot{A}_u|>1$ 时，$20\lg|\dot{A}_u|>0$；而当 $|\dot{A}_u|<1$ 时，$20\lg|\dot{A}_u|<0$。

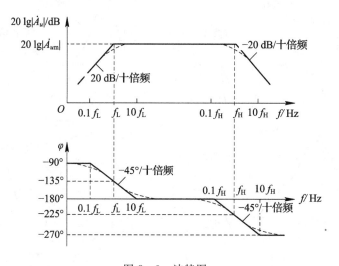

图 8-3　波特图

工程上，幅频特性曲线常用三条直线构成的折线来近似，其中低频段直线的斜率为 20dB/十倍频，高频段直线的斜率为 -20dB/十倍频。这种近似的最大误差出现在 f_L 或 f_H 处，为 -3 dB。而相频特性曲线常用五条直线构成的折线来近似，其中 $0.1f_L \leqslant f \leqslant 10f_L$ 和 $0.1f_H \leqslant f \leqslant 10f_H$ 范围内直线的斜率均为 $-45°$/十倍频，这种近似的最大误差出现在 $0.1f_L$、$10f_L$、$0.1f_H$ 和 $10f_H$，分别为 $\pm 5.71°$。

对数频率特性的主要优点是可以拓宽视野，在较小的坐标范围内表示宽广频率范围的变化情况，同时将低频段和高频段的特性都表示得很清楚，而且作图方便，尤其对于多级放大电路更是如此。因为多级放大电路的放大倍数是各级放大倍数的乘积，故画对数幅频特性时，只需将各级对数增益相加即可。多级放大电路总的相移等于各级相移之和，故对数相频特性的纵坐标不再取对数。

8.2 简单 *RC* 低通和高通电路的频率响应

放大电路中，凡包含电容的回路都可概括为 *RC* 低通和高通电路。因此，为了便于理解放大电路的频率响应，先对简单的 *RC* 低通和高通电路频率响应进行分析。

8.2.1 *RC* 低通电路的频率响应

用电阻 R 和电容 C 构成的最简单的低通电路，如图 8-4(a)所示，由图可写出其电压放大倍数为

$$A_u = \frac{U_o}{U_i} = \frac{\dfrac{1}{j\omega C}}{\dfrac{1}{j\omega C} + R} = \frac{1}{1 + j\omega CR} \tag{8-2-1}$$

令 $\omega_H = \dfrac{1}{RC}$，$f_H = \dfrac{1}{2\pi RC}$，则式(8-2-1)可改写为

$$A_u = \frac{1}{1 + j\dfrac{\omega}{\omega_H}} = \frac{1}{1 + j\dfrac{f}{f_H}} \tag{8-2-2}$$

其幅频特性和相频特性分别为

$$|A_u| = \frac{1}{\sqrt{1 + \left(\dfrac{\omega}{\omega_H}\right)^2}} = \frac{1}{\sqrt{1 + \left(\dfrac{f}{f_H}\right)^2}} \tag{8-2-3}$$

$$\varphi = -\arctan\frac{\omega}{\omega_H} = -\arctan\frac{f}{f_H} \tag{8-2-4}$$

由式(8-2-3)可知，当信号频率 f 由零逐渐升高时，$|A_u|$ 将逐渐下降，其幅频特性曲线如图 8-4(b)所示。当 $f = f_H$ 时，$|A_u| = 1/\sqrt{2} \approx 0.707$，所以 f_H 称为低通滤波电路的上限截止频率，简称上限频率或转折频率，其通带范围为 $0 \sim f_H$。由于电路中只有一个独立的储能元件 C，故称为一阶低通滤波电路。

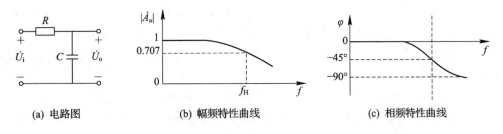

| (a) 电路图 | (b) 幅频特性曲线 | (c) 相频特性曲线 |

图 8-4 简单 *RC* 低通滤波器

由式(8-2-4)可做出 *RC* 低通电路的相频特性曲线，如图 8-4(c)所示，在 $f = f_H$ 时，$\varphi = -45°$。

工程上为了作图简便起见,对图 8-4 的频率特性采用波特图来表示。

1. 幅频特性波特图

当 $f \leqslant 0.1 f_H$ 时,式(8-2-3)可近似为

$$|A_u| \approx 1, \quad \text{即} \quad 20\lg|A_u| = 0 \text{ dB} \tag{8-2-5}$$

当 $f \geqslant 10 f_H$ 时,式(8-2-3)可近似为

$$|A_u| \approx \frac{1}{f/f_H}, \quad \text{即} \quad 20\lg|A_u| = 20\lg\frac{f_H}{f} \tag{8-2-6}$$

根据以上近似,可得简单 RC 低通滤波器幅频特性的渐近波特图,如图 8-5(a)所示。图中,横坐标用对数频率刻度,以 Hz 为单位;纵坐标为 $20\lg|A_u|$,用分贝作单位。所以,在 $f \leqslant 0.1 f_H$ 时是一条 0 dB 的水平线,$f \geqslant 10 f_H$ 时是一条自 f_H 出发、斜率为 -20 dB/十倍频的斜线,两条渐近线在 $f = f_H$ 处相交,f_H 又称为转折频率。如果只是对幅频特性进行粗略估算,则用渐近线来表示已经可以满足需要了。用渐近线代表实际幅频特性最大误差发生在转折频率 f_H 处。由式(8-2-3)可见,在 $f = f_H$ 处偏差为 -3 dB。

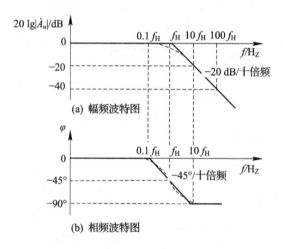

图 8-5　简单 RC 低通滤波器波特图

2. 相频特性波特图

相频特性波特图的横坐标也用对数频率刻度,以 Hz 为单位,纵坐标为相位值。当 $f \leqslant 0.1 f_H$ 时,式(8-2-6)可近似为 $\varphi = 0°$ 的渐近线;当 $f \geqslant 10 f_H$ 时,式(8-2-6)可近似为 $\varphi = -90°$ 的渐近线。在 $f = f_H$ 时 $\varphi = -45°$,所以在 $0.1 f_H \sim 10 f_H$ 区域内相频特性可用一条斜率为 $-45°$/十倍频的直线代替。由上述三条渐进线构成的相频特性曲线如图 8-5(b)所示。图中虚线为实际相频特性曲线,在 $f = 0.1 f_H$ 及 $f = 10 f_H$ 处两者误差为最大,其值为 $5.7°$。

例 8.2.1　电路如图 8-6(a)所示,试求该电路的上限截止频率 f_H。

解　用戴维宁定理画出图 8-6(a)的等效电路,如图 8-6(b)所示。由图可见,它是一个 RC 低通电路,所以,可得它的上限截止频率 f_H 为

$$f_H = \frac{1}{2\pi(R_1/\!/R_2)C} = 31.8 \text{ kHz}$$

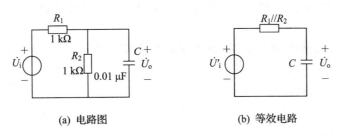

(a) 电路图　　　　　　　(b) 等效电路

图 8 - 6　实用 RC 低通滤波器

8.2.2　RC 高通电路的频率响应

图 8 - 7(a)所示为由 RC 构成的最简单高通电路。由图可写出其电压放大倍数为

$$A_u = \frac{U_o}{U_i} = \frac{R}{\dfrac{1}{j\omega C} + R} = \frac{1}{1 + \dfrac{1}{j\omega CR}} \tag{8-2-7}$$

令 $\omega_L = \dfrac{1}{RC}$，$f_L = \dfrac{1}{2\pi RC}$，则式(8-2-7)可改写为

$$A_u = \frac{1}{1 - j\dfrac{\omega_L}{\omega}} = \frac{1}{1 - j\dfrac{f_L}{f}} \tag{8-2-8}$$

其幅频特性和相频特性分别为

$$|A_u| = \frac{1}{\sqrt{1 + \left(\dfrac{\omega_L}{\omega}\right)^2}} = \frac{1}{\sqrt{1 + \left(\dfrac{f_L}{f}\right)^2}} \tag{8-2-9}$$

$$\varphi = \arctan \frac{f_L}{f} \tag{8-2-10}$$

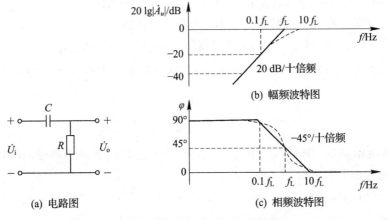

(a) 电路图　　　　　　　(c) 相频波特图

图 8 - 7　简单 RC 高通电路波特图

由式(8-2-9)和式(8-2-10)并依照 RC 低通电路波特图的绘制方法，即可画出 RC 高通电路的波特图，如图 8 - 7(b)、8 - 7(c)所示。由图可知，高通电路的下限截止频率为 f_L，$0 \sim f_L$ 为阻带，$f_L \sim \infty$ 为通带，所以它为一阶 RC 高通滤波电路。

上述低通和高通滤波电路对输入信号只有衰减作用，而没有放大作用，因此称为无源滤波电路。

例 8.2.2 RC 高通电路如图 8-8 所示，要求其下限截止频率 $f_L = 300$ Hz，试求电容 C 的容量。

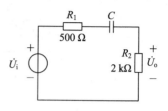

解 由图 8-8 可得回路电阻为

$$R = R_1 + R_2 = (500 + 2000)\Omega = 2500\ \Omega$$

可求得

$$C = \frac{1}{2\pi f_L R} = \frac{10^6 \mu F}{2\pi \times 300 \times 2500} = 0.212\ \mu F$$

图 8-8 实用高通电路

8.3 三极管放大电路的频率响应

8.3.1 半导体三极管的高频特性

由于三极管 PN 结存在结电容，在高频应用时，考虑到它们的影响，三极管可用混合 π 型高频等效电路来等效，如图 8-9 所示。图中，B、E、C 点分别是三极管的基极、发射极和集电极，B′ 点是基区内的一个等效端点，它是为了分析方便而引入的。

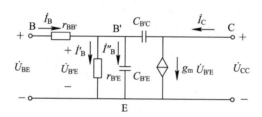

图 8-9 晶体管混合 π 型高频等效电路

$r_{BB'}$ 表示从基极 B 到内部端点 B′ 之间的等效电阻，为基区体电阻。它是影响晶体管高频特性的重要参数，高频管中其值比较小，约为几十欧姆。

$C_{B'E}$ 为发射结电容，它是一个不恒定的电容，其值与工作状态有关。$r_{B'E}$ 为发射结交流等效电阻，其值与三极管静态工作点电流 I_{EQ}、低频电流放大系数 β_0 有关，它们有如下的关系：

$$r_{B'E} = (1 + \beta_0) r_E = (1 + \beta_0) \frac{U_T}{I_{EQ}} \tag{8-3-1}$$

$C_{B'C}$ 为集电结电容，其值约为几个皮法。由于 $C_{B'C}$ 跨接于输出和输入端之间，对放大器频带的展宽也起着极大的限制作用。

$g_m U_{B'E}$ 为受控电流源。$U_{B'E}$ 为作用到发射结上的交流电压；g_m 为三极管的跨导，它表示三极管有效输入电压 $U_{B'E}$ 对集电极输出电流 I_C 的控制作用，即 g_m 定义为

$$g_m = \frac{I_C}{U_{B'E}} \Big|_{U_{CE}=0} \tag{8-3-2}$$

由于 $U_{B'E} = I_{B'} r_{B'E}$，而三极管的低频电流放大系数 $\beta_0 = I_C / I_{B'}$，所以

$$g_{\mathrm{m}} = \frac{\beta_0 I_{\mathrm{B'}}}{I_{\mathrm{B'}} r_{\mathrm{B'E}}} = \frac{\beta_0}{r_{\mathrm{B'E}}} \approx \frac{I_{\mathrm{EQ}}}{U_{\mathrm{T}}} \qquad (8-3-3)$$

上式说明跨导 g_{m} 正比于静态工作点电流 I_{EQ}。

混合 π 型高频等效电路中各参数与频率无关，故适用于放大电路的高频特性分析。在高频运用时，由图 8-9 可见，三极管的结电容对信号电流产生分流作用，使得输出电流 I_{C} 减小，即导致三极管的电流放大系数 β 随频率升高而下降，电流放大系数是频率的函数。

令图 8-9 输出端 $U_{\mathrm{CE}} = 0$，即可求得共发射极短路电流放大系数为

$$\beta = \frac{I_{\mathrm{C}}}{I_{\mathrm{B}}} \mid_{U_{\mathrm{CE}}=0} = \frac{\beta_0}{1 + \dfrac{f}{\mathrm{j} f_\beta}} \qquad (8-3-4)$$

其中，式中 $\beta_0 = g_{\mathrm{m}} r_{\mathrm{B'E}}$。

$$f_\beta = \frac{\beta_0}{2\pi r_{\mathrm{B'E}}(C_{\mathrm{B'E}} + C_{\mathrm{B'C}})} \qquad (8-3-5)$$

其中式(8-3-4)的幅频特性为

$$|\beta| = \frac{\beta_0}{\sqrt{1 + \left(\dfrac{f}{f_\beta}\right)^2}} \qquad (8-3-6)$$

β 与 f 的关系曲线如图 8-10 所示，当 $f = f_\beta$ 时，$|\beta| = 0.707\beta_0$，即 f_β 为 $|\beta|$ 下降为 $0.707\beta_0$ 时的频率，所以将 f_β 称为共发射极短路电流放大系数的截止频率。当频率升高到 f_{T} 时，$|\beta|$ 值将下降到等于 1，三极管将失去电流放大能力，将 f_{T} 称为特征频率。由图 8-9 可求得

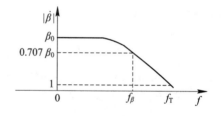

图 8-10　β 与频率 f 的关系曲线

$$f_{\mathrm{T}} = \frac{g_{\mathrm{m}}}{2\pi(C_{\mathrm{B'E}} + C_{\mathrm{B'C}})} = \beta_0 f_\beta \qquad (8-3-7)$$

当三极管接成共基极电路时，同样，其短路电流放大系数 α 也将会受结电容的影响，随着工作频率的升高而下降，当下降到低频值 α_0 的 0.707 倍时的频率，称为共基极短路电流放大系数截止频率 f_α，可证明

$$f_\alpha = \frac{1}{2\pi(C_{\mathrm{B'E}} + C_{\mathrm{B'C}})} = (1 + \beta_0) f_\beta \qquad (8-3-8)$$

f_β、f_{T}、f_α 称为晶体管的频率参数，由式(8-3-5)、式(8-3-7)和式(8-3-8)可知：$f_\alpha \approx f_{\mathrm{T}} \gg f_\beta$。

8.3.2　单管共发射极放大电路的频率响应

现以图 8-11(a)所示单管共发射极放大电路为例进行讨论。考虑到耦合电容和三极管结电容的影响，放大电路的混合 π 型等效电路如图 8-11(b)所示。在分析放大电路频率响应时，为方便起见，一般将输入信号频率范围分为中频、低频和高频三个频段，根据各个频段的特点对图 8-11(b)所示电路进行简化，得到各频段的等效电路，求得各频段的频率响应，最后把它们综合起来，就得到放大电路全频段的频率响应。

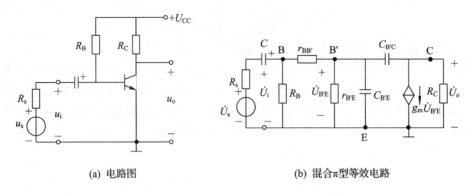

(a) 电路图　　　　　　　　(b) 混合π型等效电路

图 8 - 11　单管共发射极放大电路及其混合 π 型等效电路

1. 中频段频率响应

中频段，由于耦合电容容抗很小而视为短路，三极管的结电容容抗很大而视为开路，因在此可将图 8 - 11(b)所示电路简化为图 8 - 12 所示没有电抗元件的电路，它与前面讨论的低频 H 参数等效电路相同，为了简化分析，因基极偏置电阻 R_{BE} 一般远大于 r_{BE}，可将其断开。由图可得放大电路中频段源电压放大倍数为

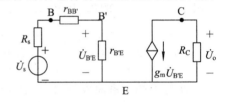

图 8 - 12　中频段微变等效电路

$$A_{usm} = \frac{U_o}{U_s} = \frac{U_{B'E}}{U_s}\frac{U_o}{U_{B'E}} = \frac{r_{B'E}}{R_s + r_{BB'} + r_{B'E}}\frac{-g_m U_{B'E} R_C}{U_{B'E}}$$

$$= \frac{-g_m r_{B'E} R_C}{R_s + r_{BB'} + r_{B'E}} = \frac{-\beta_0 R_C}{R_s + r_{BE}} \qquad (8-3-9)$$

式(8-3-9)表明，放大电路工作在中频段时电压增益 $|A_{usm}| = \dfrac{\beta_0 R_C}{R_s + r_{BE}}$，相移 $\varphi = -180°$，均与信号频率无关。

2. 高频段频率响应

在高频段，因耦合电容的容抗更小仍可视为短路，但三极管的结电容随着信号频率的升高而减小，其影响不能再按开路处理。另外，由于 $C_{B'E}$ 跨接在输出和输出回路之间，使电路分析很不方便，通常采用密勒定理进行简化，这样可以得到简化后的高频等效电路，如图 8 - 13(a)所示。图中，C_M 是应用密勒定理后 $C_{B'E}$ 折算到输入回路的等效电容，即

$$C_M = (1 + g_m R_C) C_{B'E} \qquad (8-3-10)$$

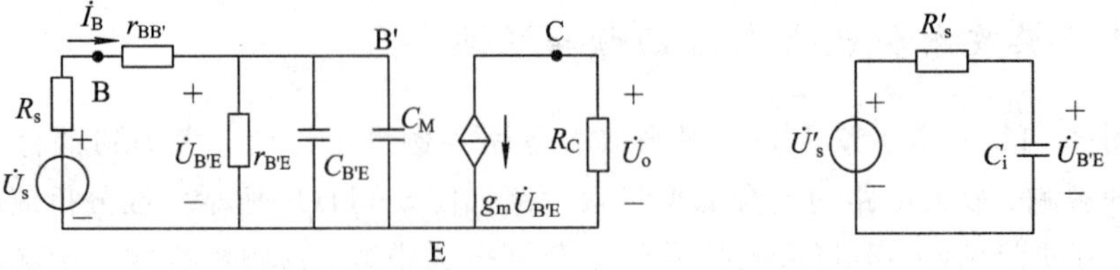

(a) 简化等效电路　　　　　　　　(b) 输入回路低通等效电路

图 8 - 13　高频段微变等效电路

$C_{B'E}$折算到输出回路的等效电容很小，可略去，故图中没有画出。

由于图 8 - 13(a)中，R_s、$r_{BB'}$、$r_{B'E}$ 及 $C_{B'E}$、C_M 构成低通电路，用戴维宁定理可得其等效电路，如图 8 - 13(b)所示，图中

$$U_s'=\frac{r_{B'E}}{R_s+r_{BB'}+r_{B'E}}U_s \tag{8-3-11}$$

$$R_s'=(R_s+r_{BB'})\ /\!/\ r_{B'E} \tag{8-3-12}$$

$$C_i=C_{B'E}+C_M=C_{B'E}+(1+g_mR_C)C_{B'E} \tag{8-3-13}$$

由此不难得到低通电路的上限频率和电压传输系数为

$$f_H=\frac{1}{2\pi R_s'C_i} \tag{8-3-14}$$

$$\frac{U_{B'E}}{U_s'}=\frac{1}{1+j\dfrac{f}{f_H}} \tag{8-3-15}$$

由于放大电路高频段的源电压放大倍数为

$$A_{us}=\frac{U_o}{U_s}=\frac{U_s'}{U_s}\frac{U_{B'E}}{U_s'}\frac{U_o}{U_{B'E}} \tag{8-3-16}$$

所以，将公式(8 - 3 - 11)、(8 - 3 - 15)及 $U_o=-g_mU_{b'e}R_C$ 代入公式(8 - 3 - 16)，则得到

$$A_{us}=\frac{-g_mr_{B'E}R_C}{R_s+r_{BB'}+r_{B'E}}\frac{1}{1+j\dfrac{f}{f_H}}=\frac{A_{usm}}{1+j\dfrac{f}{f_H}}=\frac{|A_{usm}|}{\sqrt{1+\left(\dfrac{f}{f_H}\right)^2}}=\angle-180°+\Delta\varphi \tag{8-3-17}$$

式中：

$$\Delta\varphi=-\arctan\frac{f}{f_H} \tag{8-3-18}$$

$\Delta\varphi$ 是三极管结电容引起的附加相移。当 $f=f_H$ 时，$\Delta\varphi=-45°$、$|A_{us}|=|A_{usm}|/\sqrt{2}$，所以 f_H 即为放大电路的上限频率。

3. 低频段频率响应

在低频段，三极管结电容的容抗更大，仍视为开路，而耦合电容的容抗随频率的下降而增大，所以不能视为短路，于是放大电路低频段的等效电路如图 8 - 14 所示，可见输入回路由 C 构成高通电路，它的下限频率为

$$f_L=\frac{1}{2\pi(R_s+r_{BB'}+r_{B'E})C} \tag{8-3-19}$$

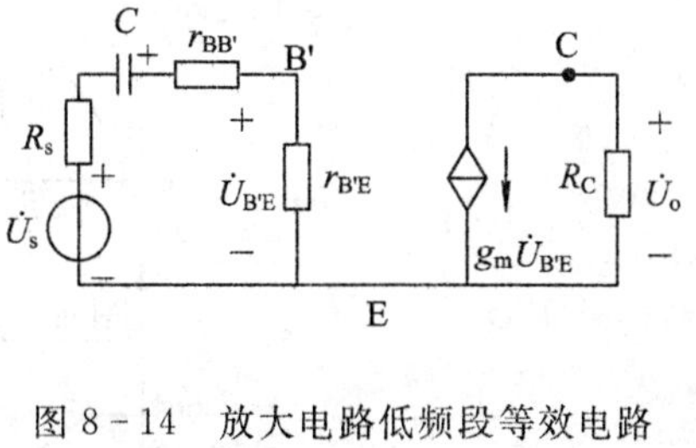

因此，放大电路低频段电压放大倍数可改写为

图 8 - 14　放大电路低频段等效电路

$$A_{us}=\frac{U_o}{U_s}=\frac{U_{B'E}}{U_s}\frac{U_o}{U_{B'E}}=\frac{r_{B'E}}{R_s+r_{BB'}+r_{B'E}}\frac{1}{1-j\dfrac{f_L}{f}}\frac{-g_mU_{B'E}R_C}{U_{B'E}}$$

$$= \frac{A_{usm}}{1 - \mathrm{j}\dfrac{f_L}{f}} = \frac{|A_{usm}|}{\sqrt{1 + \left(\dfrac{f_L}{f}\right)^2}} \angle -180° + \Delta\varphi \qquad (8-3-20)$$

$$\Delta\varphi = \arctan(f_L/f) \qquad (8-3-21)$$

式中，$\Delta\varphi$ 是由耦合电容 C 引起的附加相移。当 $f = f_L$ 时，$\Delta\varphi = -45°$、$|A_{us}| = |A_{usm}|/\sqrt{2}$，所以 f_L 就是放大电路考虑电容 C 影响时的下限频率。

4. 全频段频率响应

将上述分频段分析的结果加以综合，就可以得到信号频率从零到无穷大变化时，共发射极放大电路全频段的频率响应。由式(8-3-9)、式(8-3-17)和式(8-3-20)可得到放大电路全频段电压放大倍数近似表达式为

$$A_{us} = \frac{A_{usm}}{\left(1 - \mathrm{j}\dfrac{f_L}{f}\right)\left(1 + \mathrm{j}\dfrac{f}{f_H}\right)} \qquad (8-3-22)$$

由于在中频段，因 $f_H \gg f \gg f_L$，式(8-3-22)可近似为 $A_{us} \approx A_{usm}$；在高频段，因 $f \gg f_L$，式(8-3-22)可近似为 $A_{us} \approx \dfrac{A_{usm}}{1 + \mathrm{j}\dfrac{f}{f_H}}$；在低频段，因 $f \ll f_H$，式(8-3-22)可近

似为 $A_{us} \approx \dfrac{A_{usm}}{1 - \mathrm{j}\dfrac{f_L}{f}}$。这样，根据前一节所述波特图画法，可以做出单管共发射极放大电路的波特图，如图 8-15 所示。图 8-15(a)为幅频特性，纵坐标为电压增益 $20\lg|A_{us}|$，用分贝作单位；图 8-15(b)为相频特性，纵坐标为相位 φ，用度作单位。两者横坐标均用对数频率刻度，以 Hz 作单位。转折频率 f_L 和 f_H 分别为放大电路的下限和上限频率，通频带 BW $= f_H - f_L$。低频段幅频特性曲线按 20dB/十倍频斜率变化，相移曲线在 $0.1f_L \sim 10f_L$ 范围内按 $-45°$/十倍频斜率变化。高频段幅频特性曲线按 -20dB/十倍频斜率变化，相移曲线在 $0.1f_H \sim 10f_H$ 范围内按 $-45°$/十倍频斜率变化。

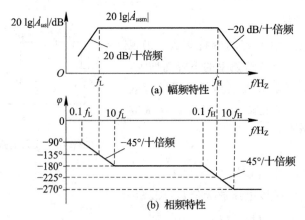

图 8-15 单管共发射极放大电路的波特图

例 8.3.1 放大电路如图 8-16 所示，已知三极管的 $U_{BEQ} = 0.7$ V，$\beta_0 = 65$，$r_{BB'} = 100$ Ω，

$C_{B'E} = 5$ pF，$f_T = 100$ MHz，试估算该电路的中频电压增益、上限频率、下限频率和通频带，并画出波特图。

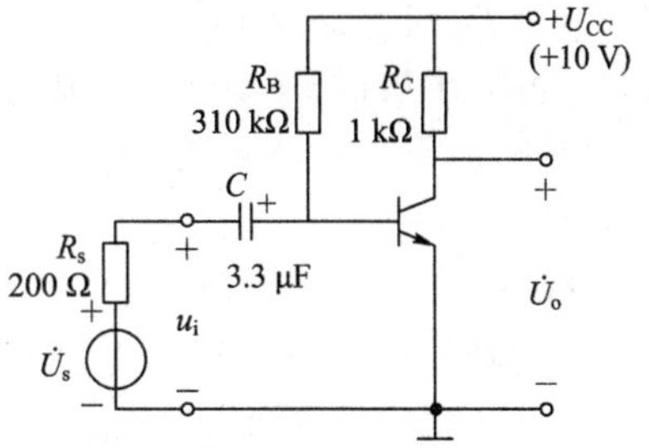

解　（1）计算三极管高频混合 π 模型中的参数。

$$I_{BQ} = \frac{U_{CC} - U_{BEQ}}{R_B} = \frac{10 - 0.7}{310} \text{mA} = 0.03 \text{ mA}$$

$$I_{CQ} = \beta_0 I_{BQ} = (65 \times 0.03) \text{mA} = 1.95 \text{ mA}$$

$$U_{CEQ} = U_{CC} - I_{CQ} R_C = (10 - 1.95 \times 1) = 8.05 \text{ V}$$

图 8 - 16　实用单管共发射极放大电路

可见放大电路的静态工作点合适，所以可求得

$$r_{B'E} = (1 + \beta_0) \frac{U_T}{I_{EQ}} = \frac{U_T}{I_{BQ}} = \frac{26}{0.03} \Omega = 867 \ \Omega$$

$$g_m = \frac{I_{EQ}}{U_T} \approx \frac{1.95}{26} \text{S} = 0.075 \text{ S}$$

$$C_{B'E} = \frac{g_m}{2\pi f_T} - C_{B'E} = \left(\frac{0.075 \times 10^{12}}{2\pi \times 100 \times 10^6} - 5 \right) \text{pF} = 114 \text{ pF}$$

（2）计算中频电压增益。

$$A_{usm} = \frac{-g_m r_{B'E} R_C}{R_C + r_{BB'} + r_{B'E}} = \frac{-0.075 \times 867 \times 1000}{200 + 100 + 867} = -55.7$$

$$20\lg|A_{usm}| = 20\lg 55.7 \text{ dB} = 35 \text{ dB}$$

（3）计算上限、下限频率及通频带。

$$R'_s = (R_s + r_{BB'}) /\!/ r_{B'E} = 223 \ \Omega$$

$$C_i = C_{B'E} + C_{B'C}(1 + g_m R_C) = [114 + 5 \times (1 + 0.075 \times 1000)] \text{pF} = 494 \text{ pF}$$

$$f_H = \frac{1}{2\pi \times 223 \times 494 \times 10^{-12}} \text{Hz} = 1.45 \text{ MHz}$$

$$f_L \approx \frac{1}{2\pi(R_s + r_{BB'} + r_{B'E})C} = 41 \text{ Hz}$$

$$\text{BW} = f_H - f_L \approx f_H = 1.45 \text{ MHz}$$

（4）作放大电路的波特图。

先作幅频波特图。已求得 $20\lg|A_{usm}| = 35$ dB，而下限和上限频率的对数值分别为

$$\lg f_L = \lg 41 = 1.61$$

$$\lg f_H = \lg(1.45 \times 10^6) = 6.16$$

所以，对应于对数频率坐标 1.61～6.16 范围为中频段，可画出一条 $20\lg||A_{usm}| = 35$ dB 与横坐标平行的直线，然后自对数频率 $\lg f_L = 1.61$ 处向低频作一条斜率为 20 dB/十倍频的直线，自对数频率 $\lg f_H = 6.16$ 处作一条斜率为 -20 dB/十倍频的直线，这样就可以得到放大电路全频段幅频波特图，如图 8 - 17(a)所示。

相频波特图绘制时，横坐标仍采用对数频率刻度，而纵坐标为放大电路的相移值。在中频段，共发射极放大电路的相移 φ 为固定的 $-180°$，如图 8 - 17(b)所示。在低频段，由于耦合电容 C 形成了高通电路，$f \leqslant 0.1 f_L$，附加相移 $\Delta\varphi = 90°$，所以 $\varphi = -180° + 90° =$

$-90°$；$f=f_L$ 时，$\Delta\varphi=45°$，所以 $\varphi=-180°+45°=-135°$；$f\geqslant 10f_L$ 时，$\Delta\varphi=0°$，则 $\varphi=-180°$，频率在 $0.1f_L\sim 10f_L$ 范围内，相移 φ 是一条以 $-45°/$十倍频斜率变化的直线，如图 8-17(b)所示。在高频段，由于三极管结电容形成低通电路，$f\leqslant 0.1f_H$，$\Delta\varphi=0°$，则 $\varphi=-180°$；$f=f_H$ 时，$\Delta\varphi=-45°$，则 $\varphi=-180°-45°=-225°$；$f\geqslant 10f_H$ 时，$\Delta\varphi=-90°$，则 $\varphi=-180°-90°=-270°$，故频率在 $0.1f_H\sim 10f_H$ 范围内，相移 φ 是一条以 $-45°/$十倍频斜率而变化的直线，如图 8-17(b)所示。

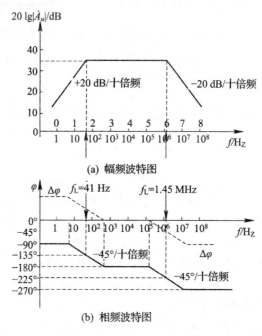

(a) 幅频波特图

(b) 相频波特图

图 8-17　例 8.3.1 的波特图

8.3.3　多级放大电路的频率响应

多级放大电路或其他形式的放大电路，其电压放大倍数的频率响应也同样可写成与表达式(8-3-22)相似的形式，但因电路中可能存在多个耦合电容或旁路电容，则在低频段等效电路中就含有多个高通电路，因而存在多个低频转折频率。又因多级放大电路由多个三极管组成，因而存在多个三极管的等效结电容，则在高频段等效电路中就含有多个低通电路，存在多个高频转折频率。这样，多级放大电路电压放大倍数的频率响应通常可以表示为

$$A_{us}\approx A_{usm}\prod_k\frac{1}{1-j\dfrac{f_{Lk}}{f}}\prod_i\frac{1}{1+j\dfrac{f}{f_{Hi}}} \tag{8-3-23}$$

式中，低频和高频转折频率的个数 k 和 i 由放大电路中的电容个数决定，其数值决定每个电容所在电路的时间常数。

可以证明，多级放大电路下限频率 f_L 和上限频率 f_H 可用下列公式估算：

$$f_L\approx 1.1\sqrt{f_{L1}^2+f_{L2}^2+\cdots+f_{Lk}^2} \tag{8-3-24}$$

$$\frac{1}{f_H}\approx 1.1\sqrt{\frac{1}{f_{H1}^2}+\frac{1}{f_{H2}^2}+\cdots+\frac{1}{f_{Hi}^2}} \tag{8-3-25}$$

若某一级的下限频率远高于其他各级的下限频率，则可认为整个电路的下限频率就是该级的下限频率。同理，若某级的上限频率远低于其他各级的上限频率，则整个电路的上限频率就是该级的上限频率。式(8-3-24)和式(8-3-25)多用于各级截止频率相差不多的情况下进行下限和上限频率的估算。

由式(8-3-24)和式(8-3-25)可见，增加多级放大电路的级数以获得更高的增益时，多级放大电路的通频带将会变窄。

如果将两个频率特性相同的放大级组成两级放大电路，其中每一级的上限频率为 f_{H1}，下限频率为 f_{L1}，则两级放大电路总的上限频率和下限频率分别为

$$f_H \approx 0.64 f_{H1}$$
$$f_L = 1.56 f_{L1}$$

若将三个频率特性相同的放大级组成三级放大电路，其中每一级的上限频率为 f_{H1}，下限频率为 f_{L1}，则三级放大电路总的上限频率和下限频率分别为

$$f_H \approx 0.5 f_{H1}$$
$$f_L = 2 f_{L1}$$

当然，实际工作中很少用完全相同的放大级组成多级放大电路。当多级放大电路中各放大级的上限频率或下限频率相差悬殊时，可取起主要作用的那一级作为估算总的 f_H 和 f_L 的依据。

例 8.3.2　已知一多级放大电路幅频波特图如图 8-18 所示，试求该电路的下限频率 f_L 和上限频率 f_H，并写出电路电压放大倍数 A_{us} 的表达式。

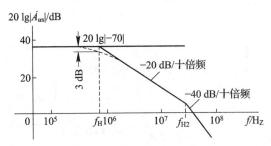

图 8-18　例题 6.3.2 示意图

解　由图 8-18 可知：

（1）低频段没有转折频率，所以为直接耦合放大电路，其下限频率 $f_L = 0$。

（2）高频段有两个转折频率 f_{H1} 和 f_{H2}，由于在 $f_{H1} \sim f_{H2}$ 间频率特性曲线斜率为 -20 dB/十倍频，$f > f_{H2}$ 后曲线斜率为 -40 dB/十倍频，说明影响高频特性的有两个电容。由图可得：$f_{H1} \approx 7.7 \times 10^5$ Hz，$f_{H2} \approx 2.8 \times 10^7$ Hz，可见 $f_{H2} > 10 f_{H1}$，所以放大电路的上限频率 $f_H = f_{H1} = 770$ kHz。

（3）由于中频段电压放大倍数为 -70 倍，高频段有两个转折频率，所以放大电路的电压放大倍数表达式可写成

$$A_{us} = -70 \, \frac{1}{1 + j \dfrac{f}{7.7 \times 10^5 \, \text{Hz}}} \, \frac{1}{1 + j \dfrac{f}{2.8 \times 10^7 \, \text{Hz}}}$$

8.3 放大器的频率响应的使用知识及技能训练项目

实验项目 15 单调谐放大电路

一、实验目的

(1) 通过实验进一步掌握单调谐放大电路的工作原理。

(2) 学习单调谐放大电路的谐振频率、增益、通频带的测试方法。

(3) 了解负载对谐振回路的影响。

(4) 掌握高频信号放大器、高频毫伏表的使用方法。

二、实验设备与器材

(1) 直流稳压电源	1台;	(2) 高频信号发生器	1台;
(3) 双踪示波器	1台;	(4) 高频毫伏表	1台;
(5) 万用表	1块;	(6) 实训电路板	1块;
(7) 元器件	若干。		

三、实验电路

单调谐放大电路如实验图 8-1 所示。

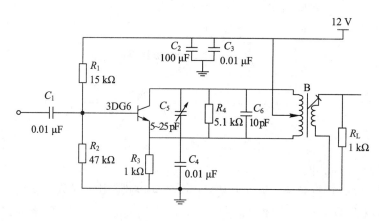

实验图 8-1 单调谐放大电路

四、实验原理

调谐放大器由晶体管放大电路和调谐回路两部分组成。由于 LC 并联谐振回路的阻抗是随频率而变化的,在谐振频率 $f_0 = \dfrac{1}{2\pi\sqrt{LC_\Sigma}}$ 处,其阻抗是纯电阻且达到最大值。因此用并联谐振回路作集电极负载的调谐放大器,在回路的谐振频率上具有最大的放大系数,而稍偏离此频率,放大倍数就会迅速减小,利用这种放大器可以放大所需的某一频率信号,而抑制不需要的信号或外界干扰信号。调谐放大器在无线通信方面广泛用作高频或中频放大器。调谐放大器的调整或测试一般有两种方法,一种是逐点法;一种是扫频法。本实训采用逐点法对放大器进行调谐。其性能指标有如下三个。

1. 谐振频率 f_0

调节 C_5，当输出电压 u_0 最大时，LC 回路发生谐振，其谐振频率为 $f_0 = \dfrac{1}{2\pi\sqrt{LC_\Sigma}} = f_i$

（f_i 为输入信号频率）。

2. 谐振电压增益 A_{uo}

谐振电压增益是指当 LC 回路谐振时，输出电压与输入电压之比，即 $|\dot{A}_{uo}| = \left|\dfrac{\dot{U}_O}{\dot{U}_i}\right| = \dfrac{p_1 p_2 g_m}{g_\Sigma}$，其中 p_1、p_2 为三极管的输出端与负载阻抗的接入系数。

3. 通频带 BW

通频带 BW 是指放大器的电压增益 $|\dot{A}_u|$ 比谐振电压增益 $|\dot{A}_{uo}|$ 下降 3 dB 时对应的频率范围，BW $= 2\Delta f_{0.7}$。

五、实验内容与步骤

（1）元器件的检测。

用万用表检测各元器件和导线是否有损坏，分别测出各电阻的阻值，区分出三极管的三个极，读出电容值。为连接电路作好准备。

（2）安装线路。

按实验图 8-1 所示电路在实训板上装接单调谐放大电路，要求布局合理、平整美观、连线正确（注意中频变压器的连线及电容的极性）。

（3）开启直流稳压电源，将直流稳压电源输出电压调至 12 V 接入电路。测试电路的静态工作点，填实验表 8-1。

实验表 8-1

U_{CQ}/V	U_{BQ}/V	U_{EQ}/V	I_{CQ}/mA

（4）谐振特性测试。

① 谐振频率的调试。用高频信号发生器调出 $u_i = 10$ mV、$f_i = 15$ MHz 的正弦波信号接入电路。细心调节 C_5，用毫伏表检测输出电压 u_0，当毫伏表的指示值达到最大时，回路谐振，此时输入信号的频率 f_i 就是回路的谐振频率 f_0。

② 计算出谐振电压增益 $A_{uo} = \dfrac{u_{omax}}{u_i}$。

③ 将以上的所有数据记录于实验表 8-2 中。

实验表 8-2

u_i	u_{omax}	A_{uo}	f_0

④ 幅频特性的调试。用示波器检测出信号的波形，在输出幅度不超过放大器线性动

态范围的条件下，保持输入电压幅度不变，在谐振频率 f_0 两旁逐点改变信号频率，用毫伏表测出相应的输出电压 u_o，计算各点的 A_u。将数据记录于实验表 8－3 中，绘制出 A_u－f 曲线。

实验表 8－3

f/kHz	f_0-50	f_0-40	f_0-30	f_0-20	f_0-10	f_0-5	f_0	f_0+5	f_0+10	f_0+20	f_0+30	f_0+40	f_0+50
u_o													
A_u													

⑤ 通频带 BW。

保持输入信号幅度不变，提高输入信号频率，使输出电压 u_o 降为 u_{omax} 的 70％，此输入信号频率即为 f_H。恢复原输入信号，同样保持输入信号的幅度不变，降低输入信号频率，使输出电压 u_o 降为 u_{omax} 的 70％，此输入信号频率即为 f_L。这样就可以计算出放大电路的通频带：$BW = f_H - f_L$。

（5）观察负载 R_L 对谐振特性的影响。

使 R_L 变为 10 kΩ，重复上述的第⑤步，将数据记录于实验表 8－4 中。观察 R_L 对 f_0、A_{uo}、BW 的影响。

实验表 8－4

R_L	f_0	A_{uo}	BW
1 kΩ			
10 kΩ			

（1）由于放大器件存在极间电容，以及有些放大电路中接有电抗性元件，因此，放大电路的电压放大倍数是频率的函数，这种函数关系称为放大电路的频率响应，可以用对数频率特性曲线（或称波特图）来描述这种函数关系。

（2）为了描述三极管的电流放大系数对高频信号的适应能力，引出了三个频率参数 f_β、f_T、f_α。这些参数也是选用三极管的重要依据。

（3）首先应该从物理概念来理解单管共射放大电路的频率响应。对于阻容耦合单管共射放大电路，低频段电压放大倍数下降的主要原因是输入信号在隔直电容上产生压降，同时，还将产生 $0\sim+90°$ 之间超前的附加相位移。高频段电压放大倍数的下降主要是由三极管的极间电容引起的，同时产生 $0\sim-90°$ 之间滞后的附加相位移。因此，下限频率 f_L 和上限频率 f_H 的数值分别与隔直电容和极间电容的时间常数成反比。

（4）多级放大电路总的对数增益等于其各级对数增益之和，总的相移也等于其各级相移之和，因此，多级放大电路的波特图可以通过将各级对数幅频特性和相频特性分别进行叠加而得到。分析表明，多级放大电路的通频带总是比组成它的每一级的通频带窄。

思考与练习八

（1）在习题图 8-1 所示的单管共射放大电路中，假设分别改变下列各项参数，试定性分析放大电路的中频电压放大倍数 $|\dot{A}_{um}|$、下限截止频率 f_L 和上限频率 f_H 将如何发生变化。

① 增大隔直电容 C_1；

② 增大基极电阻 R_B；

③ 增大集电极电阻 R_C；

④ 增大共射电流放大系数 β；

⑤ 增大三极管极间电容 $C_{B'E}$、$C_{B'C}$。

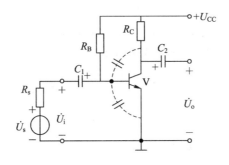

习题图 8-1

（2）若某一放大电路的电压放大倍数为 100 倍，则其对数电压增益是多少分贝？另一放大电路的对数电压增益为 80 dB，则其电压放大倍数是多少？

（3）已知一个三极管在低频时的共射电流放大系数 $\beta_0 = 100$，特征频率 $f_T = 80$ Hz。

① 当频率为多大时，三极管的 $|\dot{\beta}| \approx 70$？

② 当静态电流 $I_{EQ} = 2$ mA 时，三极管的跨导 g_m 为多少？

③ 此时三极管的反射结电容 $C_{B'E}$ 为多少？

（4）已知单管共射放大电路的中频电压放大倍数 $\dot{A}_{um} = -200$，$f_L = 10$ Hz，$f_H = 1$ MHz。

① 画出放大电路的波特图；

② 分别说明当 $f = f_L$ 和 $f = f_H$ 时，电压放大倍数的模 $|\dot{A}_u|$ 和相角 φ 各等于多少？

（5）已知某单管共射放大电路电压放大倍数的表达式为

$$\dot{A}_u = -80 \frac{1}{\left(1 - j\dfrac{320}{f}\right)\left(1 + j\dfrac{f}{40 \times 10^3}\right)}$$

① 说明放大电路的中频对数增益 $20\lg|\dot{A}_{um}|$、下限截止频率 f_L 和上限频率 f_H 各等于多少。

② 画出放大电路的波特图。

（6）如习题图 8-2 所示，已知三极管的 $r_{BB'} = 200\ \Omega$，$r_{B'E} = 1.2$ kΩ，$g_m = 40$ ms，$C' =$

500 pF。

① 试画出包括外电路在内的简化混合 π 型等效电路；

② 估算中频电压放大倍数 A_{usm}、下限截止频率 f_L 和上限截止频率 f_H；

③ 画出对数幅频特性和相频特性。

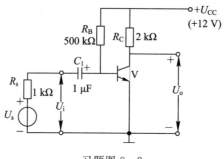

习题图 8 - 2

（7）在习题图 8 - 3 的放大电路中，已知三极管的 $\beta = 50$，$r_{BE} = 1.6$ kΩ，$r_{BB'} = 300$ Ω，$f_T = 100$ MHz，$C_{B'E} = 4$ pF，试求下限截止频率 f_L 和上限截止频率 f_H。

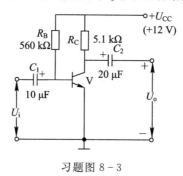

习题图 8 - 3

（8）在一个两级放大电路中，已知第一级的中频电压放大倍数 $A_{um1} = -100$，下限截止频率 $f_{L1} = 10$ Hz，上限截止频率 $f_{H1} = 20$ kHz；第二级的 $A_{um2} = -20$，$f_{L2} = 100$ Hz，$f_{H2} = 150$ kHz，试问该两级放大电路总的对数电压增益等于多少分贝；总的上、下限截止频率约为多少？

（9）RC 电路如习题图 8 - 4 所示，试求出电路的转折频率，并画出电路的波特图。

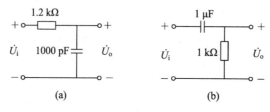

(a)　　　　　　　(b)

习题图 8 - 4

（10）已知晶体管的 $\beta_0 = 50$，$f_T = 500$ MHz，试求该管的 f_α' 和 f_β'。

（11）共发射极放大电路如习题图 8 - 5 所示，已知晶体管的 $\beta_0 = 100$，$r_{B'E} = 1.5$ kΩ，试分别求出它们的上限截止频率 f_H 并作出幅频特性波特图。

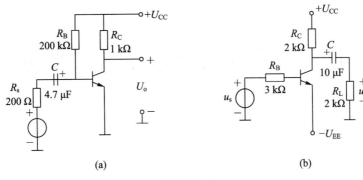

习题图 8 - 5

（12）已知某两级共发射极放大电路的波特图如习题图 8 - 6 所示，试写出 A_{us} 的表达式。

（13）已知某放大电路的频率特性表达式为

$$A_{us} = \frac{200 \times 10^6}{10^6 + j\omega}$$

试问该放大电路的中频增益、上限和下限截止频率各为多大？

（14）已知某放大电路的幅频波特图如习题图 8 - 7 所示，试问：① 该放大电路的耦合方式是什么？② 该电路由几级放大电路组成？③ 中频电压放大倍数和上限截止频率为多少？④ $f = 1\ \mathrm{MHz}$、$10\ \mathrm{MHz}$ 时附加相移为多大？

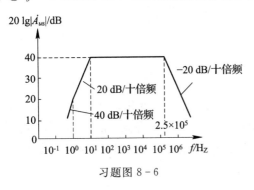

习题图 8 - 6

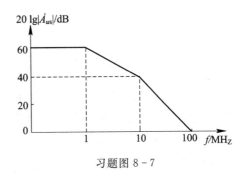

习题图 8 - 7

※第9章 无线电广播基本知识

☞ 导言

无线电广播是人们生活中不可缺少的娱乐产品，所以，学习无线电广播基本知识是今后学习电子类专业课的基础，更是学习家用信息电子产品相关课程的基础，通过本章的学习，主要了解无线电广播的基本概念，熟悉无线电波波段的划分、调制(含调幅、调频)与解调(含检波与鉴频)原理，掌握无线电广播的发射与接收原理，掌握超外差式收音机的组成及工作原理。

☞ 教学目标

(1) 了解无线电广播的基本概念。

(2) 熟悉无线电波段的划分。

(3) 理解调幅与检波原理。

(4) 掌握晶体管超外差收音机电路的组成与工作原理。

9.1 无线电波及其传播

9.1.1 无线电波的基本概念

我们知道，有电流流过的地方都存在磁场，如果电流发生变化，则磁场也会发生变化。而磁场的变化又会引起磁场周围产生变化的电场，电场的变化将会引起周围更远的磁场变化。这种磁场和电场的交变就能以电磁场向四周空间传播出去。这种向四周空间传播的电磁场就称为电磁波。而无线电波则是其中的一种。

收音机、对讲机、手机、电视机、无线话筒、卫星通信等都是利用无线电波进行信号传播的。也就是说，现代通信离不开无线电波。

9.1.2 无线电波的传播

无线电波从发射端到接收端有以下几种传播途径：地面波、天波和空间波。如图 9 - 1 所示。

1. 地面波

地面波是沿地球表面进行传播的。虽然地球的表面是弯曲的，但电磁波具有绕射的特点，其传播距离与大地损耗有密切关系。频率越高的电磁波衰减越大，传播的距离越短。所以在利用绕射方式传播时，采用长、中波比较合适。由于地面的电性能在较短时间内的变化不大，所以电磁波沿地面传播时比较稳定。如图 9 - 1(a)所示。

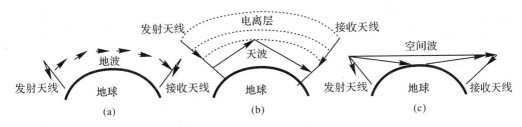

图 9-1　无线电波的传播途径

2. 天波

天波是利用电离层的反射而进行传播的。由于太阳的照射，在距离地面 100 km 左右的高空，有一厚度约 20 km 的电离层，称为 E 层。在距离地面高度约 200～400 km 处，有一电离层称作 F 层。一般中波在夜间可经 E 层反射而传播，短波则经 F 层反射而传播。超短波由于频率过高，电离层的电子、离子密度不够大，故超短波都穿透电离层不能反射回到地面。因此，只有短波采用天波方式传播。天波传播受外界影响较大。如图 9-1(b) 所示。

3. 空间波

空间波是将电磁波从发射天线直接辐射到接收天线的。由于地面及建筑物等的反射也能到达接收天线。故空间波实际上是由直射波和反射波两部分合成的，这叫多径传播。空间波在传播时受大气的干扰小，能量损耗也小，接收的信号较强，并且稳定，所以电视、雷达都采用空间波方式传播。如图 9-1(c) 所示。

9.1.3　无线电波波段的划分

无线电波的波段划分按用途不同采用不同的频率范围，如表 9-1 所示。

表 9-1　无线电波波段的划分

序号	频段名称	频率范围	波长范围	传播特性	主要用途
1	极低频 （E.L.F）	3～30 Hz	10～100 Mm （极长波）	传播衰减小，通信距离远，信号稳定可靠，渗入地层、海水能力强	潜艇通信、远洋通信、远程导航、发送标准时间等
2	超低频 （S.L.F）	30～300 Hz	1～10 Mm （超长波）		
3	特低频 （U.L.F）	300～3000 Hz	0.1～1 Mm （特长波）		
4	甚低频 （V.L.F）	3～30 kHz	10～100 km （甚长波）		
5	低频 （L.F）	30～300 kHz	1～10 km （长波）	夜间传播与 V.L.F. 相同，但稍不可靠。白天吸收大于 V.L.F.，频率越高吸收越大	除上述用途外，有时还可用于地下通信

续表

序号	频段名称	频率范围	波长范围	传播 特 性	主要用途
6	中频 （M.F）	300～ 3000 kHz	0.1～1 km （中波）	夜间比白天衰减小，夏天比冬天衰减大，长距离通信不如低频可靠，频率越高越差	广播、船舶、飞行、警用、船港
7	高频 （H.F）	3～30 MHz	10～100 m （短波）	远距离传播时衰减极小，但受电离层的变化影响较大	中、远距离广播与通信
8	甚高频 （V.H.F）	30～ 300 MHz	1～10 m （超短波）	特性与光波相似，直线传播时与电离层无关（能穿透电离层，不被其反射）	电视、调频广播、雷达、导航等
9	特高频 （U.H.F）	300～ 3000 MHz	1～10 dm （分米波）	均属微米波波段，传播特性与V.H.F.相同	与 V.H.F.类同，还适用于散射通信、卫星通信等
10	超高频 （S.H.F）	3～30 GHz	1～10 cm （厘米波）		
11	极高频 （E.H.F）	30～300 GHz	1～10 mm （毫米波）		
12	至高频	300～ 3000 GHz	0.1～1 mm （丝米波）		

9.2　调幅与检波

9.2.1　无线电广播的发射与接收

1. 无线电波的发射

采用电子技术的方式将已调制的电信号用高频电磁波的形式通过发射天线向空中传播，这就是无线电波的发射，如图 9-2(a)所示。

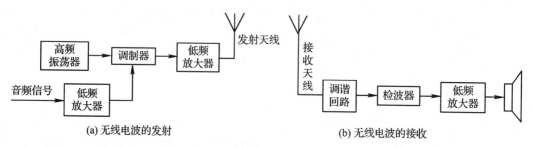

(a) 无线电波的发射　　　　　　　　　　(b) 无线电波的接收

图 9-2　无线电波的发射与接收

2. 无线电波的接收

用接收天线将空间传播的电磁波转换成相应的电信号，并将其传输到电路中进行解调,还原出调制信号,这就是无线电波的接收,如图 9 - 2(b)所示。

9.2.2 调幅原理

1. 调幅

用低频信号去控制高频信号幅度的过程叫调幅。其中,高频信号叫载波,而低频信号叫调制信号。如图 9 - 3 所示。从图中可以看出,已调波的幅度按调制信号的幅度变化而变化。

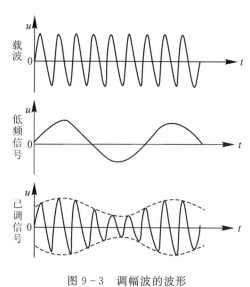

图 9 - 3 调幅波的波形

2. 调幅的实现

在实际电路中,我们可以利用二极管或三极管的非线性实现调幅。

9.2.3 检波

1. 检波

从高频调幅波中检出低频调制信号的过程,称为检波。它是与调幅相反的过程。

2. 检波的实现

检波既然是将高频信号变成低频信号,因此也改变了原来信号的频率成分。所以检波也要用非线性元件才能完成,实际电路中仍然利用二极管或三极管的非线性特性来实现检波。

9.3 调频与鉴频

9.3.1 调频

1. 调频

调频就是使高频载波信号的频率被低频信号控制,如图 9 - 4 所示。

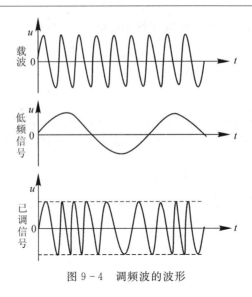

图 9-4　调频波的波形

2. 调频波的特点

调频波具有两个特点：

（1）调频波比调幅波的频带更宽，需要的频带比调幅波大 6～10 倍（一般调幅电台的带宽为 10 kHz，而调频电台的带宽为 200 kHz），所以调频制只适用于频率范围宽的超短波。

（2）抗干扰性好。各种外来干扰多数表现为对信号幅度的影响，而对频率的影响很小。调频接收机可以采取限幅措施消除干扰，所以调频制传送信号质量比调幅制好。

9.3.2　鉴频

1. 鉴频

调频波的解调称为鉴频。其作用是将调频信号还原为原来的调制信号。

2. 鉴频原理

鉴频的基本原理是：先把等幅的调频波转换成幅度按调制信号规律变化的调幅调频波，然后再用振幅检波器把调幅调频波的幅度变化还原为原来的调制信号。其过程如图 9-5(a)所示。

9.3.3　对称比例鉴频器

1. 电路组成

对称比例鉴频器的电路组成如图 9-5(b)所示。图中 L_1、C_1 是鉴频器输入端的初级调谐回路，L_2、C_2 组成次级调谐回路，VD_1、VD_2 为检波二极管，C_3、C_4、R_1、R_2 为检波负载。图中对称位置的元件取相同的数值，对称比例鉴频器的名字也就是这样得来的。鉴频器输出电压从图 9-5(b)的 MN 两点间取出。

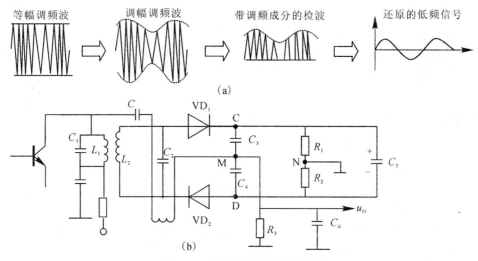

图 9 - 5　对称比例鉴频器原理图

2. 对称比例鉴频器输出电压的计算

根据电路推算，输出电压可表示为 C_3 和 C_4 的电压之差，即

$$u_O = \frac{1}{2}(u_{C4} - u_{C3})$$

而 u_{C3} 和 u_{C4} 也可以用二极管 VD_1、VD_2 上的检波电压 u_{VD1}、u_{VD2} 来表示，并且 $u_{CD} = u_{C3} + u_{C4}$。经推算可得到输出电压的表达式为

$$u_O = \frac{1}{2}u_{CD}\left(1 - \frac{2}{1 + \dfrac{u_{VD2}}{u_{VD1}}}\right)$$

由上式可知：输出低频电压 u_O 与比值 u_{VD2}/u_{VD1} 有关，故称为对称比例鉴频器。

9.4　晶体管超外差式收音机

超外差式收音机是一种无线电接收的终端设备，它把接收到的无线电信号与本机的振荡信号同时关入变频电路进行混频处理，并始终保持本机振荡信号的频率比接收到的无线电信号频率高 465 kHz，通过选频电路的选择，取出两个信号的"差频"信号，送入中频放大电路进行放大。这种本机振荡电路的频率比接收到的信号频率高出一定频率，取其中的差频进行放大的电路叫超外差式电路，采用这种电路的收音机叫超外差式收音机。

9.4.1　超外差式收音机的基本组成

超外差式收音机由输入回路、变频电路、中频放大电路、检波电路、AGC 电路、低频放大电路、功率放大电路和扬声器组成。其方框组成图与各部分波形如图 9 - 6 所示。

9.4.2　超外差式收音机的工作过程

输入回路从天线接收到的许多广播电台发射的高频信号中，选出需要接收的电台信

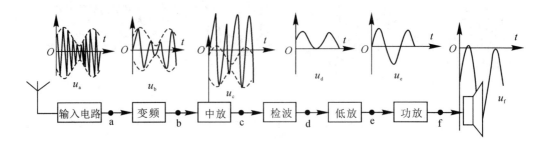

图 9-6　超外差式收音机方框组成图和波形

号，将这个信号送到混频电路。同时，本机振荡电路将产生一个比接收到的信号高出465 kHz的等幅高频信号。利用晶体管的非线性作用，这两个信号经混频后，输出多种不同频率的信号，其中的差频信号为465 kHz，再由选频回路选出这个465 kHz的中频信号，将它送到中频放大电路进行放大，放大后的中频信号又送到检波电路进行检波，还原出原来的音频信号；最后把这个音频信号送到低频放大电路和功率放大电路放大，推动扬声器还原出声音。

9.4.3　超外差式收音机的主要优点

超外差式收音机具有以下优点：

（1）超外差式收音机由于采用固定中频频率，可以针对固定频率设计电路，所以性能好，能保证高灵敏度和高增益。

（2）超外差式收音机采用多级中频调谐式放大电路，在保证高益增的同时，也保证了良好的选择性。

9.4.4　超外差式收音机的电路

如图9-7所示，是超外差式收音机的电路组成图，下面简要介绍各部分电路的作用。

1. 输入回路

由 L_1、C_{1a} 组成串联谐振回路，其作用是选频。改变 C_{1a} 的容量，可改变谐振频率，从而选出所要接收的电台信号，通过 L_1 耦合送至变频管的基极。

2. 变频级

同三极管 V_1 及相关元件 R_1、C_2、C_3、R_2、C_{1b}、L_2、C_4、T_1 初级等组成。其中 L_2、C_{1b} 组成本机振荡电路，与三极管 V_1 配合产生高频等幅振荡信号。三极管 V_1 既是振荡管同时又是混频管，本机振荡信号采用发射极注入。混频后的中频信号由并联谐振回路（T_1 初级与 C_4 组成）选出并送入到 V_2 基极进行中频放大。

3. 中放级

由 V_2、V_3 及相关元件 C_5、C_6、T_2、R_2、C_7、C_8、T_3 初级等组成二级单调谐放大器，保证足够的增益和带宽。中频频率为465 kHz，带宽为10 kHz（465±5 kHz），中频变压器 B_1、T_2、T_3 谐振在中频465 kHz。

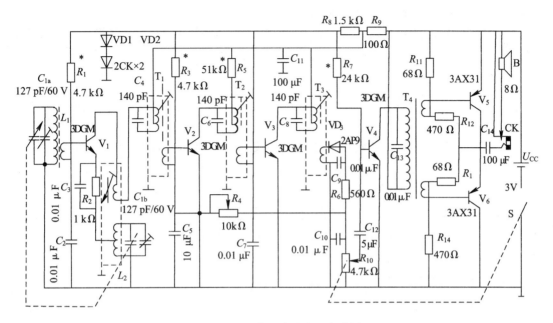

图 9 - 7　超外差式收音机电路图

4. 检波级

由二极管 VD_3 及 C_9、R_6、C_{10} 和电位器 R_{10} 组成，它包含检波电路和自动增益控制电路。

检波电路是将输入的中频信号利用二极管的非线性，把调幅中频信号变成去掉载波并保持其包络不变的低频信号。低频信号经 C_{12} 耦合到 V_4 进行低频放大。

自动增益控制电路的作用是：当收音机所接收到的电台信号强度变化较大时，其输出变化较小，即音量变化不大。检波电流中的直流分量在 R_{10} 上形成上负下正的电压。这个电压与信号强弱成正比，通过 R_4 引入到第一级中放管 V_2 的基极，构成自动增益控制。外来信号越强，V_2 的基极电位越弱，放大倍数也越小，使整个电路对强信号的放大倍数小而对弱信号的放大倍数大，起到稳定增益的作用。

5. 低频放大和功率放大级

三极管 V_4 及有关元件组成电压放大、起推动末级功率放大电路的作用。V_5 和 V_6 及有关元件组成变压器甲乙类推挽功率放大电路。由于变压器推挽电路元件少，功率增益大，所以目前仍在一部分收音机中采用。有些收音机的功放电路采用 OTL 电路。

V_1、V_2、V_3、V_4 的偏置电压取自两个正向二极管（VD_1、VD_2），其稳压值约为 1.4 V，它能保证电池电压较低时也有足够的偏置电压。整机增益约为 80 dB。

（1）无线电波是电磁波的一种，主要任务是传送信号。

（2）无线电波传播有三种途径：地面波沿地面传播、空间波在空间两点间传播、天波靠空中电离层的折射和反射作用传播。

（3）无线电波的发射和接收实质上是声—电—声的转换过程。发射时将声音信号转换为电信号，经过放大处理和调制后，用发射天线发射出去。接收时用接收天线将空间的电磁波接收下来，经过解调放大后，用扬声器还原出原来的声音。

（4）调幅方式是指高频载波信号的幅度随调制信号的变化而变化，载波信号的频率不变。

（5）检波器的作用是从已调制的调幅波中，还原出调制信号的波形。

（6）调频方式是指高频载波信号的频率随调制信号的变化而变化，载波信号的幅度不变。

（7）鉴频器的作用是从已调制的调频波中，还原出调制信号的波形。

（8）对称比例鉴频器是一种常用的典型鉴频器。其输出电压 u_O 与比值 u_{VD2}/u_{VD1} 有关，故称为对称比例鉴频器。

（9）超外差式晶体管收音机由输入回路、变频级、中频放大级、检波级、低频放大级和功率放大电路及扬声器组成。

思考与练习九

一、填空题

（1）无线电波是_____波的一种。

（2）无线电波的传播途径有_____种，它们分别是_____、_____和_____。

（3）无线电广播过程的实质上是_____的转换过程。

（4）调幅是用调制信号去改变高频载波的_____，但载波的_____不变。

（5）调频是用调制信号去改变高频载波的_____，但载波的_____不变。

二、判断题

（1）无线电广播过程的调制过程有调幅和调频两种。　　　　　　　　（　　）

（2）调频波比调幅波的抗干扰能力强，所以调频波传送的信号质量比调幅波好。（　　）

（3）对称比例鉴频器的解调过程是先将调频波转换成调频调幅波，然后再还原出原来的调制信号。　　　　　　　　　　　　　　　　　　　　　　　　　（　　）

（4）超外差式收音机由于采用了固定中频频率，因而性能好，具有高灵敏度和高增益的特点。　　　　　　　　　　　　　　　　　　　　　　　　　　　　（　　）

（5）超外差式收音机之所以有高灵敏度和高增益的特点，是因为它采用了性能优异的对称式比例鉴频器。　　　　　　　　　　　　　　　　　　　　　　　（　　）

三、选择题

（1）无线电波波段划分的依据是（　　）。

A. 电波的基本特性　　　　　　　B. 电波的频率和波长

C. 传送节目的性质　　　　　　　D. 发射、接收方式

（2）调幅波的调制过程是利用二极管的（　　）完成调幅的。

A. 低频特性　　　　　B. 非线性　　　　　C. 线性特性　　　　　D. 单向导电性

（3）无线电接收机的解调方式有（　　）两种。

A. 调幅和调频　　　　B. 检波和鉴频　　　C. 中频和高频　　　　D. 低频和高频

（4）调频波是一种（　　）。

A. 高频载波　　　　　B. 低频调制波　　　C. 等幅波　　　　　　D. 正弦波

（5）超外差式收音机采用的固定中频频率是（　　）。

A. 465 Hz　　　　　　B. 10 kHz　　　　　C. 465 kHz　　　　　D. 200 kHz

四、简答题

（1）调幅波与调频波的区别是什么？

（2）鉴频器的作用是什么？

五、作图与分析

画出超外差式收音机的方框组成图，简述各部分的作用。

参 考 文 献

［1］ 李采勋. 模拟电子技术基础. 北京：高等教育出版社，1992.

［2］ 王谨之. 无线电技术基础. 北京：高等教育出版社，1994.

［3］ 熊耀辉. 高频电子线路. 北京：高等教育出版社，1991.

［4］ 余孟尝. 电子技术. 北京：高等教育出版社，2011.

［5］ 张龙兴. 电子技术基础. 北京：高等教育出版社，2010.

［6］ 康光华. 电子技术基础. 北京：高等教育出版社，2004.

［7］ 彭克发，先力. 电子技术基础. 北京：中国电力出版社，2007.

［8］ 彭克发，蔺玉珂. 模拟电子技术. 北京：北京理工大学出版社，2012.

［9］ 聂广林，任德齐. 电子技术基础. 重庆：重庆大学出版社，2003.

［10］ 施智雄. 实用模拟电子技术. 北京：电子工业出版社，1999.

［11］ 杨素行. 模拟电子技术基础简明教程. 3 版. 北京：清华大学出版社，2006.

［12］ 林春方. 模拟电子技术. 北京：高等教育出版社，2006.

［13］ 周淑阁. 模拟电子技术基础. 北京：高等教育出版社，2004.

［14］ 胡宴如. 模拟电子技术基础. 5 版. 北京：高等教育出版社，2015.

［15］ 陈大钦. 模拟电子技术基础. 北京：高等教育出版社，2001.

［16］ 高吉祥. 模拟电子技术基础. 2 版. 北京：电子工业出版社，2007.